全国中等职业技术学校电子类专业教材

机械识图与电气制图

（第五版）

人力资源社会保障部教材办公室组织编写

中国劳动社会保障出版社

简介

本书主要内容包括制图基本知识、投影与制图基础、组合体、机件的表达方法、机械图样的识读、电气图用基本电气符号、电气制图的一般规则和基本表示方法、基本电气图、特种用途专业电气图等。

本书由王希波主编，叶录京、王雪、逯伟、洪善慧、徐仰士、赵丽参与编写；崔兆华审稿。

图书在版编目(CIP)数据

机械识图与电气制图/人力资源社会保障部教材办公室组织编写. —5 版. —北京：中国劳动社会保障出版社，2017

全国中等职业技术学校电子类专业教材

ISBN 978-7-5167-3113-0

Ⅰ.①机… Ⅱ.①人… Ⅲ.①机械图-识图-中等专业学校-教材②电气制图-中等专业学校-教材 Ⅳ.①TH126.1②TM02

中国版本图书馆 CIP 数据核字(2017)第 155159 号

中国劳动社会保障出版社出版发行

（北京市惠新东街 1 号　邮政编码：100029）

*

三河市潮河印业有限公司印刷装订　　新华书店经销

787 毫米×1092 毫米　16 开本　17.75 印张　358 千字

2017 年 7 月第 5 版　　2025 年 9 月第 13 次印刷

定价：32.00 元

营销中心电话：400-606-6496

出版社网址：http://www.class.com.cn

http://jg.class.com.cn

前　言

为了更好地适应全国中等职业技术学校电子类专业的教学要求，全面提升教学质量，人力资源社会保障部教材办公室组织有关学校的骨干教师和行业、企业专家，对全国中等职业技术学校电子类专业教材进行了修订和补充开发。此项工作以人力资源社会保障部颁布的《技工院校电子类通用专业课教学大纲（2016）》《技工院校电子技术应用专业教学计划和教学大纲（2016）》《技工院校音像电子设备应用与维修专业教学计划和教学大纲（2016）》《技工院校通信终端设备制造与维修专业教学计划和教学大纲（2016）》为依据，充分调研了企业生产和学校教学情况，广泛听取了教师对现行教材使用情况的反馈意见，吸收和借鉴了各地职业技术院校教学改革的成功经验。

教材体系

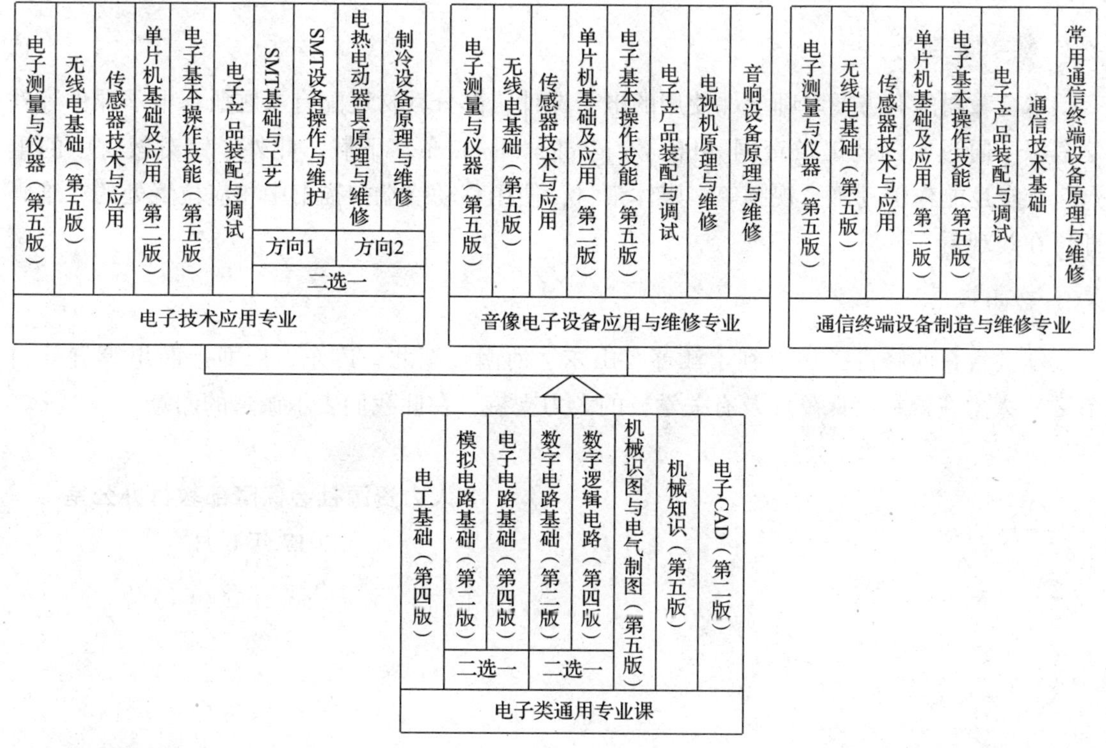

使用对象

电子技术应用专业、音像电子设备应用与维修专业、通信终端设备制造与维修专业中级、高级两个层次和以下 3 种学制：

- 初中毕业生 3 年学制培养中级工
- 高中毕业生 3 年学制培养高级工（中级阶段）
- 初中毕业生 5 年学制培养高级工（中级阶段）

编写特色

◆ **紧贴国家职业标准** 紧密贴合《中华人民共和国职业分类大典（2015 年版）》中对广电和通信设备电子装接工、广电和通信设备调试工、家用电器产品维修工、家用电子产品维修工等职业的职业能力要求，同时参照相关国家职业标准。

◆ **体现行业技术发展** 根据电子行业的最新发展，在教材中充实了电子产品表面贴装、数字电视维修、智能手机维修等方面的新技术，体现教材的先进性。

◆ **注重职业能力培养** 根据就业岗位对技能型人才所需能力的要求，进一步加强实践性教学内容。同时，在教材中突出对学生获取信息、与人交流、分析解决问题以及自学等职业能力的培养。

◆ **符合学生阅读习惯** 在教材内容的呈现形式上，尽可能使用图片、实物照片和表格等形式将知识点生动地展示出来，力求让学生更直观地理解和掌握所学内容。

教学服务

本套教材配有方便教师上课使用的电子课件，部分教材还配有习题册，电子课件等教学资源可通过中国技工教育网（http://jg.class.com.cn）下载。此外，针对教材中的重点、难点还制作了动画、视频等多媒体素材，使用移动终端扫描书中相应位置处的二维码即可在线观看。

致谢

本次教材的修订工作得到了江苏、山东、河南、湖北、广东、广西、四川等省（自治区）人力资源社会保障厅及有关学校的大力支持，在此我们表示诚挚的谢意。

人力资源社会保障部教材办公室

2017 年 6 月

目　录

绪　　论

一、图样的作用

图形是伴随着人类的产生而产生的，早在原始社会，人类就开始以图画为手段，记录自己的思想、活动、成就，表达自己的情感，进行沟通和交流。图形表达的内容和思想往往是文字无法实现的。随着工业生产的发展，人们对图形的要求也越来越高，从而产生了图样。图样是图形的升级版，它是根据投影原理、标准或有关规定绘制的，用于表示工程对象，并有必要的技术说明的图。图样是交流及传递技术信息的媒介和工具，是工程界通用的技术语言。图0—1所示为某笔记本电脑说明书中关于其结构说明的图样，从该图样中可以很清楚地看出该笔记本电脑的结构，结合说明书中的文字可以了解各按键和接口的用途。

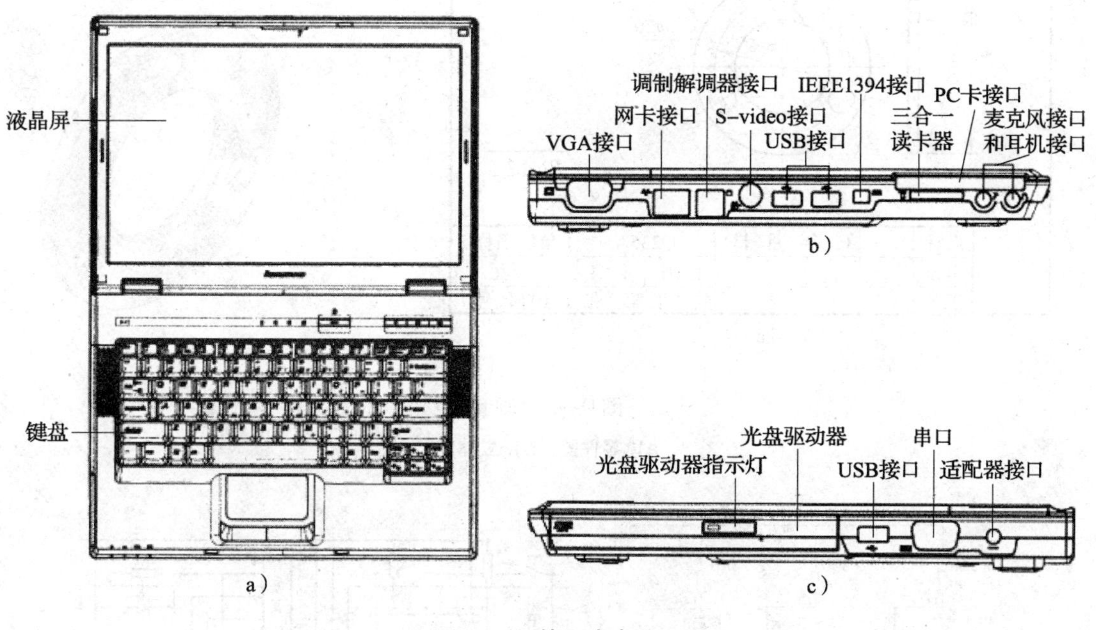

图0—1　笔记本电脑
a）俯视图　b）左视图　c）右视图

二、开设本课程的必要性

在现代工业生产中，几乎各行各业都离不开图样，比较典型的如机械、电气、建筑或服装的产品设计与生产，各种机械与电气、电子设备的维修，都离不开图样。设计者需要通过图样表达设计意图；制造者通过图样了解制造要求，从而组织制造和指导生产；使用者通过图样了解机器设备的结构和性能，进行操作、维修和保养。电子类专业的学生需要掌握简单的机械知识和技能，并能熟练掌握电子电路的原理，能对电气设备（如电动电热器具、制冷设备等）进行熟练的安装、调试和维修，这些都需要掌握机械图样和电气图样的相关知识，并具有一定的识图和绘图能力。机械图样是按照投影的原理绘制的，准确表达机械、部件或零件形状、结构的图样。如图 0—2 所示为某齿轮减速箱上压套的零件图及立体图，机械工人可以根据零件图生产零件。用电气图形符号、带注释的围框或简化外形表示电气系统或设备各组成部分之间电气关系及其连接关系的图样称为电气图样。如要制作图 0—3 所示抢答器的印制电路板，设计人员首先需设计电路原理图，然后根据电路原理图绘制元器件布置图，再据此设计印制电路板，技术工人在印制电路板上焊接电子元器件，并完成抢答器的组装工作。

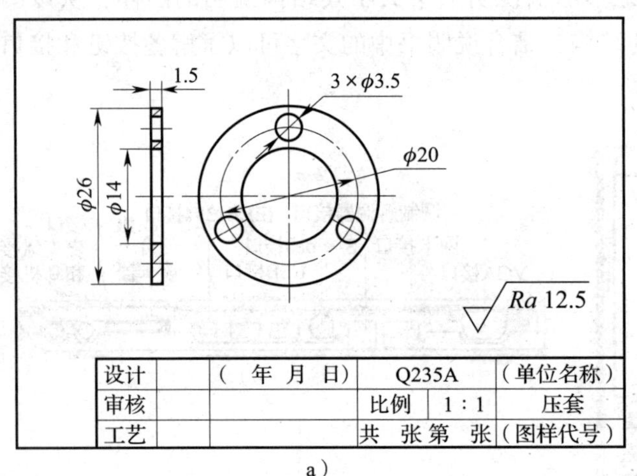

a）

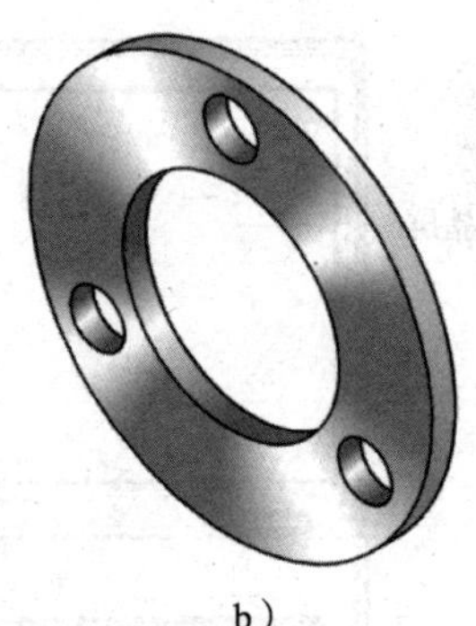
b）

图 0—2 轴套

a）零件图 b）立体图

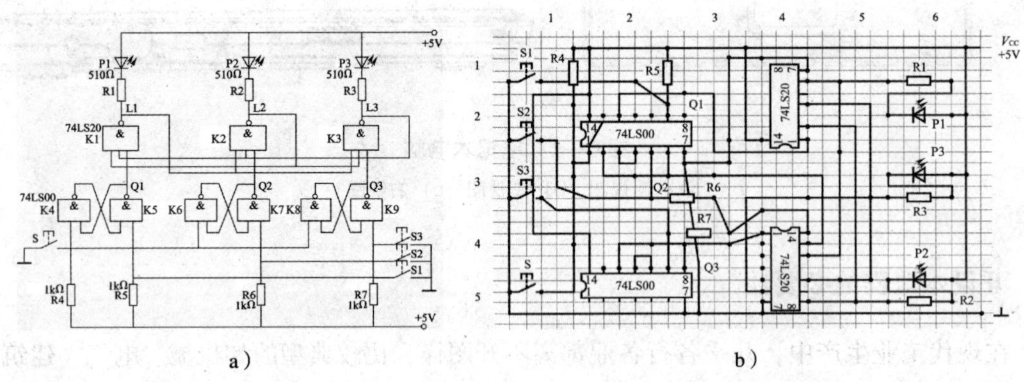

a） b）

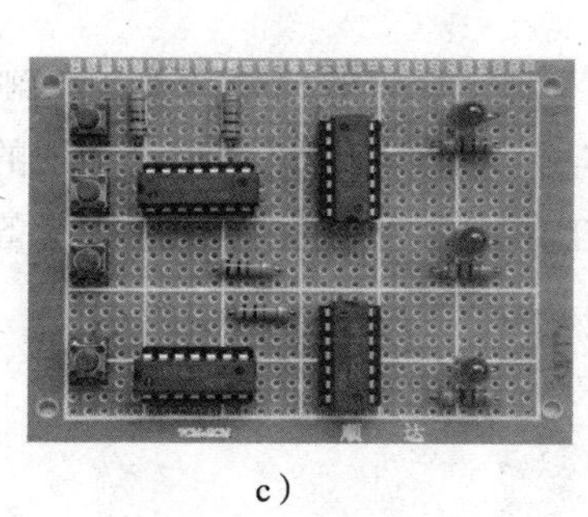

c）

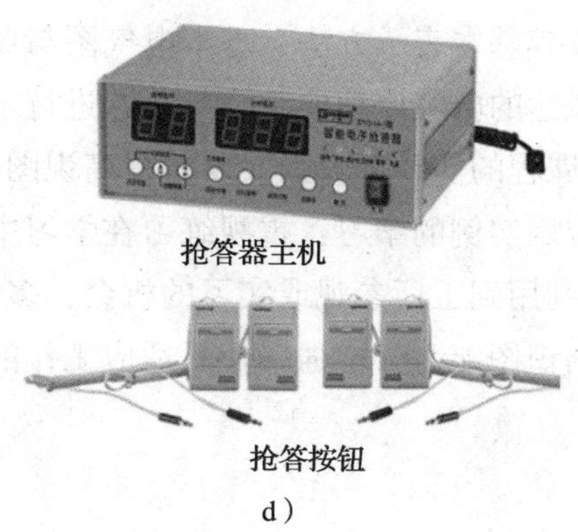

d）

图0—3　抢答器

a）电路原理图　b）元器件布置图　c）印制电路板实物图　d）产品实物

三、本课程的主要任务

本课程分为机械识图和电气制图两部分。机械识图主要培养识读一般机械图样的能力，同时培养一定的绘制简单机械图样的能力。电气制图培养识读和绘制电气图的基本能力，为学习其他专业课程打好基础。本课程的主要任务如下：

1. 了解技术制图和机械制图的有关国家标准；熟悉正投影法的基本原理，掌握正确的绘图方法，具备一定的空间想象和思维能力以及一定的识读和绘制三视图的能力；能根据正投影的基本原理和机件表达方法等看懂标准件与常用件的视图；能识读一般的零件图和简单的装配图。

2. 了解电气制图国家标准和相关行业标准，能运用电气图用符号、电气制图的一般规则和其基本表示方法来识读常用的电气图及绘制一般难度的电气图。

3. 养成自主学习的习惯，培养自主解决问题的能力，能获取、处理和表达技术信息，并能适应机械与电气制图技术和标准变化的需要。

四、本课程的学习方法

识图和绘图能力的培养需要依靠大量的识图与绘图实践，本教材在编写时本着理论够用、注重能力培养的原则，突出识图与绘图方法和步骤。在学习过程中要注意以下几点：

1. 在进行机械识图的学习时，要以识图为主，识图与绘图相结合，并通过绘图促进识图能力的提高。

2. 机械识图的学习中应特别注意由感性认识到理性认识，由简单到复杂，逐步掌握投影知识，建立空间概念，完成“由物画图”到“由图想物”的两次转化，培养空间想象能力。

3. 学习电气制图时，要注意对电气图样表达方法的学习，如电气符号、电气制图的一般规则及其基本表示方法、基本电气图与典型专业电气图的规定画法和识读方法等，而对图样所表达的电气原理要结合专业课进行学习。

4. 本课程的实践性较强，要将提高识图能力与学习专业课及生产实习相融合。要充分注意对应用实例的学习，重视练习在学习中的作用，用练习促进对理论知识的学习。

5. 要利用到工厂参观或实习的机会，多接触工厂中零部件实物或电气设备，结合生产图样提高识图能力，增强毕业后适应工作的能力。

第一章　制图基本知识

§1—1　制图基本规定

1. 了解图幅、标题栏、比例的基本规定。

2. 了解图线的种类及应用，掌握常用图线的画法，能正确绘制各种图线。

一、图纸幅面及标题栏

?想一想

在复印文件时经常采用何种类型的复印纸？找一张 A4 复印纸，测量一下它的尺寸。

1. 图纸幅面

绘制机械图样时，要根据零部件的复杂程度合理地选用图纸的幅面。图纸的基本幅面共有 5 种，其尺寸见表 1—1，各种基本幅面的大小关系如图 1—1 所示。

表 1—1　　基本幅面尺寸　　mm

幅面代号	A0	A1	A2	A3	A4
尺寸 $B \times L$	841 × 1 189	594 × 841	420 × 594	297 × 420	210 × 297
c	10			5	
a	25				
e	20		10		

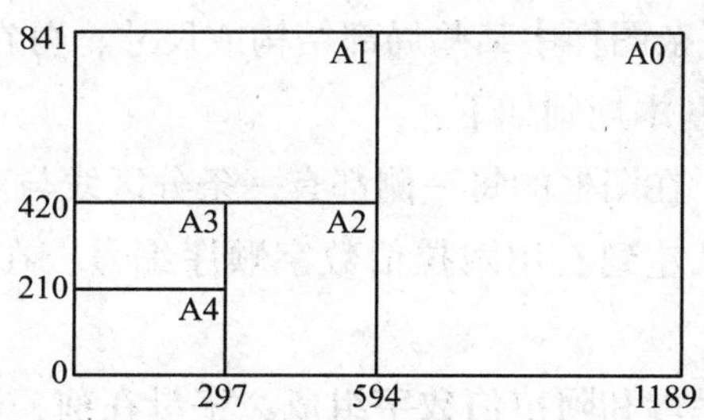

图 1—1　基本幅面的尺寸关系

2. 图框格式

图框按格式分为不留装订边和留装订边两种，如图 1—2 和图 1—3 所示。图框用粗实线绘制，图中的周边尺寸 a、c、e 可查表 1—1。

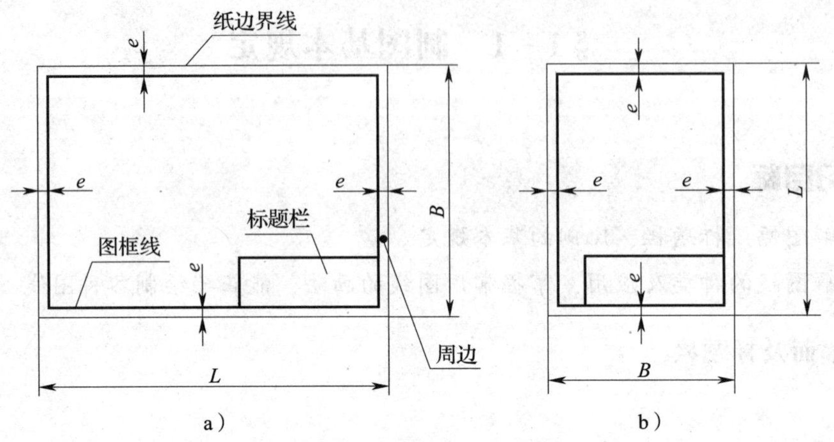

图 1—2　不留装订边的图框格式

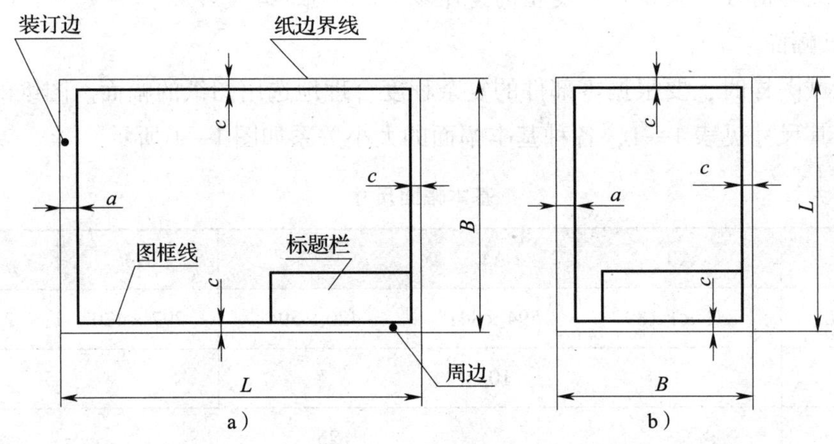

图 1—3　留装订边的图框格式

3. 图幅分区

为了便于查看和更改复杂图样中某些局部结构或尺寸，可在图幅中进行分区编号，如图 1—4 所示。图幅分区的基本规则如下：

（1）分区线为细实线，在图框的每一侧都有一条分区线与对中符号（粗实线）重合。

（2）在上、下周边内从左到右用阿拉伯数字顺序编号，在左、右周边内自上而下用大写拉丁字母依次编写。

（3）分区代号由拉丁字母和阿拉伯数字组成，字母在前，数字在后。在图 1—4 所示的串联型直流稳压电路中，三极管 KF1 的分区代号为 A4，电阻 R5 的分区代号为 C5。

1 2 3 4 5 6
A B C D
RA1
RA4
RA2
RA3
T
AC 15V
R1
R2
KF1
KF2
KF3
R3
R4
RP
R5
C1
C2
C3
PG
RA5

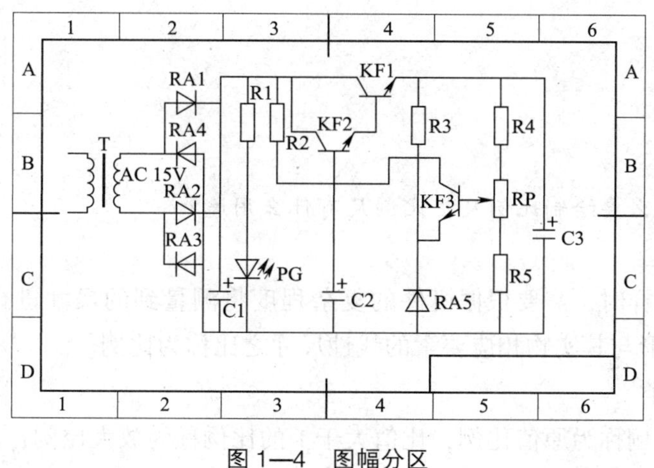

图 1—4　图幅分区

4. 标题栏

在每张图纸上都必须画出标题栏，其格式如图 1—5 所示，标题栏应位于图纸的右下角，如图 1—2 和图 1—3 所示。一般情况下，看图的方向与看标题栏的方向一致。

180
10 10 16 16 12 16
8×7(=56)
标记 处数 分区 更改文件号 签名 年、月、日
设计 (签名) (年月日) 标准化 (签名) (年月日)
审核
工艺
批准
(材料标记)
4×6.5(=26) 12 12
阶段标记 质量 比例
共 张 第 张
(单位名称)
(图样名称)
(图样代号)
(投影符号)
10
9
(9)
18
21
12 12 16 12 12 16
50

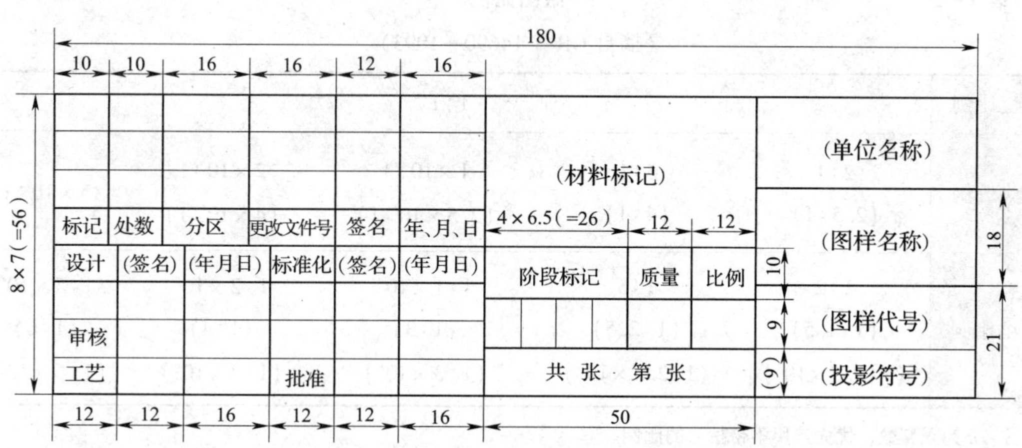

图 1—5　标题栏格式

在做作业时，可以适当简化标题栏中的内容，采用非标准的标题栏简化格式，如图 1—6 所示。

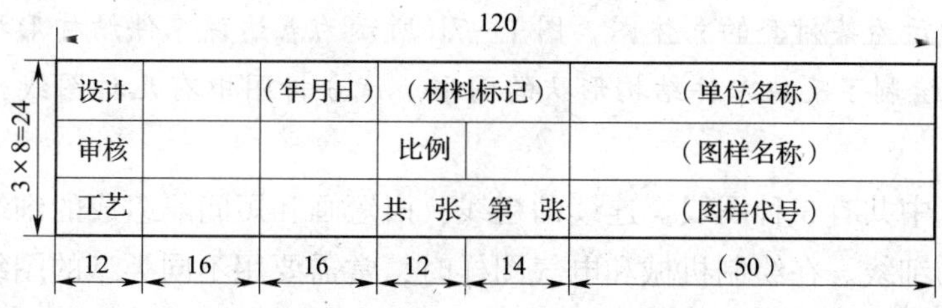

120
3×8=24
设计 (年月日) (材料标记) (单位名称)
审核 比例 (图样名称)
工艺 共 张 第 张 (图样代号)
12 16 16 12 14 (50)

图 1—6　标题栏简化格式

二、比例

?想一想

在地图上为什么要绘制比例尺？比例尺有什么用途？

1．比例的概念

在绘制机械图样时，需要根据机件的复杂程度将测量到的尺寸进行缩小、放大（或按原值）。图中图形与其实物相应要素的线性尺寸之比称为比例。

2．比例的种类

比值为 1 的比例称为原值比例，比值大于 1 的比例称为放大比例，比值小于 1 的比例称为缩小比例。

3．比例系列

绘图时可根据需要选择表 1—2 中的比例，一般情况尽量采用原值比例。

表 1—2　　绘图比例

（摘自 GB/T 14690—1993）

原值比例	1:1				
放大比例	2:1 (2.5:1)	5:1 (4:1)	1×10^n:1 (2.5×10^n:1)	2×10^n:1 (4×10^n:1)	5×10^n:1
缩小比例	1:2 (1:1.5) (1:1.5×10^n)	1:5 (1:2.5) (1:2.5×10^n)	1:1×10^n (1:3) (1:3×10^n)	1:2×10^n (1:4) (1:4×10^n)	1:5×10^n (1:6) (1:6×10^n)

注：n 为正整数，优先选用不带括号的比例。

三、图线

?想一想

图 1—7a 所示为某衬套的立体图，图 1—7b 所示为表达该零件结构形状的图样。在图 1—7b 中用图线绘制了反映零件结构形状的图形。试分析图中有几种图线，各图线表达了什么含义。

在图 1—7b 中共有 3 种图线：连续的粗线，由短画和短间隔组成的细线，由长画、短间隔和点组成的细线。在绘制机械和电气图样时，常需要用不同类型的图线表达不同的含义。常用图线的名称、线型、线宽和应用见表 1—3。

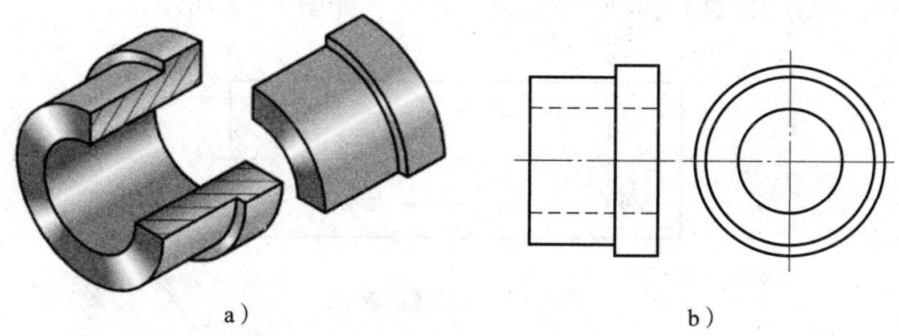

a）　　　b）

图 1—7　衬套

表 1—3　　常用图线的名称、线型、线宽和应用

（摘自 GB/T 4457.4—2002）

名称	线型	线宽	一般应用
粗实线		d（优先采用 0.5 mm 和 0.7 mm）	可见轮廓线
细实线		$d/2$	尺寸线、尺寸界线、指引线、短中心线、剖面线、重合断面的轮廓线
细点画线		$d/2$	轴线、对称中心线
细虚线		$d/2$	不可见轮廓线
波浪线		$d/2$	断裂处边界线、视图与剖视图的分界线
双折线		$d/2$	
细双点画线		$d/2$	相邻辅助零件的轮廓线、可动零件极限位置的轮廓线、中断线

绘制图线时应注意以下几点：

1. 粗线与细线的线宽比例为 2∶1。手工绘图时，同一图样中同类图线的宽度应保持一致，细虚线、细点画线、细双点画线的画长也应一致。

2. 手工绘图时，细点画线、细双点画线的点绘制成长约 1 mm 的短线，细虚线、细点画线和细双点画线上的间隔约为 1 mm。细虚线的画长为 4 mm 左右，细点画线和细双点画线的画长为 16 mm 左右。

3. 习惯上，细点画线超出轮廓线 2～5 mm。当图形较小，绘制细点画线有困难时，可绘制细实线。

4. 细虚线、细点画线相交时应尽量交在画上，如图 1—8 所示。

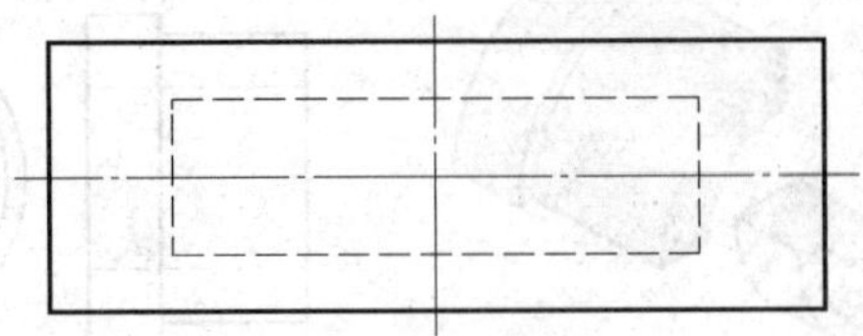

图 1—8　图线的画法

本节内容涉及多项国家标准，如 GB/T 14689—2008《技术制图　图纸幅面和格式》、GB/T 14690—1993《技术制图　比例》、GB/T 17450—1998《技术制图　图线》、GB/T 4457. 4—2002《机械制图　图样画法　图线》等。查阅相关资料或通过互联网检索，了解这些标准的内容，掌握查询类似信息的方法和路径，并就国家标准在生产、生活中的重要性进行分组讨论。

绘制压板平面图

图 1—9 所示为压板平面图，下面以绘制该图为例学习绘制平面图形的方法和步骤。

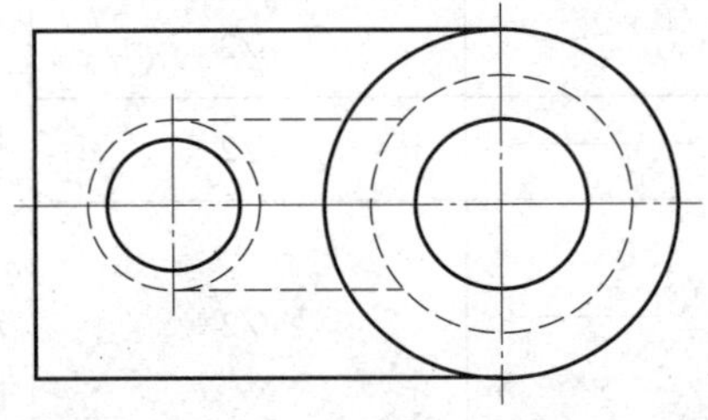

图 1—9　压板平面图

1. 分析图形

该图形上、下对称。其右侧有三个同心圆，两个为粗实线圆，一个为细虚线圆；左侧有一个缺少右边线的矩形线框，上、下两边与右侧大圆相切；左侧还有一个粗实线圆和一个细虚线圆；中间有两条细虚线直线与左侧的细虚线圆相切，与右侧的细虚线圆相交。

2. 绘制图形

用铅笔绘制图样时，作图的步骤一般分为两步，第一步绘制底图，第二步描深。底图的图线一定要细而淡，以便于擦除和修改。绘图及描深图形的顺序是先圆或圆弧，再直线。压板的作图方法和步骤见表 1—4。

表 1—4　　　　压板的作图方法和步骤

方法和步骤	图例
(1) 绘制作图基准线	
(2) 绘制粗实线圆	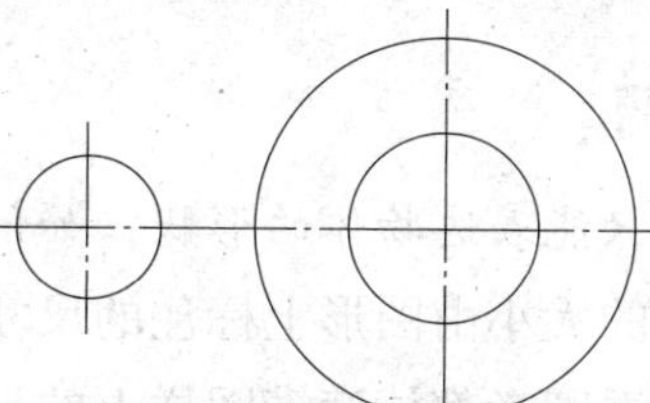
(3) 绘制粗实线直线	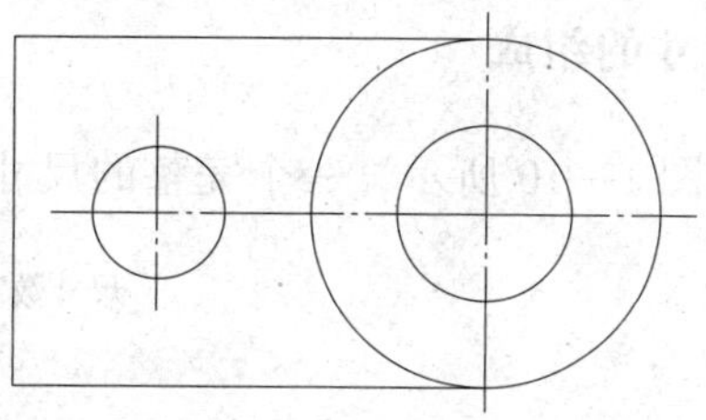
(4) 绘制细虚线圆	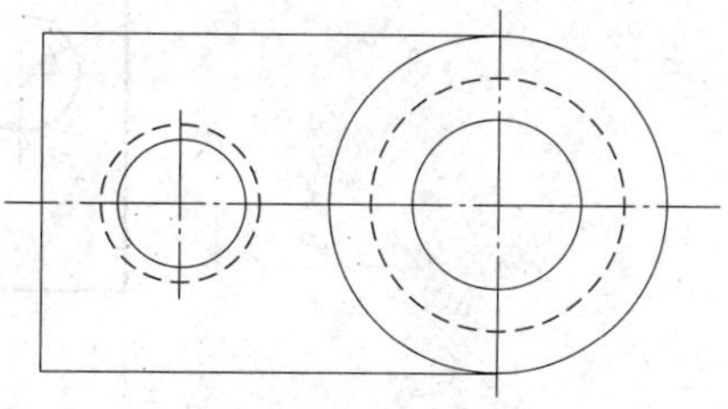
(5) 绘制细虚线直线	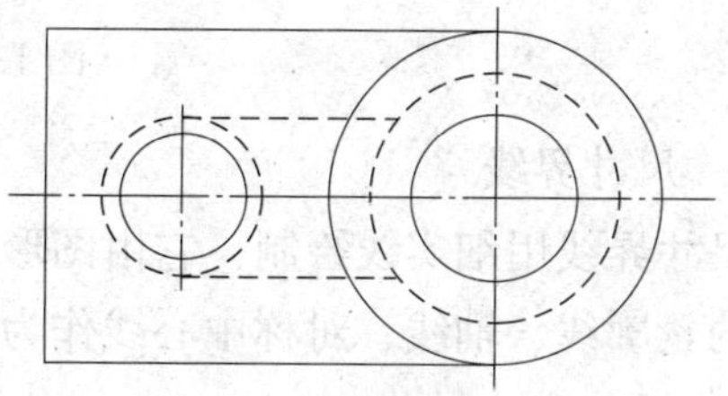
(6) 检查图形，按线型描深图线	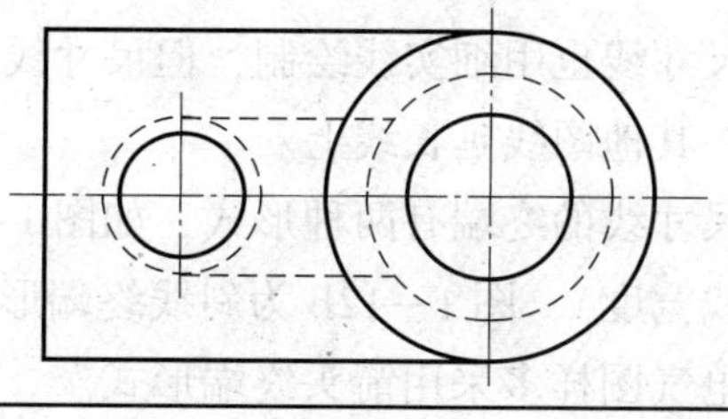

§1—2　尺 寸 标 注

1. 了解尺寸的组成，掌握常见尺寸注法。
2. 能正确地标注简单平面图形的尺寸。

?想一想

图形只能表达物体的形状，如何在图样上表示物体的大小呢？

物体的大小由图形上标注的尺寸确定。标注尺寸时，必须严格遵守国家标准的有关规定，保证看图者都能读懂图样上的尺寸，而不会产生误解或歧义。

一、尺寸的组成

如图 1—10 所示，一个完整的尺寸由尺寸界线、尺寸线和尺寸数字三个要素组成。

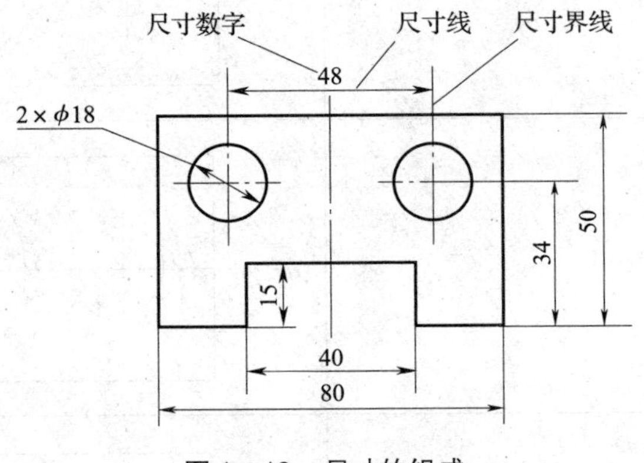

图 1—10　尺寸的组成

1. 尺寸界线

尺寸界线用细实线绘制，它由图形的轮廓线、轴线、对称中心线等处引出，也可利用图形的轮廓线、轴线、对称中心线作为尺寸界线，如图 1—11 所示。

2. 尺寸线

尺寸线也用细实线绘制，但尺寸线不能用其他图线代替，一般也不得与其他图线重合或画在其他图线延长线上。

尺寸线的终端有两种形式，如图 1—12 所示。图 1—12a 为箭头终端形式（图中 d 为粗实线宽度），图 1—12b 为斜线终端形式（图中 h 为尺寸数字的高度）。一般情况下，机械、电气图样多采用箭头终端形式。

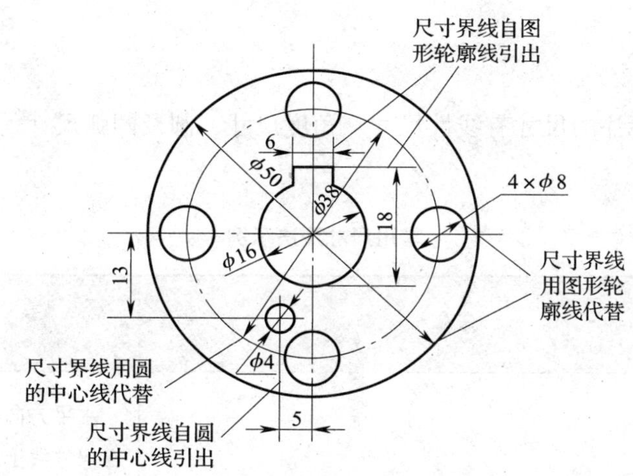

图 1—11　尺寸界线的画法

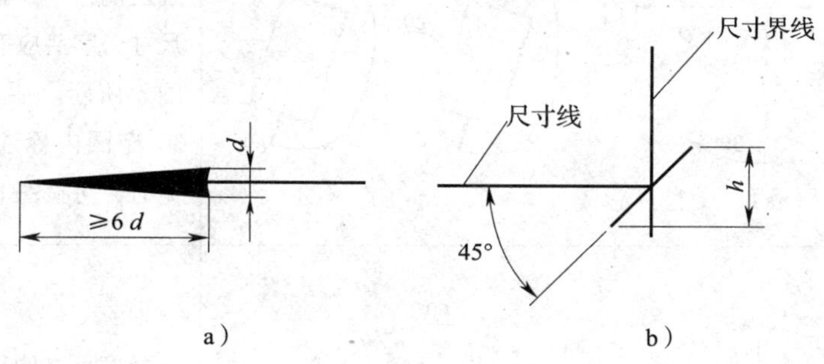

图 1—12　尺寸线的终端形式

a）箭头　b）斜线

3. 尺寸数字

尺寸数字有线性尺寸数字和角度尺寸数字两种，如图 1—13 所示。

标注尺寸数字时应遵循以下规则：

（1）图样中的尺寸以毫米（mm）为单位时，不需标注计量单位的代号或名称；如采用其他单位，则必须注明相应计量单位的代号或名称。在机械图样中，线性尺寸一般以 mm 作为尺寸单位，在图中不标单位代号；角度尺寸数字一般以“°”“′”“″”为单位，需要标单位代号。

（2）尺寸数字不允许被任何图线所通过，当无法避免时，可将图线在尺寸数字处断开。

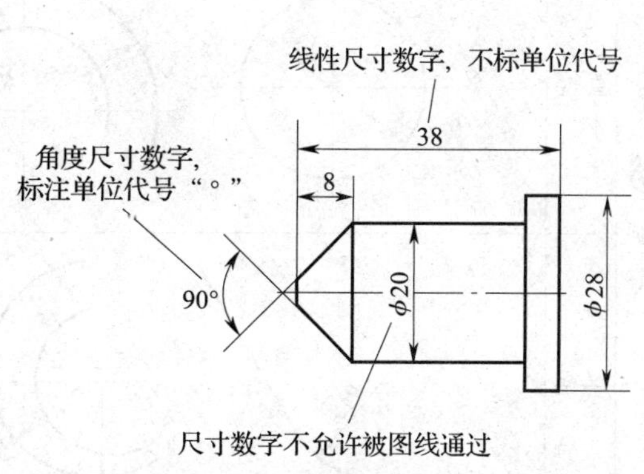

图 1—13　尺寸数字的标注

二、常见尺寸注法

在图样上经常标注的尺寸有线性尺寸、角度尺寸、圆及圆弧尺寸、小尺寸等。常用尺寸的注法见表 1—5。

表 1—5　　常用尺寸注法示例

<table>
<tr><th colspan="2">标注内容</th><th>示例</th><th>说明</th></tr>
<tr><td colspan="2">线性尺寸</td><td> 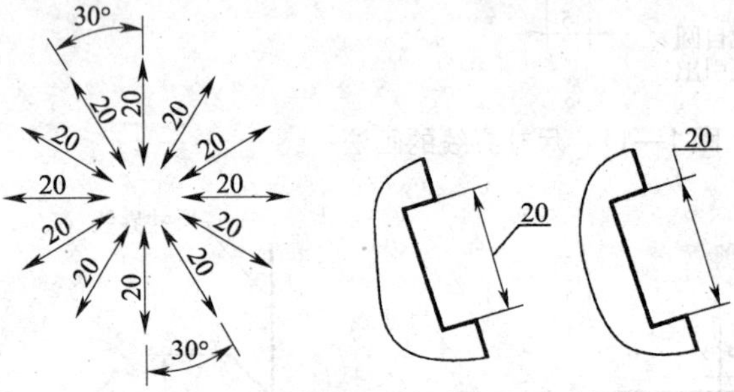30° 20 20 20 20 20 20 20 20 20 20 20 20 30° a）
20 20 b）</td><td>水平方向的线性尺寸数字注写在尺寸线上方，字头朝上；竖直方向的线性尺寸数字注写在尺寸线左侧，字头朝左；倾斜方向的尺寸，字头应有向上的趋势，如图 a 所示。要尽量避免在图示 30°范围内标注尺寸，当无法避免时，可按图 b 的形式标注</td></tr>
<tr><td colspan="2">角度尺寸</td><td> 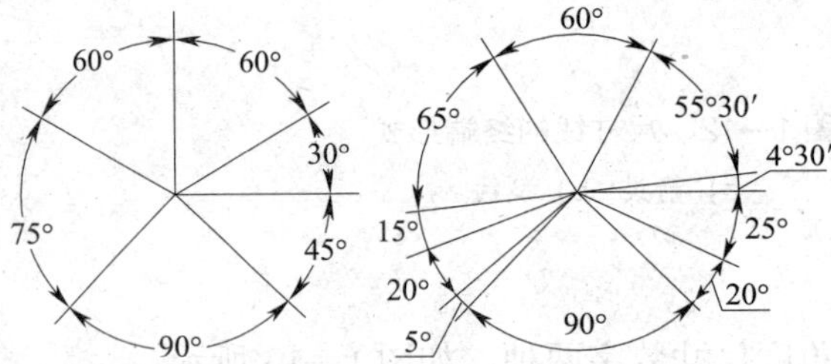60° 60° 30° 75° 45° 90°
60° 65° 55°30′ 4°30′ 15° 25° 20° 20° 5° 90°</td><td>角度尺寸的尺寸数字一律水平书写，一般注写在尺寸线的中断处，必要时可注写在尺寸线的上方、外面或引出标注</td></tr>
<tr><td rowspan="2">圆及圆弧尺寸</td><td>直径</td><td> 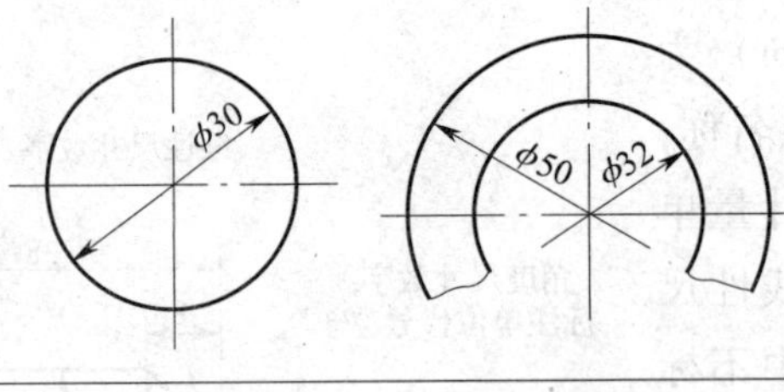φ30　φ50 φ32</td><td>标注圆的直径时，应在尺寸数字前加注符号“φ”，尺寸线的终端应绘制成箭头。大于半圆的圆弧应标注直径</td></tr>
<tr><td>半径</td><td> 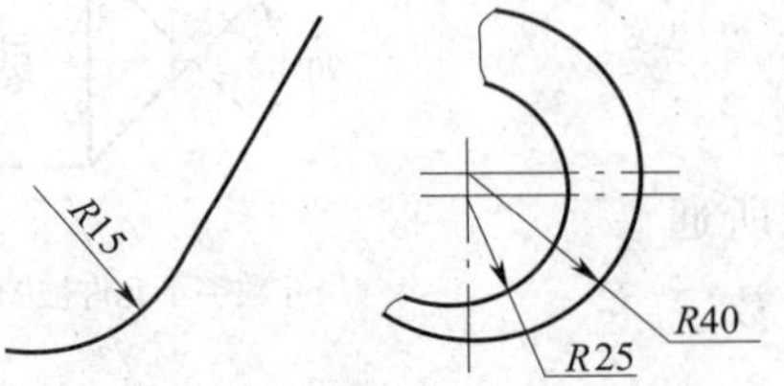R15　R40 R25</td><td>标注圆弧的半径时，应在尺寸数字前加注符号“R”，尺寸线上的单箭头指向圆弧</td></tr>
</table>

续表

标注内容	示例	说明
小尺寸	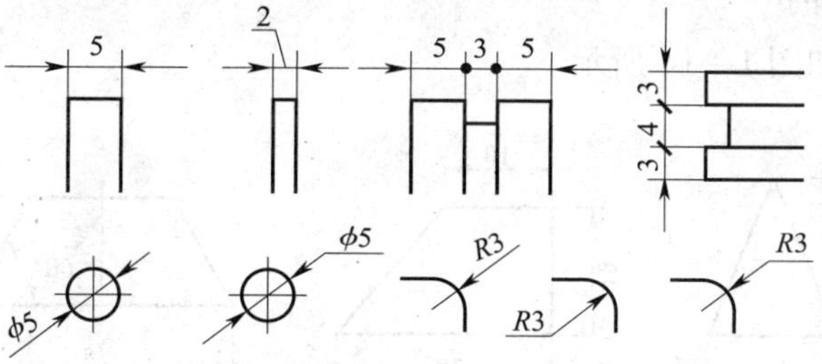 5 2 5 3 5 3 4 3 ϕ5 ϕ5 R3 R3 R3	没有足够空间时，箭头可绘制在外面，也可用小圆点或斜线代替箭头；尺寸数字也可注写在图形外面或引出标注
球面尺寸	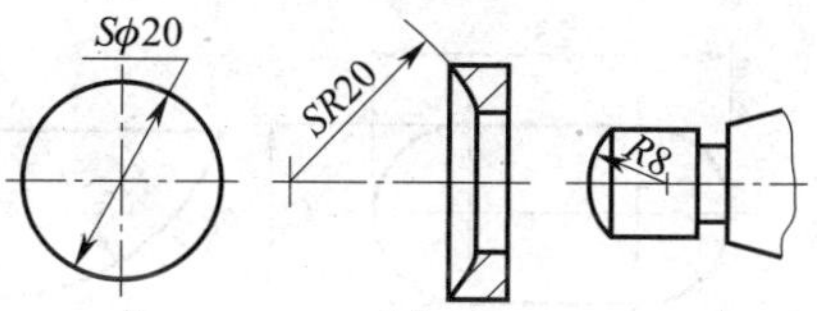 Sϕ20 SR20 R8 a） b） c）	标注球面的直径或半径尺寸时，应在符号“ϕ”或“R”前再加注符号“S”，如图 a、b 所示 在不致引起误解时，也可允许省略符号“S”，如图 c 所示
正方形结构注法	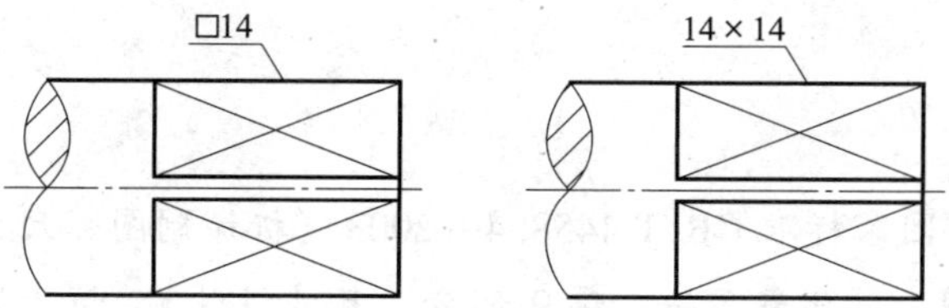 □14 14×14	标注断面为正方形结构的尺寸时，可在正方形边长尺寸数字前加注符号“□”，或用“$B \times B$”代替（B 为正方形的边长）
对称图形注法	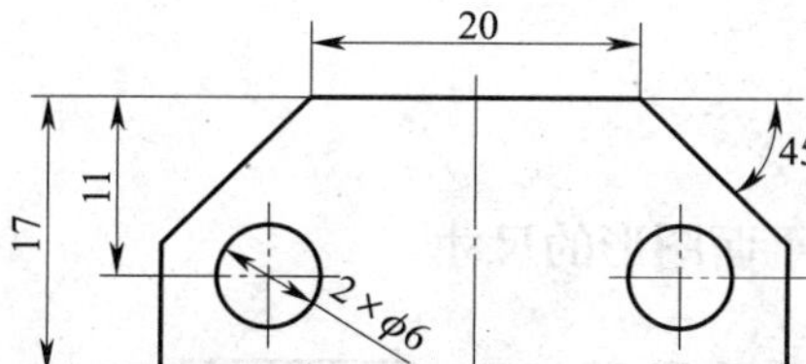 20 45° 11 17 2×ϕ6 38	当图形具有对称中心线时，分布在对称中心线两边的相同结构可仅标注其中一边的尺寸 尺寸相同的圆，可在其中一个圆上注出其数量和尺寸

三、常见几何图形的尺寸标注

1．尺寸标注的基本规则

（1）机件的真实大小应以图样上所标注的尺寸数值为依据，与图形的大小及绘图的准确度无关。

（2）图样中所标注的尺寸为该图样所示机件的最后完工尺寸，否则应另加说明。

（3）机件的每一尺寸一般只标注一次，并应标注在反映该结构最清楚的图形上。

（4）标注并列尺寸时，小尺寸在内，大尺寸在外，尽量避免尺寸线和尺寸界线相交。

2. 几何图形的尺寸标注示例

常见几何图形的尺寸标注如图 1—14 所示。

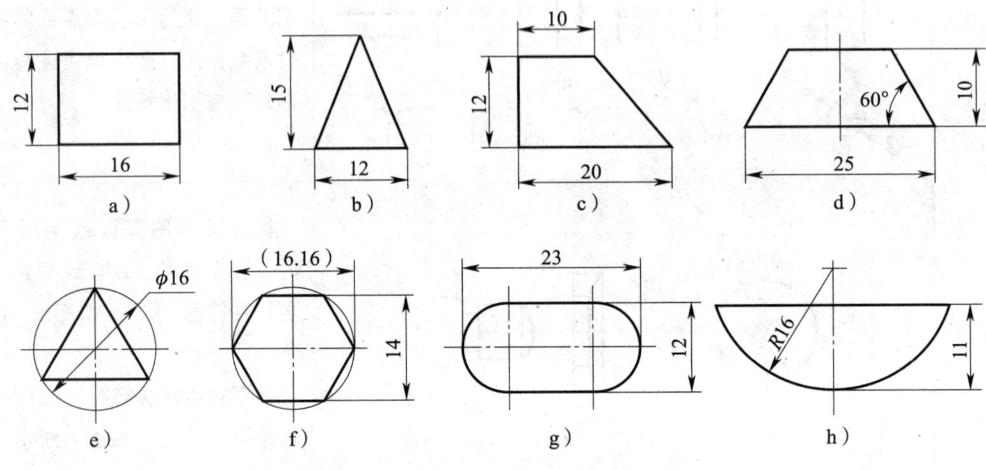

图 1—14　常见几何图形的尺寸标注

职业能力培养

关于尺寸标注的规定均来自国家标准 GB/T 4458. 4—2003《机械制图　尺寸注法》和 GB/T 16675. 2—2012《技术制图　简化表示法　第 2 部分：尺寸注法》，试上网查阅上述国家标准的具体内容，并就如何正确、完整和清晰地标注尺寸展开讨论。

应用举例

标注平面图形的尺寸

图 1—15 所示为某平板，下面在该平面图形上标注尺寸。尺寸从图中量取，取整数。

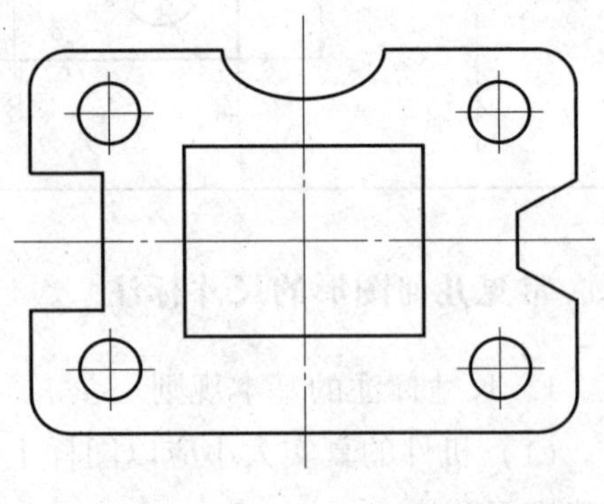

图 1—15　平板

1. 分析图形

该平面图形中间内部为一个矩形线框，四角各有一个小圆，外部矩形线框的四角为圆弧，上部开圆弧槽，左侧开矩形槽，右侧开梯形槽。

2. 标注尺寸

平板的尺寸标注如图 1—16 所示，步骤如下：

（1）标注中间小矩形的长 32 mm、高 26 mm。

（2）标注外部矩形线框的长 70 mm、高 50 mm 和圆角半径 $R5$ mm。

（3）标注 4 个小圆的直径 $4\times\phi8$ mm 和确定其位置的尺寸（长度方向 50 mm、高度方向 34 mm）。

（4）标注上部圆弧槽的半径尺寸 $R12$ mm 和圆心位置尺寸 31 mm。

（5）标注左侧矩形槽的尺寸 18 mm 和 9 mm。

（6）标注梯形槽的尺寸 16 mm、8 mm 和 60°。

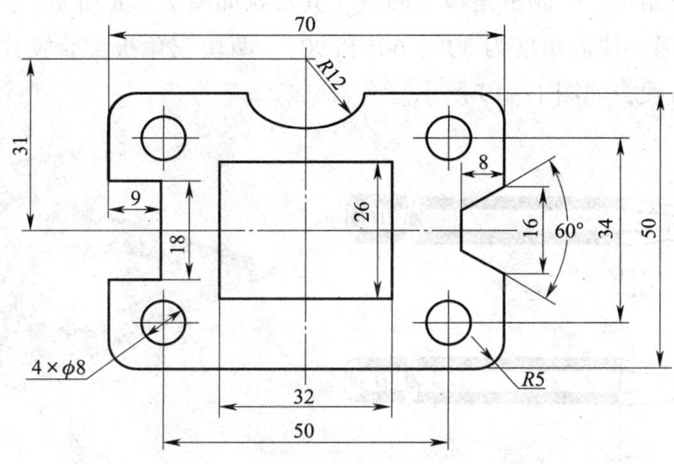

图 1—16　平板的尺寸标注

§1—3　尺 规 绘 图

学习目标

1. 掌握常用绘图工具的使用方法和常见几何作图方法。
2. 了解平面图形的尺寸分类和线段分类。
3. 能绘制简单的平面图形并标注尺寸。

一、常用绘图工具

?想一想

如何用铅笔绘制不同宽度的图线？你用过圆规吗？圆规的结构是怎样的？

1. 铅笔

铅笔的笔杆上标有型号标记，如 2H、H、HB、B、2B 等。标记中 B 前的数字越大，表示铅芯越软，绘出的图线颜色越深；H 前的数字越大，表示铅芯越硬，绘出的图线颜色越浅；HB 铅芯的软硬和颜色适中。一般将 2H、H、HB 型铅笔修磨成图 1—17a 所示的形状，将 B、2B 型铅笔修磨成图 1—17b 所示的形状。

一般情况下，可用 2H 型铅笔绘制底图，用 H 型铅笔描深细型图线（如细实线、细虚线、细点画线等）或注写符号、文字等，用 HB 型铅笔描深粗实线直线，用 B 型铅笔描深粗实线圆。

2. 三角板

三角板又叫三角尺，一副三角板为两块，其形状如图 1—18 所示，其中一块的角度为 45°、45°和 90°，另一块的角度为 30°、60°和 90°。两块三角板配合使用，可画出已知直线的平行线或垂直线，如图 1—19 所示。

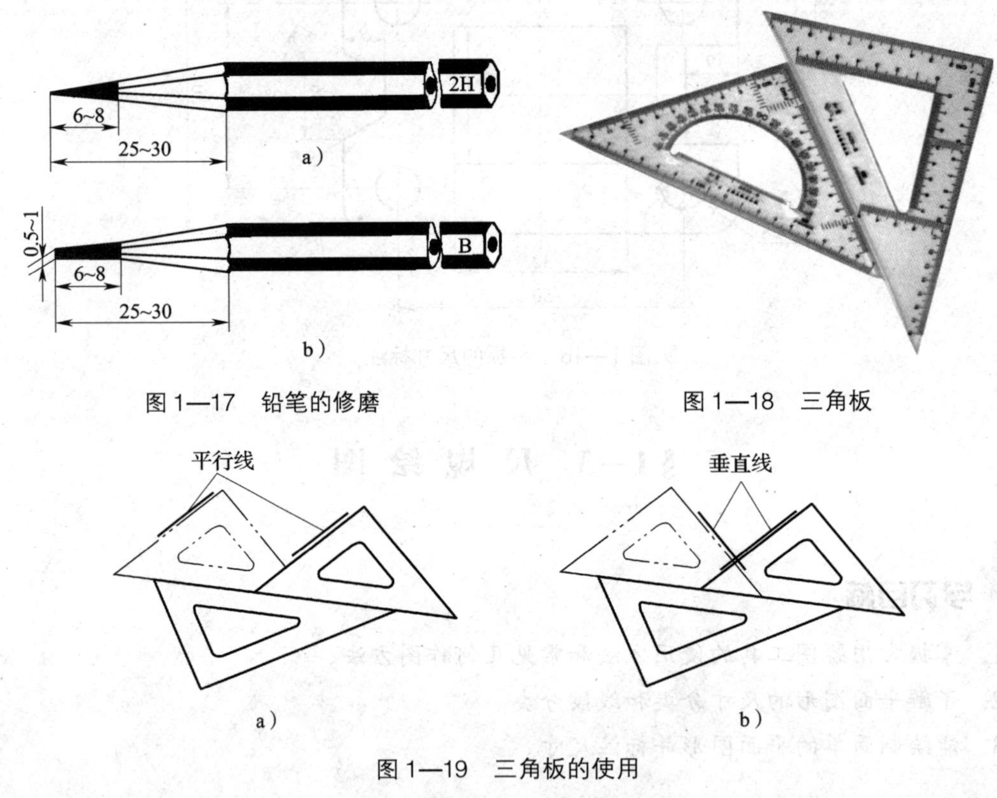

图 1—17　铅笔的修磨

图 1—18　三角板

图 1—19　三角板的使用

a）画平行线　b）画垂直线

3. 圆规

圆规的结构如图 1—20 所示，圆规上的一个插脚装钢针，另一个插脚装铅芯，使用前应先调整好针脚，使针尖（带台阶端）稍长于铅芯。画图前，先将两腿分开至所需的半径尺寸，将针尖扎入圆心。画圆时圆规要向画线方向稍微倾斜，如图 1—21 所示。

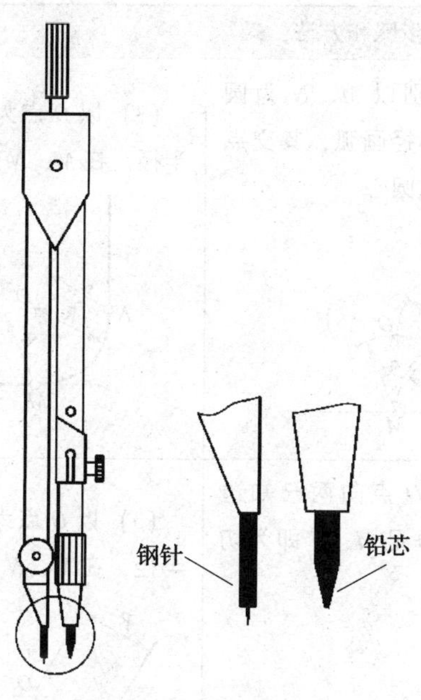

图 1—20　圆规的结构

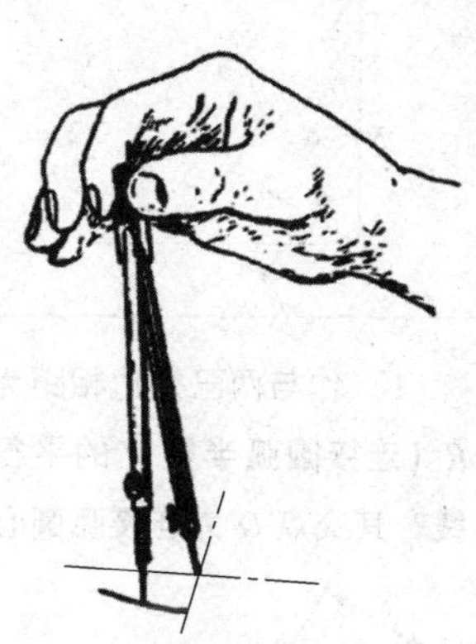

图 1—21　圆规的用法

二、常见几何作图方法

机件的轮廓一般都是由直线、圆弧及一些其他曲线组成的。下面介绍几种几何图形最常见的作图方法，具体见表 1—6。

表 1—6　　常见几何图形的画法

类别	作图步骤和方法		
1. 圆的内接正六边形	（1）作直径为 D 的辅助圆	（2）分别以 1、4 点为圆心，$D/2$ 为半径画弧交圆周于 2、6、3、5 点	（3）顺次连接圆周各点成正六边形

续表

类别	作图步骤和方法		
2. 连接直角两边的圆弧	（1）以直角的顶点为圆心，连接圆弧半径 R 为半径画弧，与两直角边交于 M、N 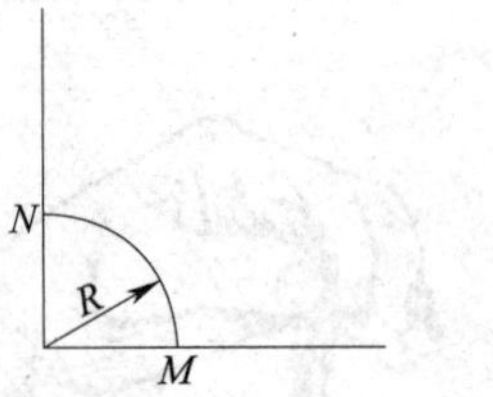	（2）分别以 M、N 为圆心，R 为半径画弧，其交点 O 为连接弧圆心 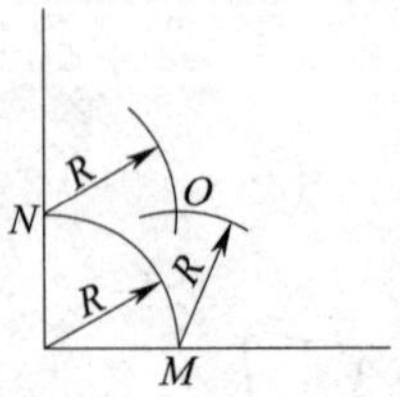	（3）以 O 点为圆心，R 为半径，在 M、N 间画弧 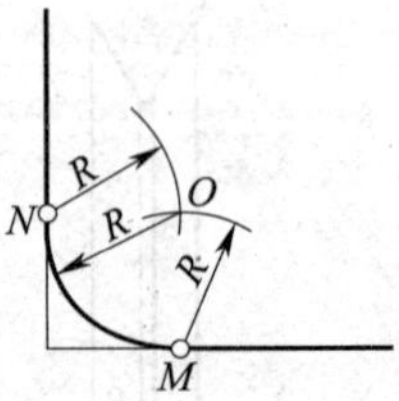
3. 连接非直角两边的圆弧	（1）作与两已知边相距为 R（连接圆弧半径）的平行线，其交点 O 为连接弧圆心 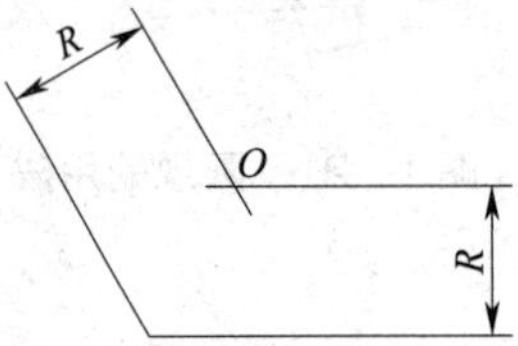	（2）自 O 点向两已知边作垂线，垂足 M、N 即为切点 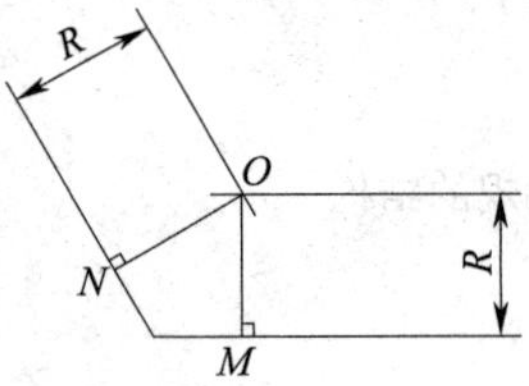	（3）以 O 点为圆心，R 为半径，在 M、N 间画弧 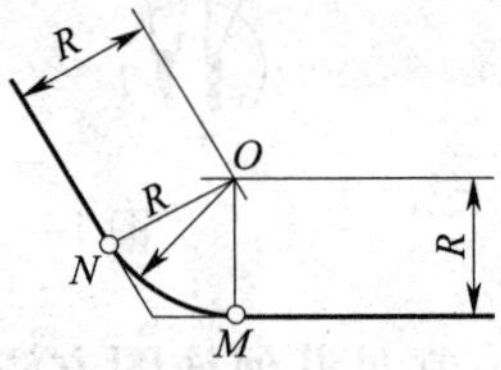
4. 外连接两已知圆弧的圆弧	（1）根据连接圆弧半径 R 求圆心 O 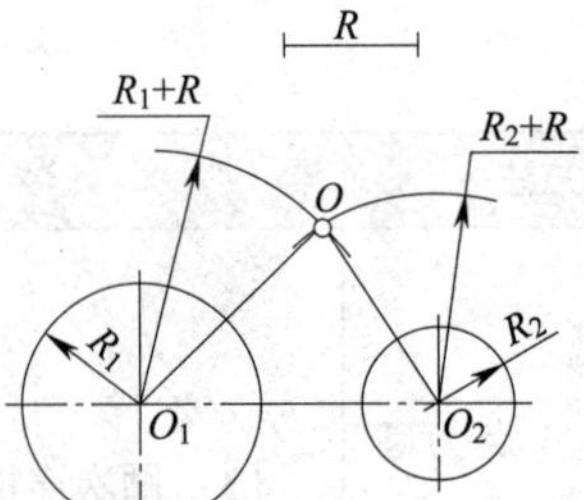	（2）求切点 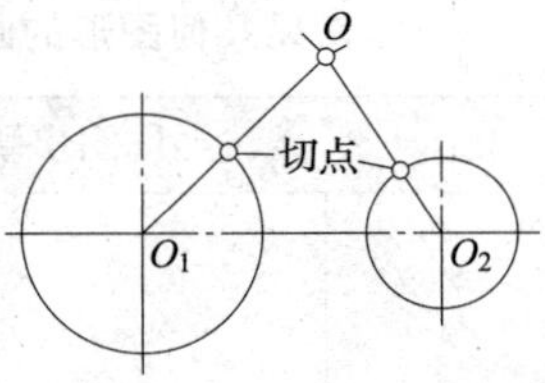	（3）作圆弧连接 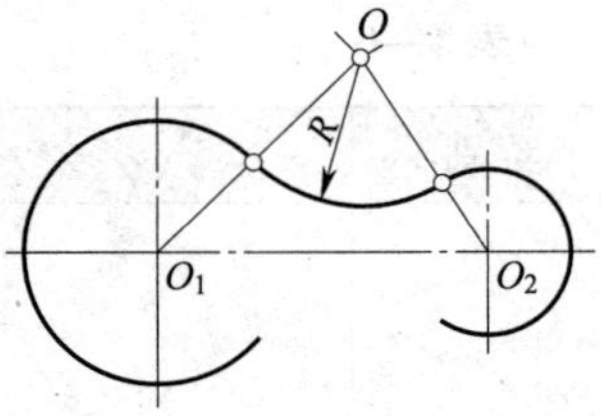
5. 内连接两已知圆弧的圆弧	（1）根据连接圆弧半径 R 求圆心 O 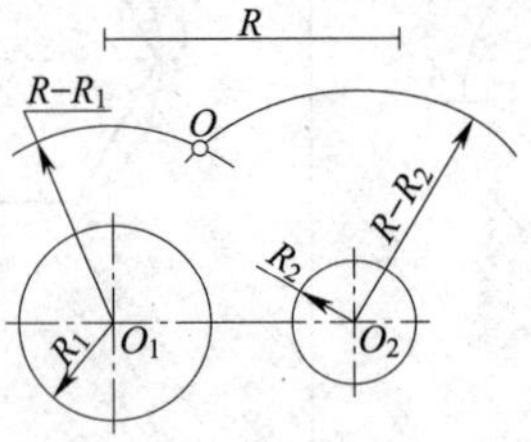	（2）求切点 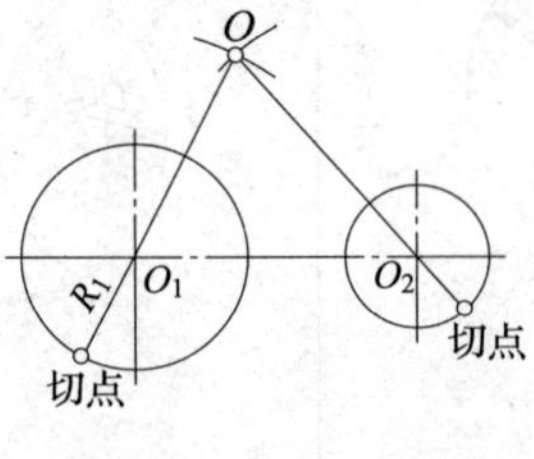	（3）作圆弧连接 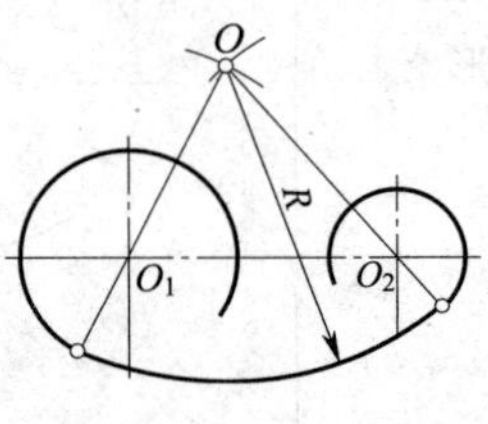

三、平面图形的尺寸类型

平面图形上的尺寸，按其作用分为定形尺寸和定位尺寸两类。

1. 定形尺寸

确定平面图形中各组成部分形状和大小的尺寸称为定形尺寸。如图 1—22 所示，圆的直径尺寸 ϕ20、2 × ϕ14 mm 确定圆的大小，*R*22、*R*16、*R*40 mm 和 *R*10 mm 确定圆弧的大小，它们都属于定形尺寸。

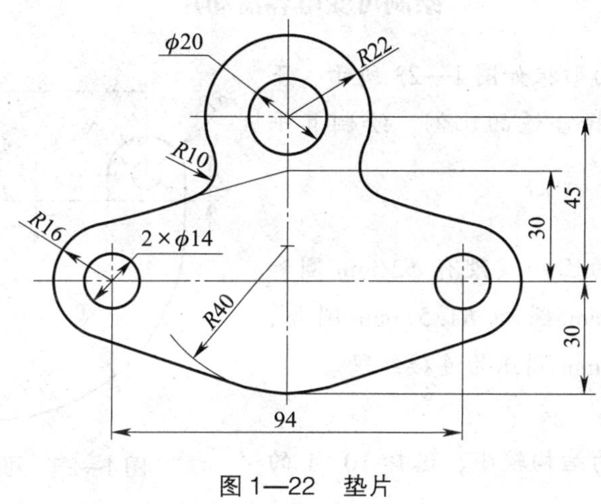

图 1—22　垫片

2. 定位尺寸

确定平面图形中各线段或线框在图形中相对位置的尺寸称为定位尺寸。如图 1—22 所示，尺寸 45 mm 确定 ϕ20 mm 圆的位置，尺寸 94 mm 确定 2 个 ϕ14 mm 圆的位置，右下侧的尺寸 30 mm 确定 *R*40 mm 圆弧的圆心位置，右上侧的尺寸 30 mm 确定中部两斜线的位置，它们都属于定位尺寸。

四、平面图形的线段类型

平面图形中的线段按尺寸是否齐全可分为已知线段、中间线段和连接线段三类。

1. 已知线段

定形尺寸和定位尺寸全部标注出来的线段称为已知线段（确定一条线段的位置一般需要两个尺寸）。如图 1—22 所示，ϕ20 mm、2 × ϕ14 mm 圆，*R*22 mm、*R*16 mm 和 *R*40 mm 圆弧为已知线段，作图时可首先画出。

2. 中间线段

标注了定形尺寸和一个定位尺寸的线段称为中间线段。如图 1—22 所示，中部的两条斜线为中间线段，作图时需根据尺寸 30 mm 和与 *R*16 mm 圆弧相切两个条件作出。

3．连接线段

只标注了定形尺寸，而未标注定位尺寸的线段称为连接线段。如图 1—22 所示，图形下部的两条斜线和中部的 *R*10 mm 圆弧为连接线段，作图时要根据其与相邻两线段的连接关系，用几何作图的方法才能作出。

绘制图形时，一般先绘制已知线段，再绘制中间线段，最后绘制连接线段。

应用举例

绘制可变电容器动片

可变电容器动片的形状如图 1—23 所示，下面根据图示尺寸，选择合适的比例，绘制其平面图并标注尺寸。

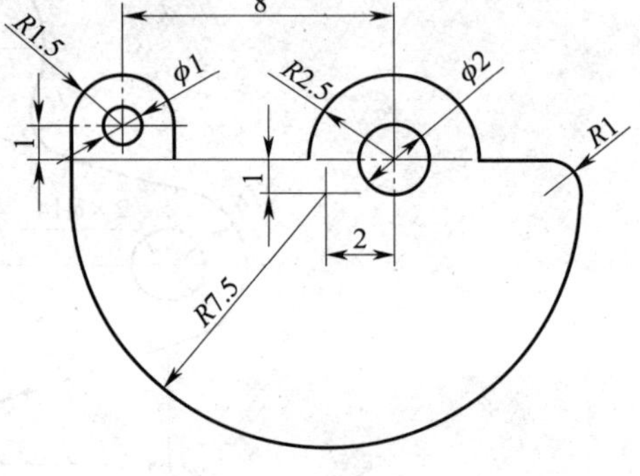

图 1—23　可变电容器动片

1．分析图形

可变电容器动片的已知线段有 $\phi2$ mm 圆和 $R2.5$ mm 圆弧，$\phi1$ mm 圆和 $R1.5$ mm 圆弧，$R7.5$ mm 圆弧等；$R1$ mm 圆弧为连接线段。

2．选择比例

可变电容器动片的结构较小，选择 10∶1 的放大比例。

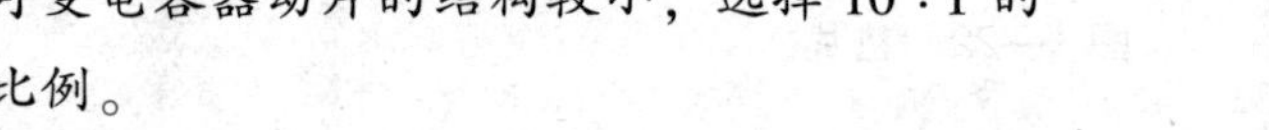

3．绘制图形

可变电容器动片的作图方法和步骤见表 1—7。

表 1—7　　可变电容器动片的作图方法和步骤

方法和步骤	图例
(1) 绘制作图基准线	80 10 10 20
(2) 绘制已知线段	R15 ϕ10 R25 ϕ20 R75

续表

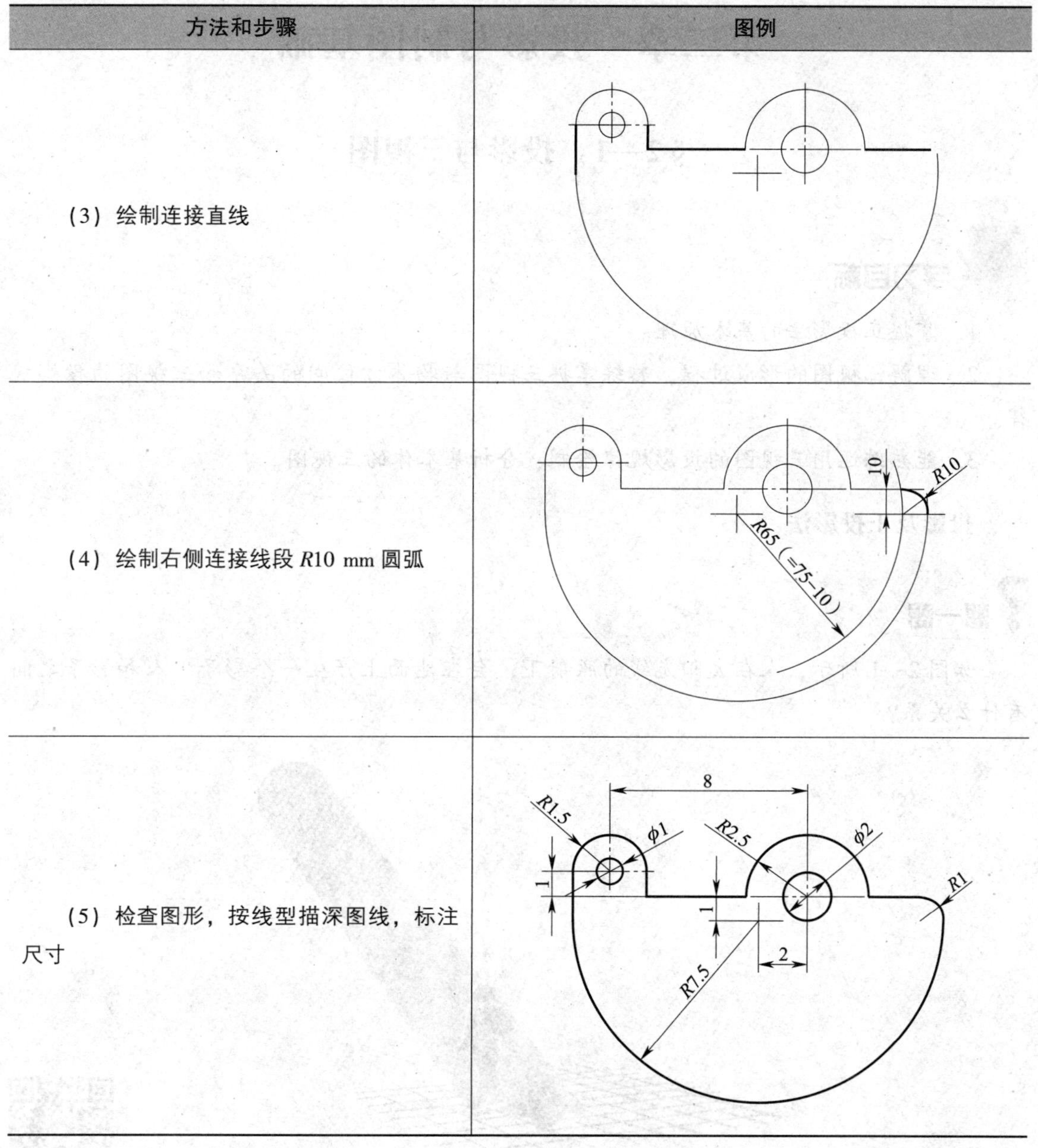

方法和步骤	图例
（3）绘制连接直线	
（4）绘制右侧连接线段 R10 mm 圆弧	
（5）检查图形，按线型描深图线，标注尺寸	

第二章　投影与制图基础

§2—1　投影与三视图

学习目标

1. 掌握正投影法的基本原理。

2. 理解三视图的形成过程，熟练掌握三视图与物体方位间的关系和三视图的投影规律。

3. 能熟练运用三视图的投影规律绘制、分析基本体的三视图。

一、投影及正投影法

想一想

如图 2—1 所示，人在太阳光线的照射下，会在地面上产生一个影子。人和影子之间有什么关系？

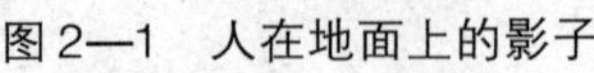

图 2—1　人在地面上的影子

很显然，影子在某些方面反映了人的形状特征，这种现象称为投影现象，将其加以抽象和总结就形成了投影法。投影法就是指投射线通过物体，向选定的面投射，并在该面上得到图形的方法，如图 2—2 所示。在投影时，如果投射线互相平行且与投影面垂直，则称这种投影方法为正投影法，得到的图形称为投影，又称为视图。

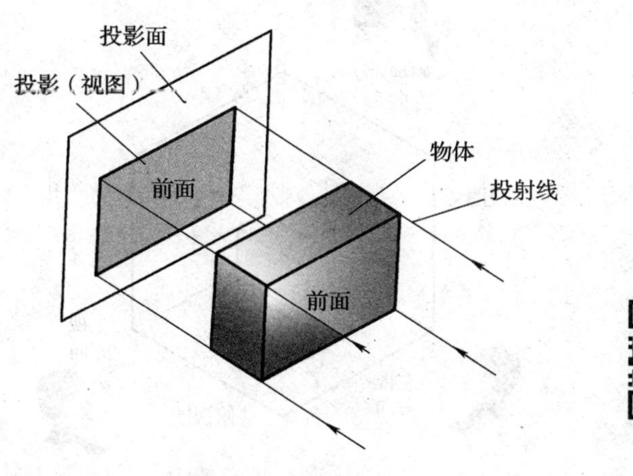

图 2—2　正投影法

二、三投影面体系的建立

?想一想

如图 2—2 所示，用正投影法得到了一个视图，该视图只能准确地反映长方体前面（或后面）的形状，如何表达长方体上面（或下面）和左面（或右面）的形状呢？

要想表达长方体的完整形状，就必须在长方体后方、下方和右侧设立 3 个投影面，如图 2—3 所示。

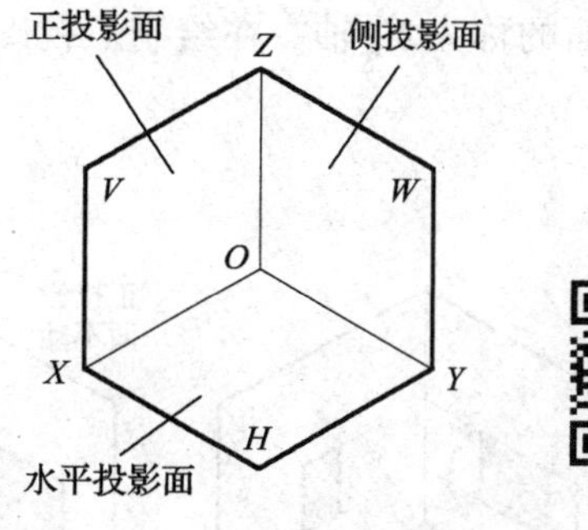

图 2—3　三投影面体系

一般把正对着观察者的投影面称为正投影面（用 V 表示），水平放置的投影面称为水平投影面（用 H 表示），右边侧立的投影面称为侧投影面（用 W 表示），这三个投影面构成了三投影面体系。

在三投影面体系中，两投影面的交线称为投影轴。其中，V 面与 H 面的交线为 X 轴，H 面与 W 面的交线为 Y 轴，V 面与 W 面的交线为 Z 轴；三条投影轴构成了一个空间直角坐标系，三轴的交点称为坐标原点（用 O 表示）。

三、三视图的形成

将物体放在三投影面体系中，用正投影法分别向三个投影面投射，可得到物体的三视图，如图 2—4 所示，即：

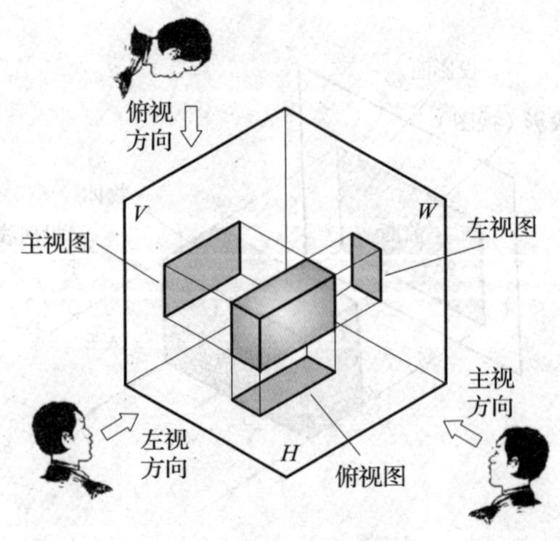

图 2—4　三视图的形成

主视图：将物体由前向后向正投影面投射得到的视图称为主视图。

俯视图：将物体由上向下向水平投影面投射得到的视图称为俯视图。

左视图：将物体由左向右向侧投影面投射得到的视图称为左视图。

为了能在一张图纸上同时绘制这三个视图，还需要将三个投影面展开。三投影面体系的展开过程如图 2—5 所示，其正投影面不动，水平投影面沿 X 轴向下旋转 90°，侧投影面沿 Z 轴向右旋转 90°。三投影面体系展开时，Y 轴变成了两条，随着 H 面的称为 Y_H 轴，随着 W 面的称为 Y_W 轴。在绘制三视图时，可不画投影面，只画投影轴。

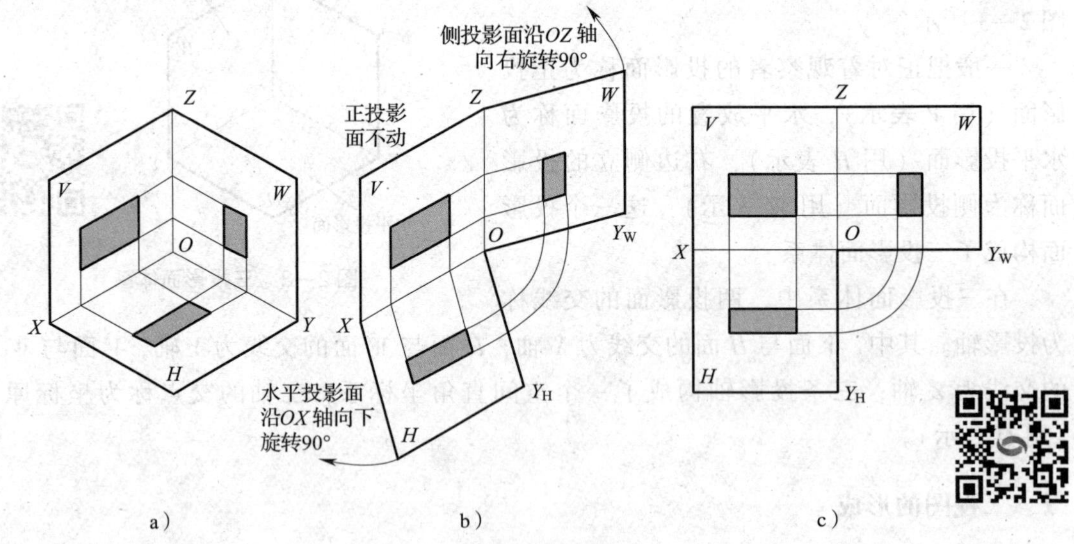

图 2—5　三视图的展开

a）在空间位置的三投影面体系　b）三投影面体系的展开过程　c）三投影面体系展开后

四、三视图的投影规律

空间物体有前、后、左、右、上、下 6 个方位（图 2—6a）。物体 6 个方位在三视图中的位置如图 2—6b 所示。

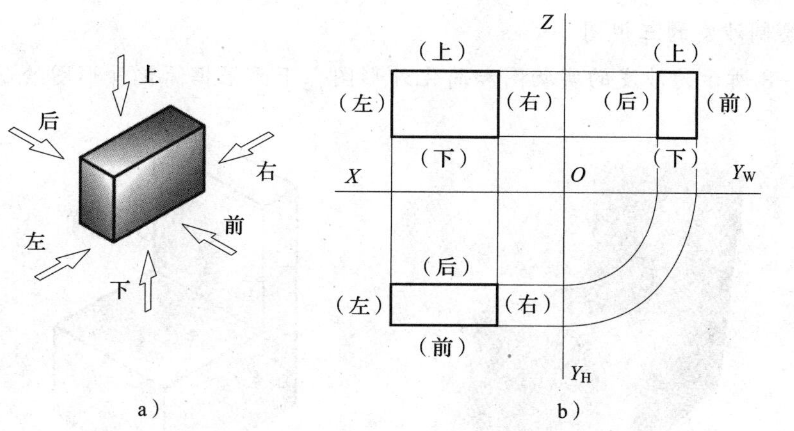

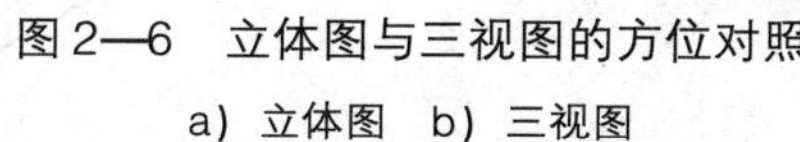

图 2—6　立体图与三视图的方位对照

a）立体图　b）三视图

图 2—7 表达的为三视图之间的位置关系，对比分析图 2—7a、b 可见，主视图反映了物体的长和高，俯视图反映了物体的长和宽，左视图反映了物体的高和宽。从图 2—7b 中还可以看出，俯视图在主视图的下方，主、俯视图相应部分的连线为互相平行的竖直线，即：其对应要素的长度相等，且左右两端对正；左视图在主视图右侧，主、左视图相应部分的连线为水平直线，即：其对应要素的高度相等，且上下平齐；俯视图与左视图均反映物体的宽度，所以俯、左视图对应部分的宽度相等。因此，可归纳出三视图的投影规律：

主、俯视图长对正；

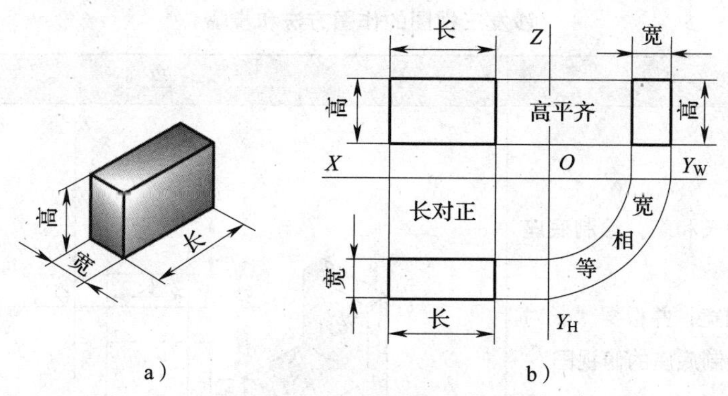

图 2—7　三视图的投影规律

a）立体图　b）三视图

主、左视图高平齐；

俯、左视图宽相等。

三视图的投影规律可简称为“长对正、高平齐、宽相等”。

应用举例

（一）绘制沙发的三视图

如图 2—8 所示为沙发的实物图和简化外形图，下面根据简化外形图绘制三视图。

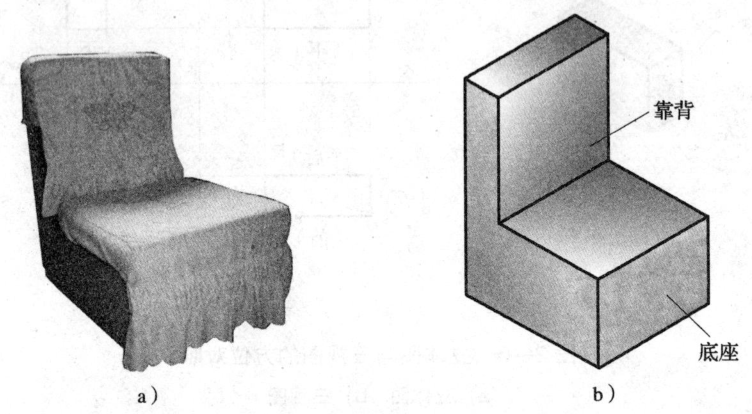

图 2—8　沙发
a）实物图　b）简化外形图

1．分析形体

在绘制或识读三视图时，先要进行形体分析。沙发由靠背和底座两部分组成，它们都是长方体，靠背和底座的长度相等，靠背叠加在底座之上。

2．绘制三视图

沙发三视图的作图方法和步骤见表 2—1。

表 2—1　沙发三视图的作图方法和步骤

方法和步骤	图例
（1）测量底座的长和高，绘制底座的主视图 （2）测量底座的宽，并根据“长对正”的投影规律绘制底座的俯视图	Z　高1　X　长　O　Y_W　宽1　Y_H　靠背　底座

续表

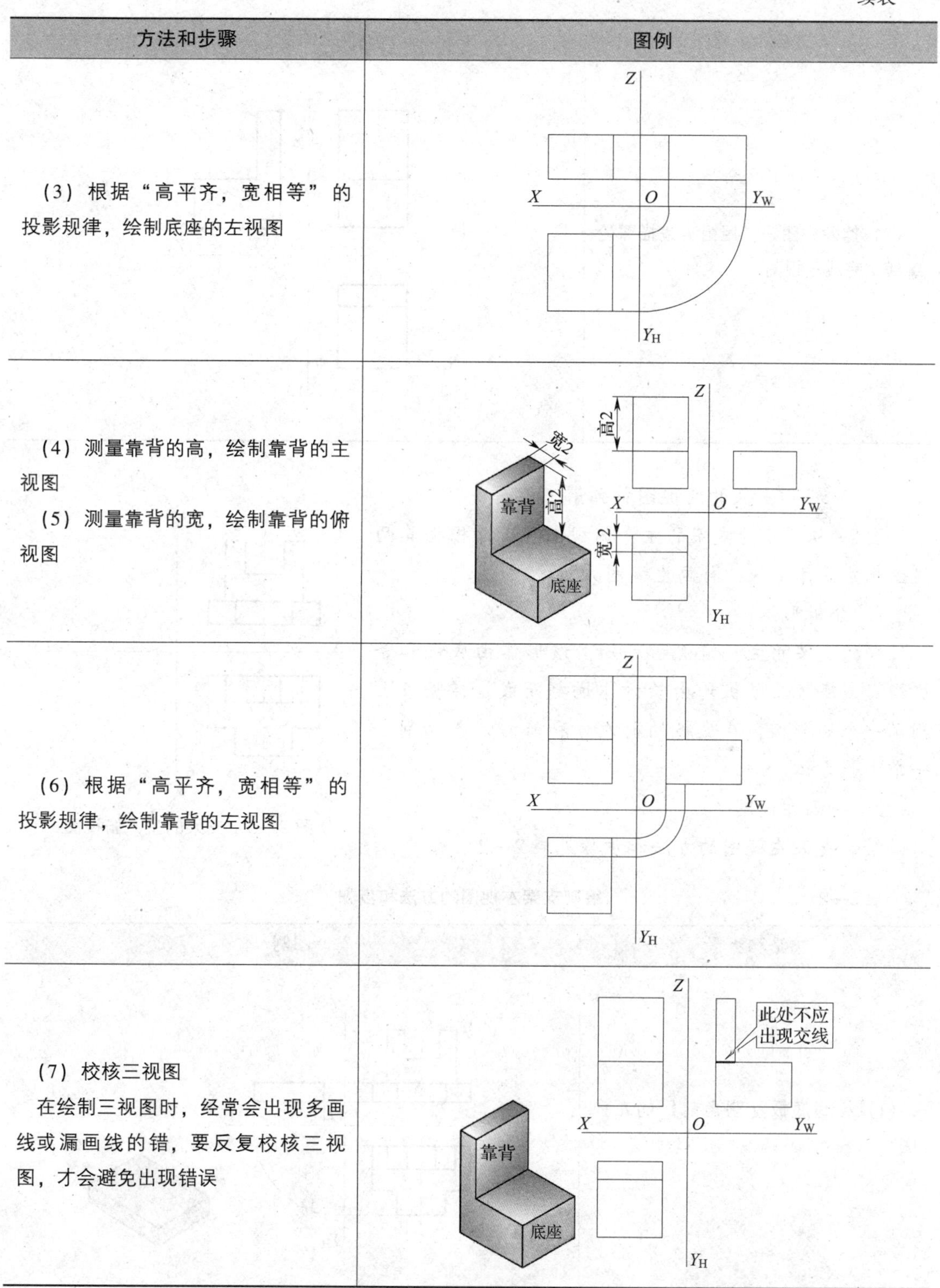

方法和步骤	图例
(3) 根据“高平齐，宽相等”的投影规律，绘制底座的左视图	
(4) 测量靠背的高，绘制靠背的主视图 (5) 测量靠背的宽，绘制靠背的俯视图	
(6) 根据“高平齐，宽相等”的投影规律，绘制靠背的左视图	
(7) 校核三视图 在绘制三视图时，经常会出现多画线或漏画线的错，要反复校核三视图，才会避免出现错误	

续表

方法和步骤	图例
(8) 擦除作图线，用粗实线描深轮廓线，完成三视图	

（二）根据支架的两视图补画第三视图

图 2—9 所示为支架的主、俯视图，下面根据其两视图想象立体形状，补画左视图。

1. 分析形体

分析支架的主、俯视图可知，该形体由底板和竖板组成。底板和竖板均由长方体切割而成，在竖板上割了一个矩形槽，在底板的前左方和前右方各切割了一个小长方体。

2. 补画左视图

绘制支架左视图的方法和步骤见表 2—2。

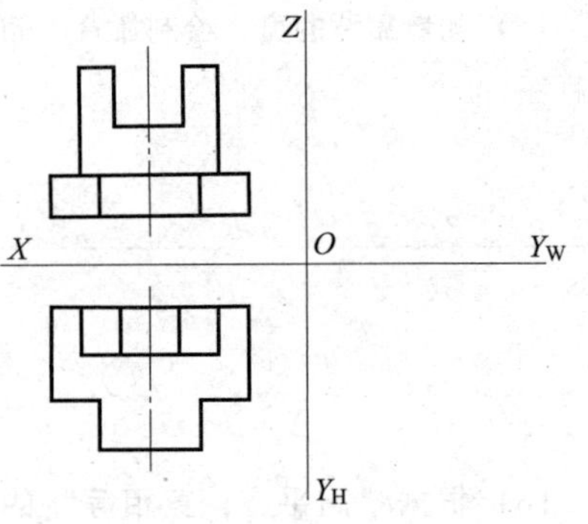

图 2—9　支架的主、俯视图

表 2—2　绘制支架左视图的方法和步骤

方法和步骤	图例
(1) 绘制底板（割角前）的左视图	

续表

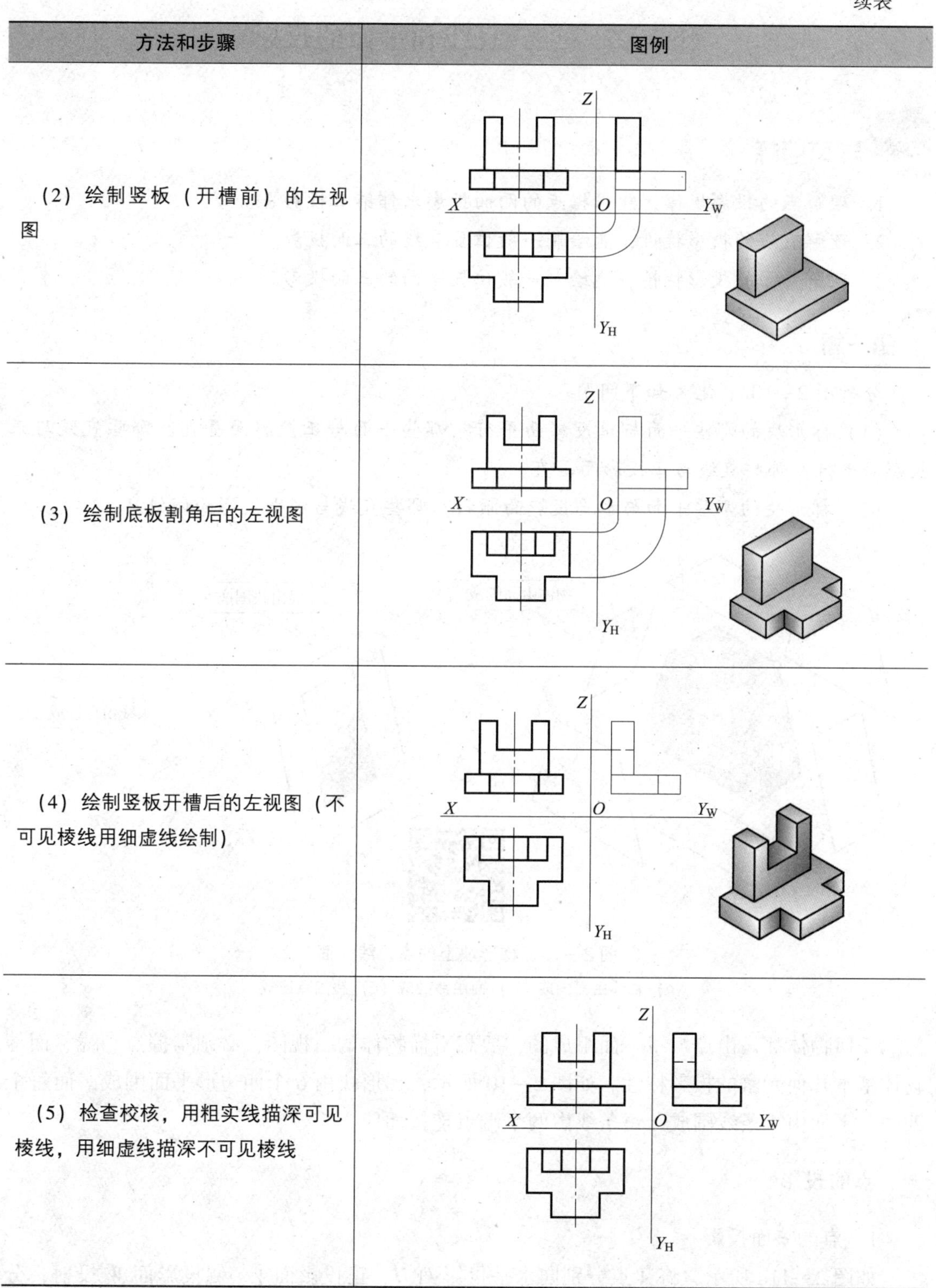

方法和步骤	图例
（2）绘制竖板（开槽前）的左视图	
（3）绘制底板割角后的左视图	
（4）绘制竖板开槽后的左视图（不可见棱线用细虚线绘制）	
（5）检查校核，用粗实线描深可见棱线，用细虚线描深不可见棱线	

§2—2　点、直线和平面的投影

1. 理解点的投影规律，能根据点的两面投影求作第三投影。
2. 理解直线的投影特性，能绘制一般位置直线的三面投影。
3. 理解平面的投影特性，能绘制一般位置平面的三面投影。

想一想

分析图 2—10a，思考如下问题：

（1）梯形块的哪些平面与正投影面平行？哪些平面与正投影面垂直？哪些直线与正投影面平行？哪些直线与正投影面垂直？

（2）梯形块的哪些平面与水平投影面倾斜？哪些直线与水平投影面倾斜？

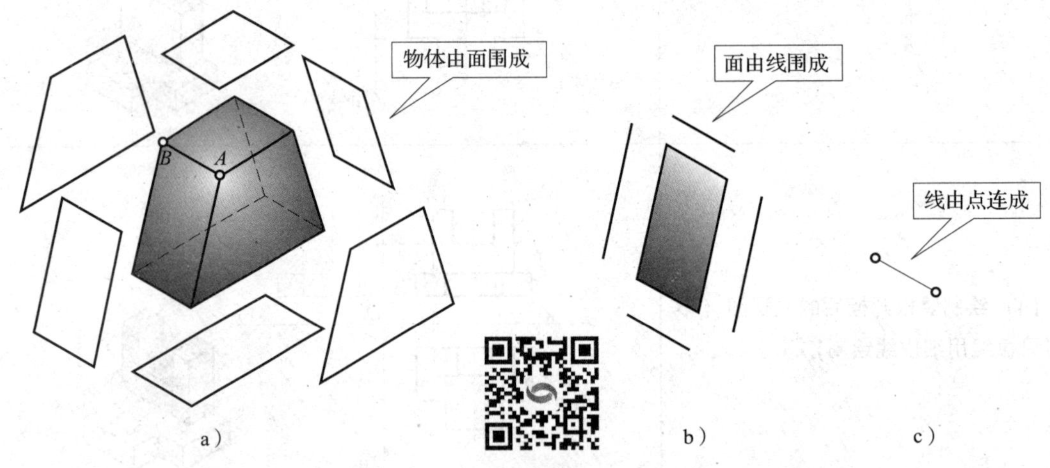

图 2—10　梯形块上的点、线、面

a）物体由面围成　b）面由线围成　c）线由点连成

任何物体都是由点、线、面组成的，要想看懂物体的三视图，必须掌握点、线、面等物体基本几何元素的投影特性。如图 2—10 所示，梯形块由 6 个四边形平面围成，而每个四边形平面由 4 条线围成，每条线由两个端点连接而成。

一、点的投影

1. 点的三面投影

如图 2—11a 所示，将 A 点分别向水平投影面 H、正投影面 V、侧投影面 W 投射，分

别得到水平投影 a、正面投影 a'、侧面投影 a''。投影面展开后，得到图 2—11b 所示点的三面投影。

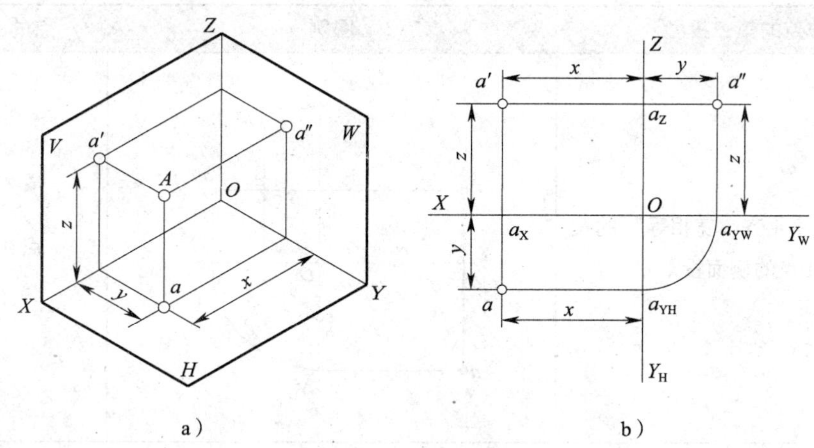

图 2—11　点的三面投影

一般情况下，空间点用大写拉丁字母表示，如 A、B 等；点的水平投影用相应的小写字母表示，如 a、b 等；点的正面投影用相应的小写字母加“′”表示，如 a'、b'等；点的侧面投影用相应的小写字母加“″”表示，如 a''、b''等。

2．点的投影特性

如图 2—11b 所示，$a'a \perp OX$，$a'a'' \perp OZ$，$aa_X = a''a_Z$。

不难看出，点的投影特性和物体三视图的投影规律是一致的。

应用举例

根据点的两面投影求作第三投影

图 2—12 所示为点 A、B、C 的两面投影，下面求作其第三投影，并分析点的空间位置。

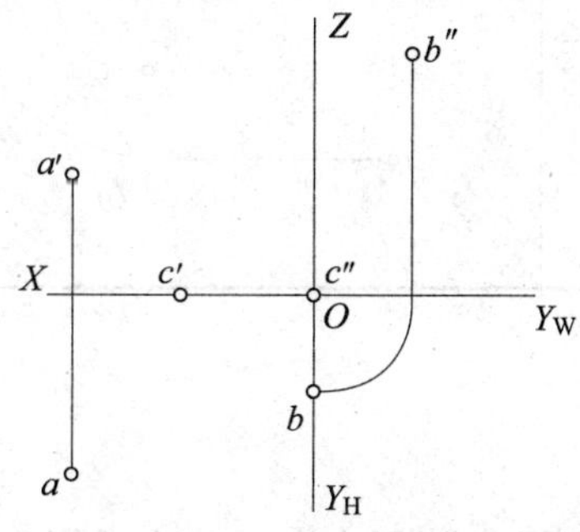

图 2—12　求作点的第三投影

求作点 A、B、C 第三投影及判断点的空间位置的方法见表 2—3。

表 2—3　　根据点的两面投影求作第三投影

求作点的第三投影	图例	点的空间位置
1. 按照“高平齐，宽相等”的投影规律求作 A 点的侧面投影 a″	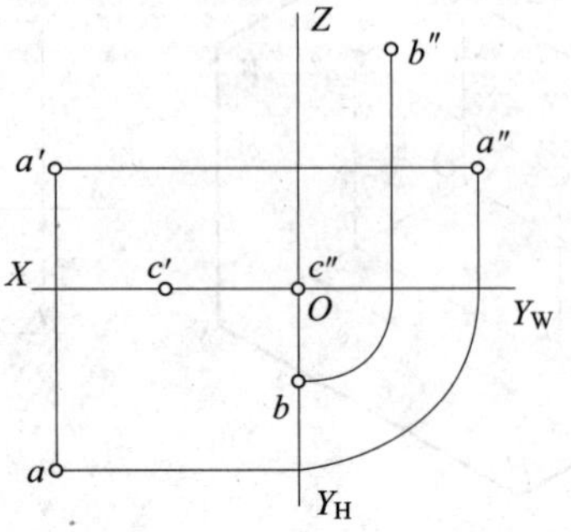 Z b″ a′ a″ X c′ c″ O Y_W b a Y_H	点 A 在空间
2. 按照“长对正，高平齐”的投影规律求作 B 点的正面投影 b′	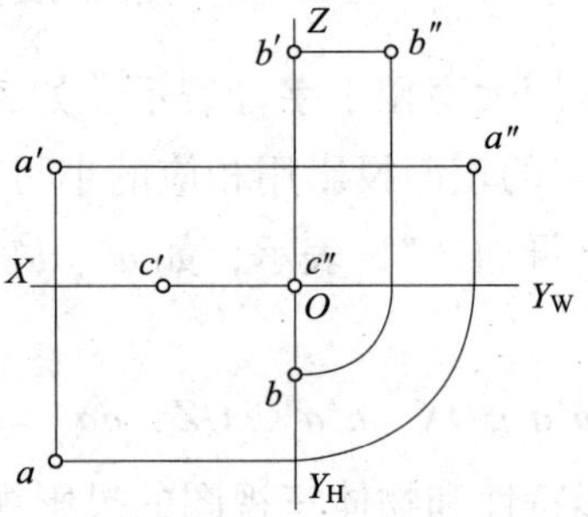 b′ Z b″ a′ a″ X c′ c″ O Y_W b a Y_H	点 B 在侧投影面上
3. 按照“长对正，宽相等”的投影规律求作 C 点的水平面投影 c	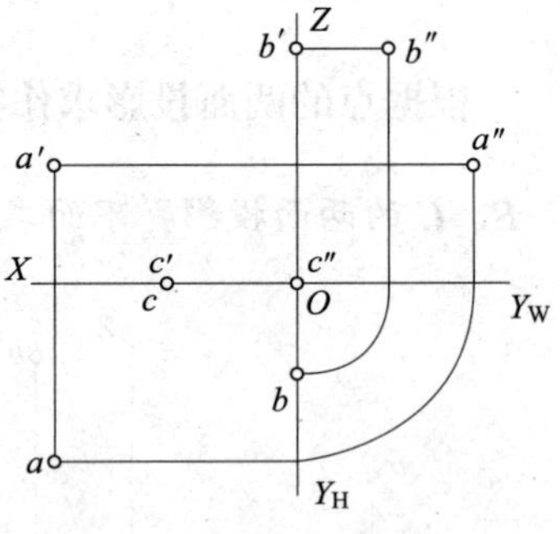 b′ Z b″ a′ a″ X c′ c c″ O Y_W b a Y_H	点 C 在 X 轴上

二、直线的投影

根据直线相对于投影面的不同位置可将直线分为投影面垂直线、投影面平行线和一般位置直线三种，具体见表 2—4。

表 2—4　　直线的类别

类别	概念	种类及性质
投影面垂直线	垂直于某投影面的直线	(1) 正垂线：⊥V，//H，//W (2) 铅垂线：⊥H，//V，//W (3) 侧垂线：⊥W，//V，//H
投影面平行线	平行于某投影面，倾斜于另外两个投影面的直线	(1) 正平线：//V，∠H，∠W (2) 水平线：//H，∠V，∠W (3) 侧平线：//W，∠V，∠H
一般位置直线	与三个投影面都倾斜的直线	∠V，∠H，∠W

1. 投影面垂直线

图 2—13 所示为长方体的立体图，其上的三条棱线 AB、AC、AD 分别垂直于正投影面、水平投影面和侧投影面。因此，AB 是正垂线，AC 是铅垂线，AD 是侧垂线。投影面垂直线的三面投影及投影特性见表 2—5。

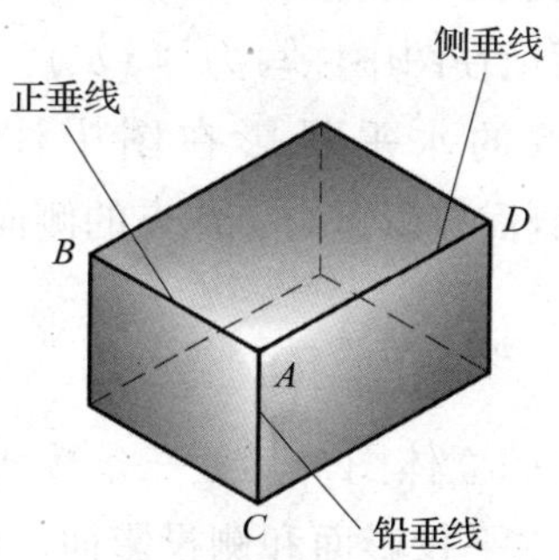

图 2—13　投影面垂直线

表 2—5　　投影面垂直线的投影特性

名称	正垂线	铅垂线	侧垂线
立体图	Z, V, W, a′(b′), b″, a″, O, B, A, X, Y, b, a, H	Z, V, W, a′, a″, O, c′, c″, A, C, X, Y, a(c), H	Z, d′, V, W, a′, a″(d″), O, D, A, X, Y, d, a, H

续表

名称	正垂线	铅垂线	侧垂线
投影图			
投影特性	（1）在其所垂直的投影面上的投影积聚为一点 （2）在另外两个所平行的投影面上的投影为反映实长的横线或竖线		

在表2—5中，正垂线 *AB* 两个端点的正面投影重合，该两点称为 *V* 面的重影点。点 *A* 和点 *B* 在向正投影面投影时，先投影到 *A* 点，*A* 点为可见的；后投影到 *B* 点，*B* 点被认为不可见，所以 *B* 点正面投影的标记在图中注写为“（b'）”。同理，表2—5中铅垂线 *AC* 两个端点的水平投影重合，*C* 点的水平投影在图中注写为“（*c*）”；侧垂线 *AD* 两个端点的侧面投影重合，*D* 点的侧面投影在图中注写为“（d''）”。

2. 投影面平行线

图2—14所示为割角长方体的立体图，其上三条棱线 *CD*、*BD*、*BC* 分别平行于正投影面、水平投影面和侧投影面。因此，*CD* 是正平线，*BD* 是水平线，*BC* 是侧平线。投影面平行线的三面投影及投影特性见表2—6。

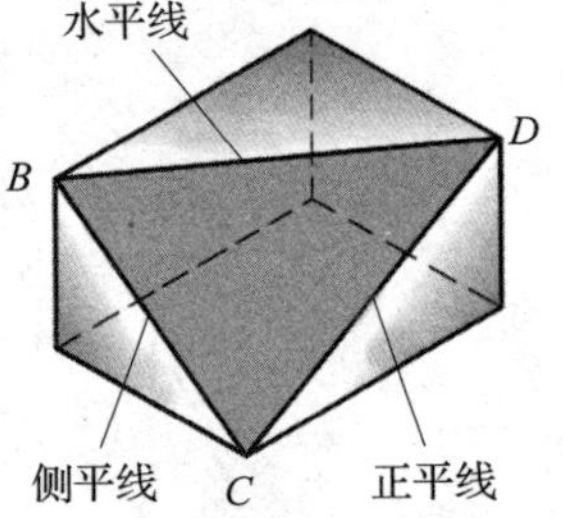

图2—14 投影面平行线

表2—6 投影面平行线的投影特性

名称	正平线	水平线	侧平线
立体图			

续表

名称	正平线	水平线	侧平线
投影图			
投影特性	（1）在其所平行的投影面上的投影为反映实长的斜线 （2）在另外两个所倾斜的投影面上的投影为小于实长的横线或竖线		

3. 一般位置直线

图 2—15a 所示的形体上有一条与三个投影面都倾斜的一般位置直线 CE，其立体图如图 2—15b 所示，三面投影如图 2—15c 所示。不难看出，一般位置直线的三面投影皆为小于实长的斜线。

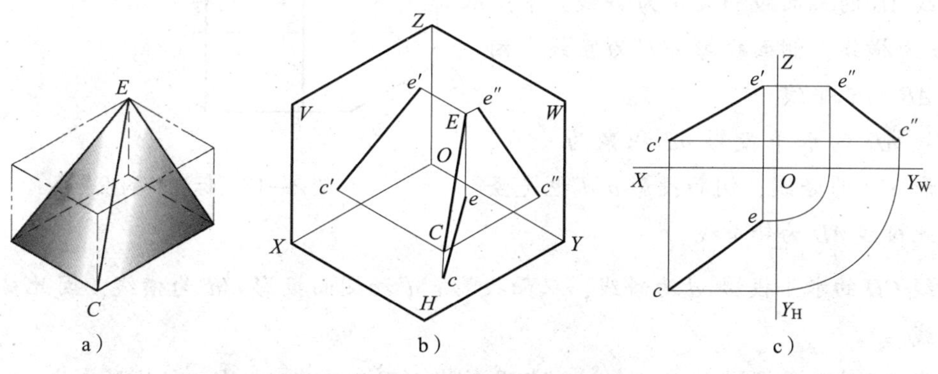

图 2—15　一般位置直线

a）四棱锥　b）直线的立体图　c）直线的三视图

应用举例

判断直线的名称

某形体的结构如图 2—16 所示，试根据立体图，在三视图上标注 A、B、C、D 等点的投影，分析棱线 AB、AC、AD、CD 的投影，并判断其名称。

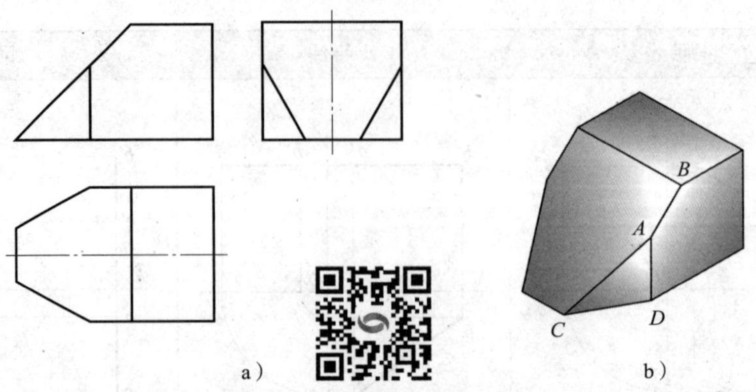

图 2—16　形体线段的分析

a）三视图　b）立体图

1．分析形体，标注点的投影

该形体是将一个长方体用一个垂直于正投影面的平面和两个垂直于水平投影面的平面切割而成的，*A*、*B*、*C*、*D* 等点的三面投影如图 2—17 所示。

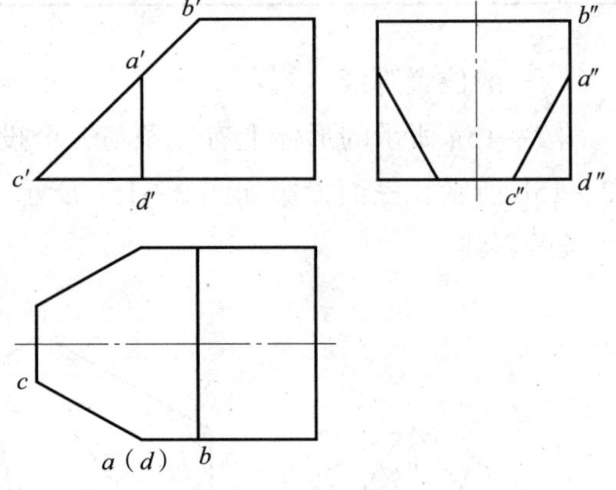

图 2—17　标注点的投影

2．分析棱线的投影，判断其名称

棱线 *AB* 的正面投影 *a′b′* 为斜线，水平投影 *ab* 为横线，侧面投影 *a″b″* 为竖线，因此棱线 *AB* 为正平线。

棱线 *AD* 的水平投影 *ad* 积聚为一点，正面投影 *a′d′* 为竖线，侧面投影 *a″d″* 也是竖线，因此棱线 *AD* 为铅垂线。

棱线 *CD* 的水平投影 *cd* 为斜线，正面投影 *c′d′* 和侧面投影 *c″d″* 为横线，因此棱线 *CD* 为水平线。

棱线 *AC* 的三面投影 *ac*、*a′c′*、*a″c″* 都是斜线，因此棱线 *AC* 为一般位置直线。

三、平面的投影

根据平面相对于投影面的不同位置可将平面分为投影面平行面、投影面垂直面和一般位置平面三种，具体见表 2—7。各种位置平面的位置如图 2—18 所示。

1．投影面平行面

图 2—18 所示形体上的平面 *Q*、*R*、*S* 为投影面平行面，其三面投影及投影特性见表 2—8。

表 2—7　　平面的类别

类别	概念	种类及性质
投影面平行面	平行于某投影面的平面	（1）正平面：$/\!/V$，$\perp H$，$\perp W$ （2）水平面：$/\!/H$，$\perp V$，$\perp W$ （3）侧平面：$/\!/W$，$\perp V$，$\perp H$
投影面垂直面	垂直于某投影面，倾斜于另外两个投影面的平面	（1）正垂面：$\perp V$，$\angle H$，$\angle W$ （2）铅垂面：$\perp H$，$\angle V$，$\angle W$ （3）侧垂面：$\perp W$，$\angle V$，$\angle H$
一般位置平面	与三个投影面都倾斜的平面	$\angle V$，$\angle H$，$\angle W$

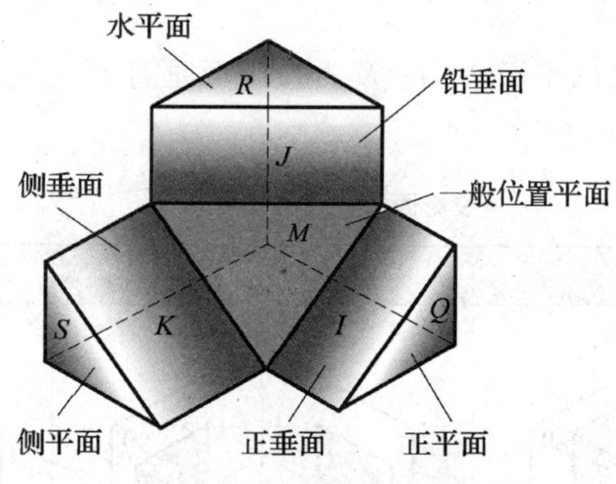

图 2—18　各种位置平面的位置

表 2—8　　投影面平行面的投影特性

名称	正平面	水平面	侧平面
立体图	Z, V, W, q', O, q'', Q, X, Y, q, H	Z, r', r'', V, W, R, O, r, X, Y, H	Z, V, W, s', O, s'', S, X, Y, s, H

续表

名称	正平面	水平面	侧平面
投影图	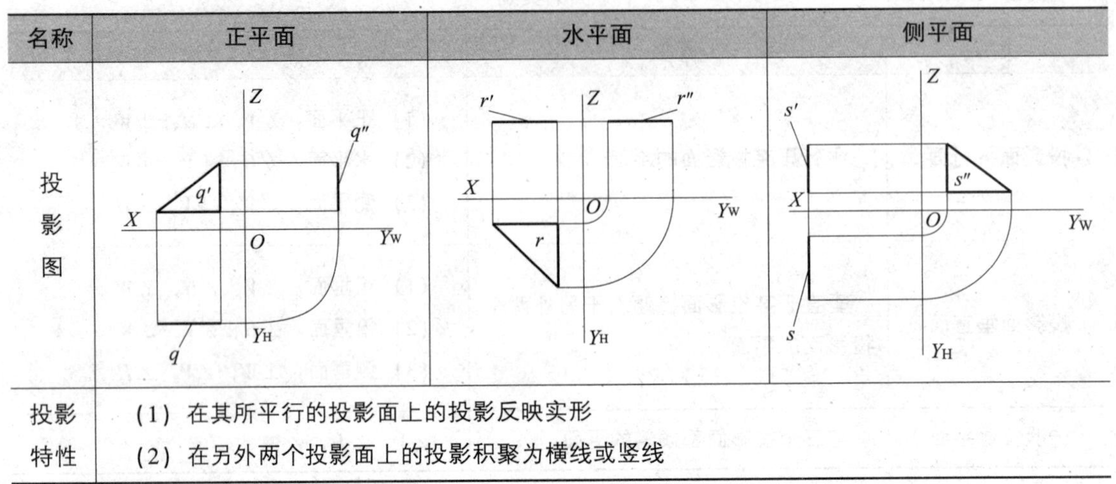		
投影特性	（1）在其所平行的投影面上的投影反映实形 （2）在另外两个投影面上的投影积聚为横线或竖线		

2．投影面垂直面

图 2—18 所示形体上的平面 *I*、*J*、*K* 为投影面垂直面，其三面投影及投影特性见表 2—9。

表 2—9　　投影面垂直面的投影特性

名称	正垂面	铅垂面	侧垂面
立体图			
投影图			
投影特性	（1）在其所垂直的投影面上的投影积聚为斜线 （2）在另外两个投影面上的投影为实形的类似形		

3. 一般位置平面

如图 2—19 所示，平面 M 为一般位置平面，其空间实形为三角形，投影也为三角形。所以说，一般位置平面的三面投影皆为实形的类似形。

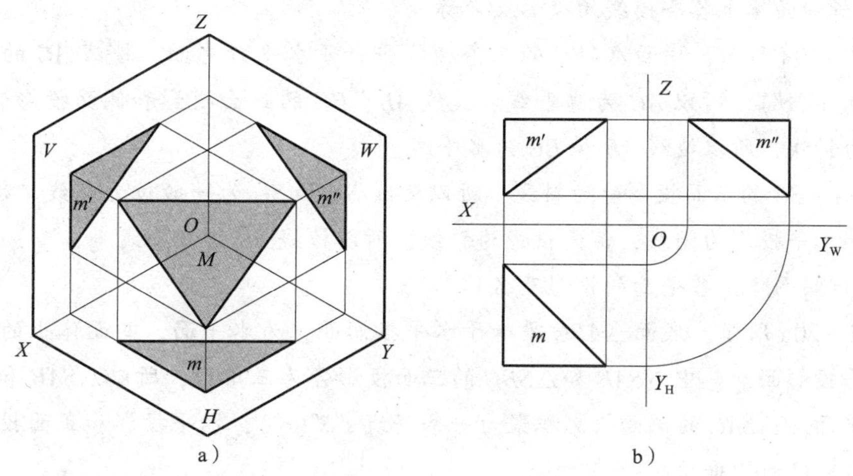

图 2—19　一般位置平面

a）立体图　b）三视图

应用举例

分析四面体各棱线和表面的名称

图 2—20 所示为四面体，下面参照立体图分析三视图上各棱线和表面的投影，说出各棱线和平面的名称。

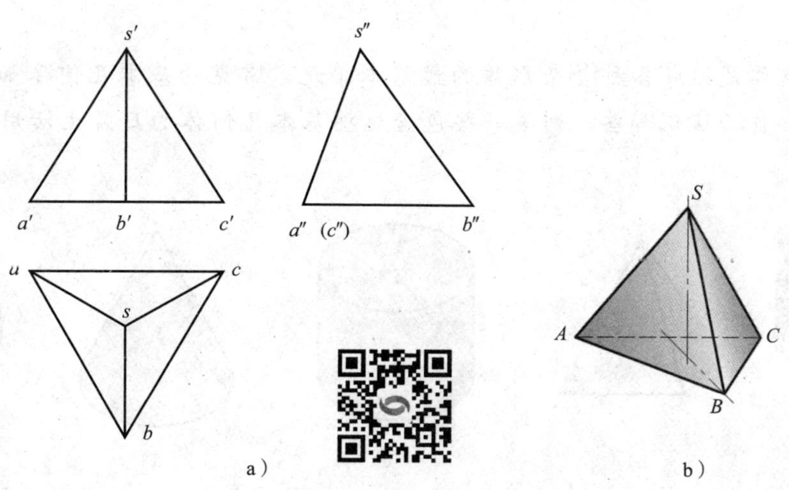

图 2—20　四面体上的线、面

1. 分析形体

如图 2—20b 所示，四面体由 4 个平面围成，各平面都是大小相同的正三角形，图示位置四面体的底面三角形与水平投影面平行，各平面间的交线称为棱线。

2. 分析四面体上各条棱线的投影及名称

如图 2—20a 所示，底面△*ABC* 的三条棱线平行于水平投影面，棱线 *AC* 的侧面投影积聚为一点 $a''(c'')$，所以 *AC* 为侧垂线。棱线 *AB*、*BC* 的正面投影和侧面投影皆为横线，水平投影为斜线，所以棱线 *AB* 和 *BC* 为水平线。

棱线 *SA*、*SC* 的三面投影皆为斜线，所以棱线 *SA* 和 *SC* 为一般位置直线。棱线 *SB* 的正面投影和水平投影为竖线，侧面投影为斜线，所以棱线 *SB* 为侧平线。

3. 分析四面体上各平面的投影及名称

如图 2—20a 所示，底面△*ABC* 平行于水平投影面，为水平面。四面体上的三个侧面倾斜于水平投影面，其中△*SAB* 和△*SBC* 的三面投影皆为三角形，所以△*SAB* 和△*SBC* 为一般位置平面。△*SAC* 的侧面投影积聚为一条斜线 $s''a''(c'')$，水平投影和正面投影为三角形，所以△*SAC* 为侧垂面。

§2—3 基本几何体的三视图

学习目标

1. 掌握基本几何体三视图的画法。
2. 能根据形体补画三视图。

？想一想

基本几何体是组成各种复杂形体的最基本单元。常见的基本几何体如图 2—21 所示，看一看，你都认识哪些？列举一些包含这些基本几何体的日常生活用品或生产工具。

a)

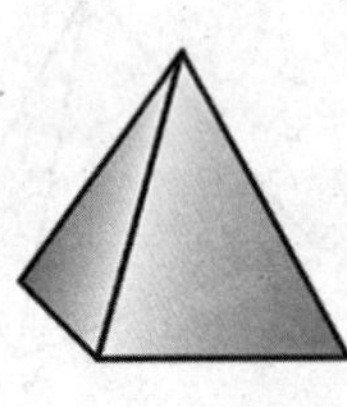
b)

c)

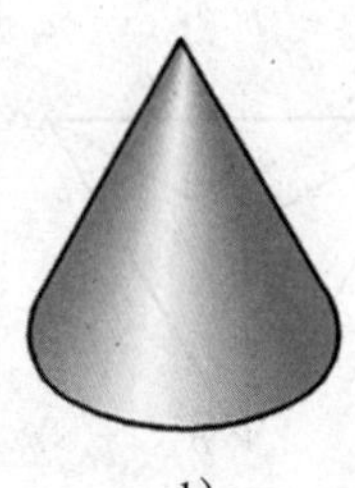
d)

e)

图 2—21 基本几何体

一、正六棱柱

想一想

图 2—22 所示为正六棱柱，它由顶面、底面和 6 个侧面组成。分析以下问题：

（1）正六棱柱的底面是什么形状？正六棱柱的侧面是什么形状？

（2）正六棱柱的侧面和底面有何位置关系？正六棱柱的棱线（两侧面间的交线）和底面有何位置关系？

（3）图 2—22 所示六棱柱的各表面都是何种位置平面？各条棱线都是何种位置直线？

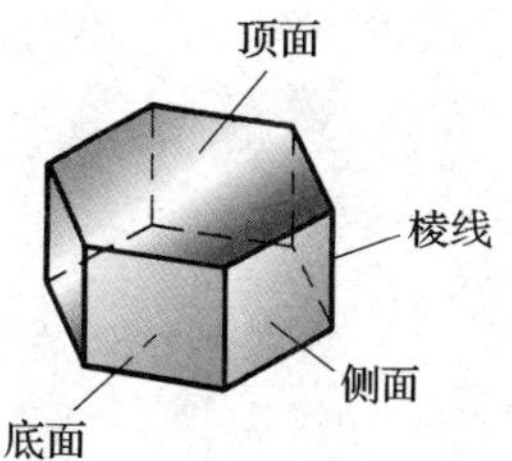

图 2—22　正六棱柱

图 2—22 所示正六棱柱的顶面和底面为正六边形，6 个侧面均为全等的矩形，棱线互相平行且与底面和顶面垂直。

如图 2—23a 所示，将正六棱柱分别向正投影面、水平投影面和侧投影面投射，可得到其三视图，如图 2—23b 所示。图示位置正六棱柱的投影特性为：

正六棱柱的顶面和底面为水平面，其水平投影反映实形，正面投影和侧面投影积聚为横线。

正六棱柱前、后侧面为正平面，正面投影反映实形，水平投影积聚成横线，侧面投影积聚成竖线。正六棱柱的其他侧面为铅垂面，其水平投影积聚为斜线，正面投影和侧面投影为实形的类似形。

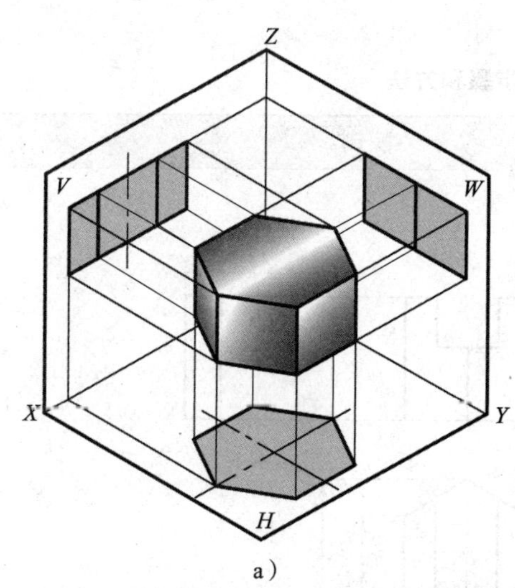

a）

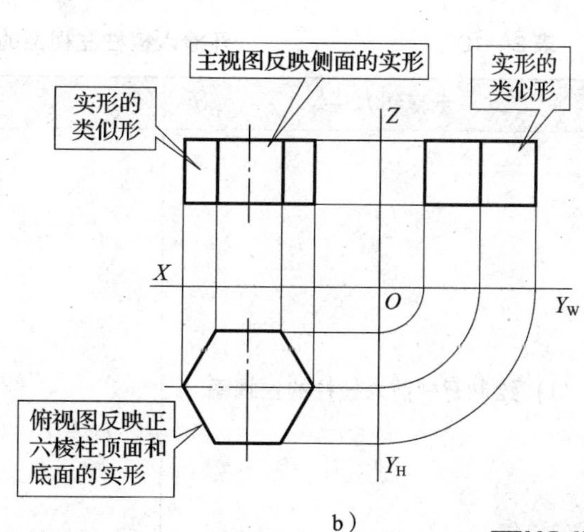

b）

图 2—23　正六棱柱的三视图的形成

a）投影过程　b）三视图

应用举例

如图 2—24 所示，根据开槽六棱柱的主、俯视图画出左视图。

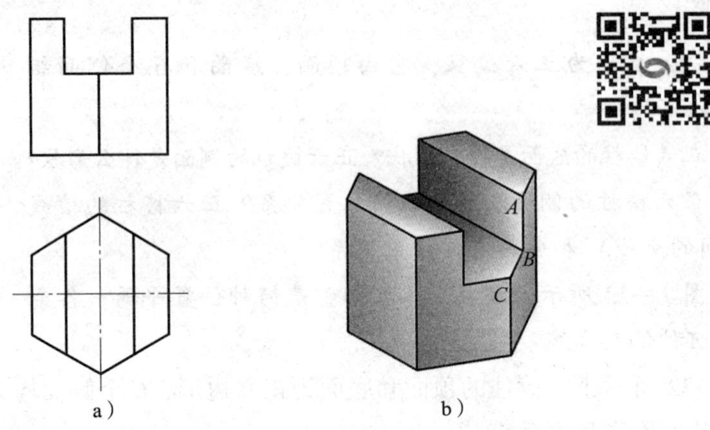

图 2—24　开槽六棱柱
a）两视图　b）立体图

1．分析形体

六棱柱开槽用了三个平面，左、右两个铅垂面为矩形，它们与六棱柱的前后四个侧面相交，产生四条铅垂线和四条水平线。槽的底面为水平面。

2．补画左视图

开槽六棱柱左视图的作图步骤和方法见表 2—10。在绘制三视图时，为了作图方便，可以省略投影轴。

表 2—10　　开槽六棱柱左视图的作图步骤和方法

步骤和方法	图例
（1）绘制开槽前六棱柱的左视图	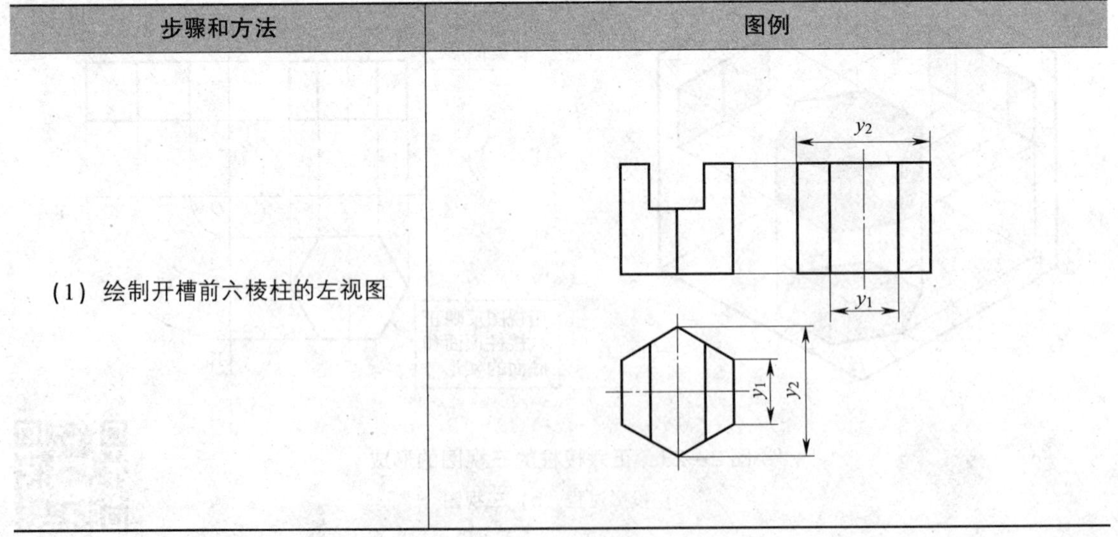

续表

步骤和方法	图例
（2）绘制两个侧平面与六棱柱侧面的交线 *AB* 的左视图	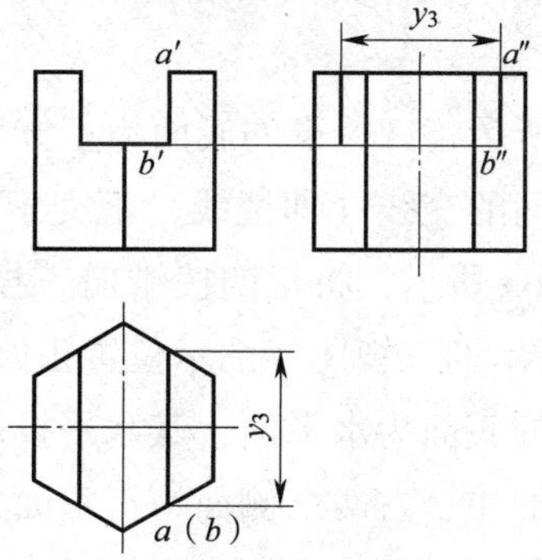 a' y_3 a'' b' b'' y_3 $a(b)$
（3）绘制槽底面与六棱柱侧面交线 *BC* 的左视图	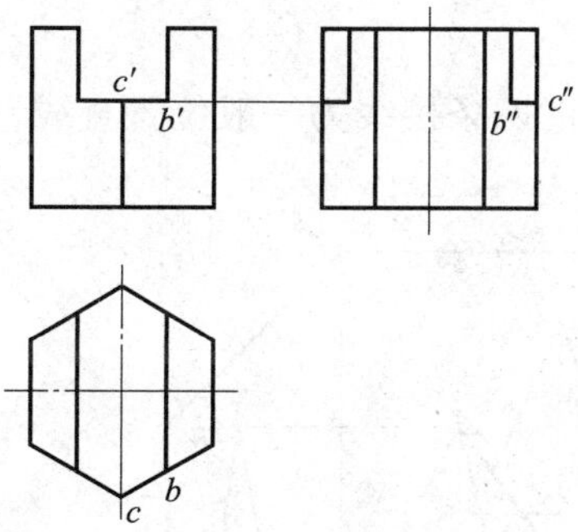 c' b' b'' c'' c b
（4）用细虚线补画槽底面（水平面）在左视图上不可见部分的轮廓线 （5）擦除作图线，擦除被切割掉的六棱柱的轮廓线，检查并校核	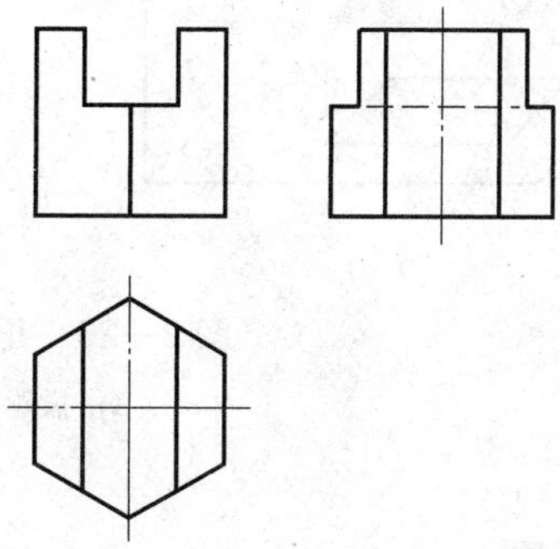

二、正四棱锥

？想一想

正四棱锥的结构如图 2—25 所示，试分析以下问题：

（1）正四棱锥的底面是什么形状？侧面是什么形状？棱线有什么特点？

(2) 正四棱锥的侧面和底面有何位置关系？棱线和底面有何位置关系？

(3) 图示正四棱锥的侧面各是什么位置平面？棱线是什么位置直线？

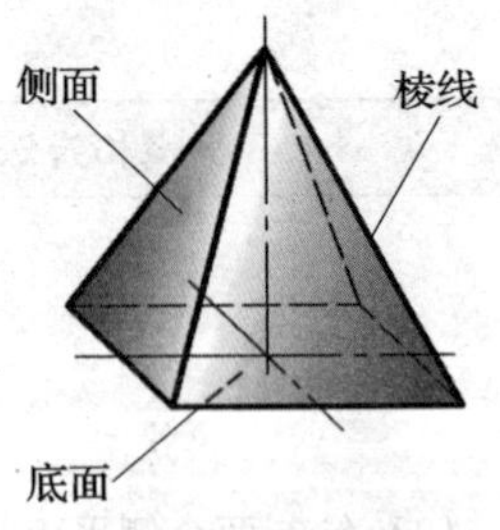

图 2—25 正四棱锥

图 2—25 所示正四棱锥的底面为正方形，4 个侧面均为等腰三角形，两侧面间的交线（即棱线）汇交于一点。

如图 2—26a 所示，将正四棱锥向三投影面体系投射，即可得到图 2—26b 所示的三视图。图示位置正四棱锥的投影特性为：

正四棱锥的底面为水平面，其水平投影为正方形，正面投影和侧面投影为横线。

正四棱锥的左、右两个侧面为正垂面，正面投影积聚为斜线，其他投影为实形的类似形；正四棱锥的前、后两个侧面为侧垂面，侧面投影积聚为斜线，其他投影为实形的类似形。

正四棱锥的四条棱线为一般位置直线，三面投影皆为小于实长的斜线。

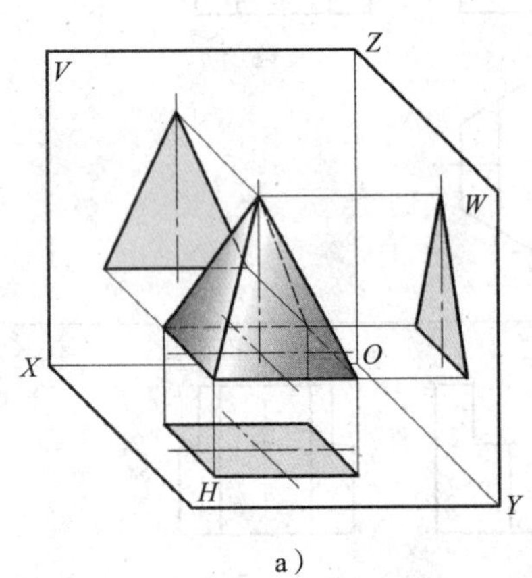

a）

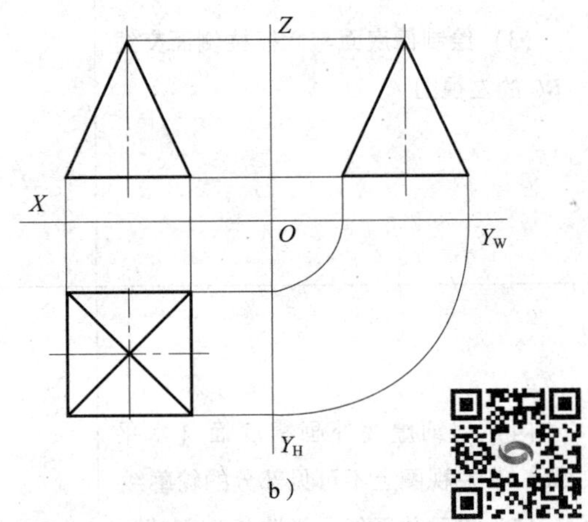

b）

图 2—26 正四棱锥三视图的形成

a）投影过程 b）三视图

应用举例

如图 2—27 所示，根据形体的主、俯视图画出左视图。

1. 分析形体

该形体由长方体和变形四棱锥组成，变形四棱锥的左侧两棱线相交，右侧两棱线相交，两交点连成一条侧垂线。

2. 补画左视图

补画形体左视图的作图步骤和方法见表 2—11。

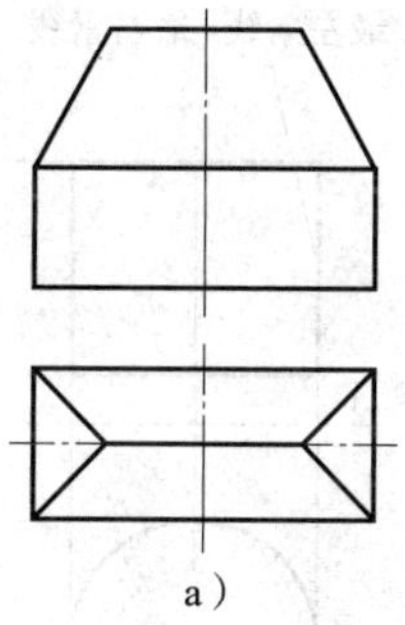

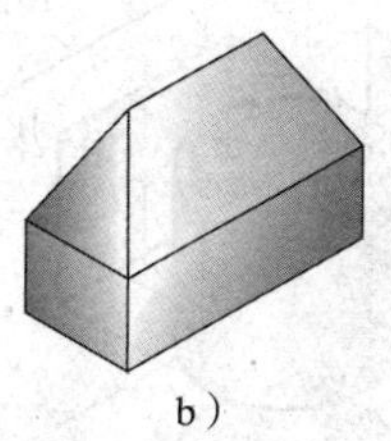

图 2—27　绘制形体左视图

a）两视图　b）立体图

表 2—11　　补画形体左视图的作图步骤和方法

步骤和方法	（1）绘制下部长方体的左视图	（2）绘制上部变形四棱锥的左视图
图例	45°	

三、圆柱

?想一想

如图 2—28 所示，圆柱面可看作一条直线（母线）绕着与它平行的一条轴线旋转一周形成的。想一想，在什么情况下圆柱面的投影积聚为圆。

圆柱面在垂直于其轴线的投影面上投影为圆。母线在任意一个位置时称为素线（图 2—28）。圆柱体由一个圆柱面、圆形的顶面和底面组成，如图 2—29a 所示。在图 2—29a 所示的圆柱面上有四条特殊位置的素线，分别为最前素线、最后素线、最左素线、最右素线。

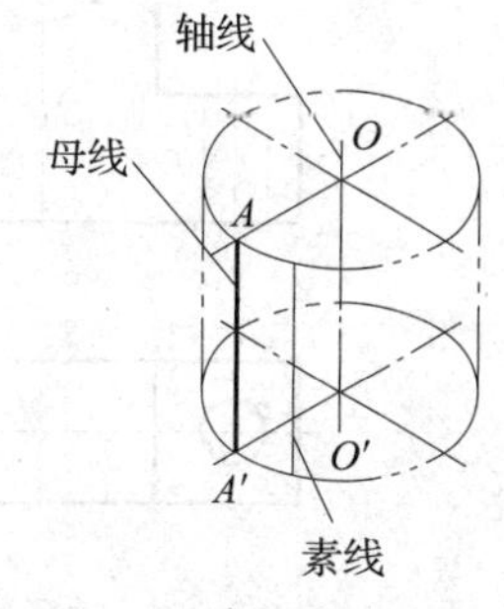

图 2—28　圆柱面的形成

如图 2—29a 所示，将圆柱向三投影面体系投射，即可得到图 2—29b 所示的三视图。圆柱在这个位置的投影特性为：

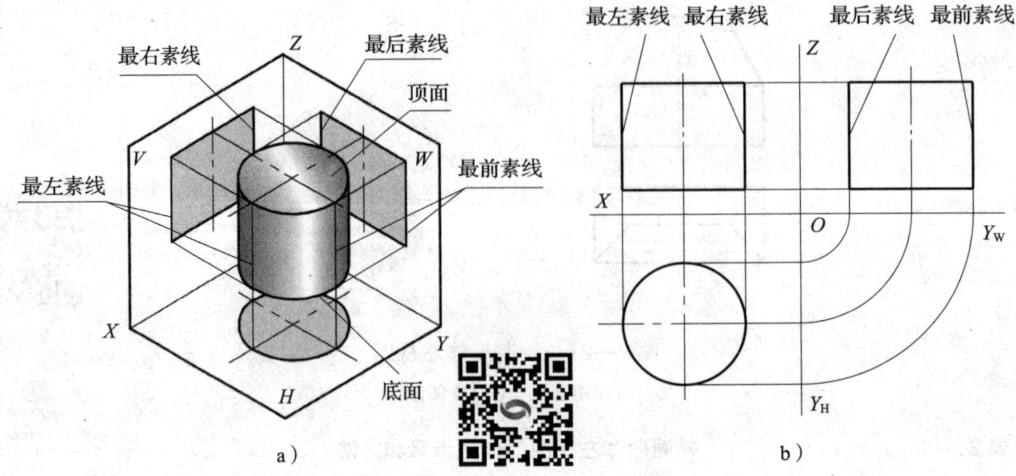

图 2—29　圆柱三视图的形成

a）圆柱的投影　b）圆柱的三视图

圆柱的水平投影为圆，圆围成的区域为顶面和底面的投影，圆周为圆柱面的积聚投影。

圆柱的正面投影为矩形，其中的两条竖线分别为圆柱面最左素线和最右素线的投影（最左素线和最右素线是圆柱面的前后分界线）。两条横线分别为顶面和底面的投影。

圆柱的侧面投影为矩形，虽然其形状与主视图相同，但是含义不同。其中的两条竖线分别为圆柱面最前素线和最后素线的投影。

应用举例

如图 2—30 所示，根据轴承座的主、俯视图画出左视图。

1. 分析形体

分析主、俯视图，想象形体结构，如图 2—31 所示。该形体是一个由长方体底座、长方体和半圆柱组成的支座，支座上有一个横向的轴孔，底座上有两个竖孔。

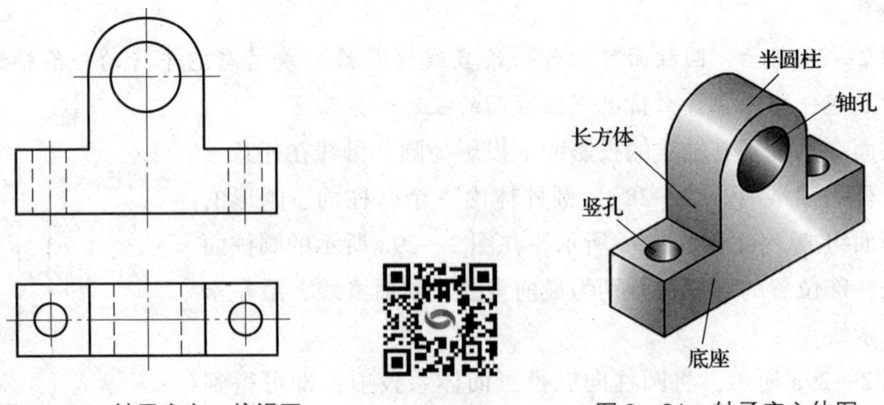

图 2—30　轴承座主、俯视图　　图 2—31　轴承座立体图

2. 补画左视图

补画轴承座左视图的作图步骤和方法见表 2—12。

表 2—12　　补画轴承座左视图的作图步骤和方法

步骤和方法	（1）绘制轴承座外形的左视图	（2）绘制轴孔和竖孔的左视图
图例	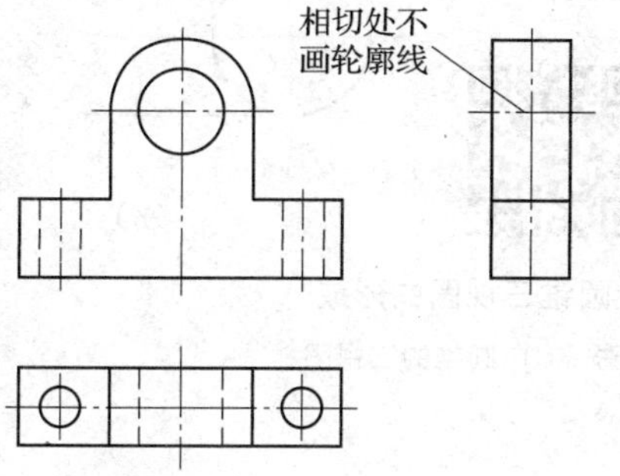 相切处不画轮廓线	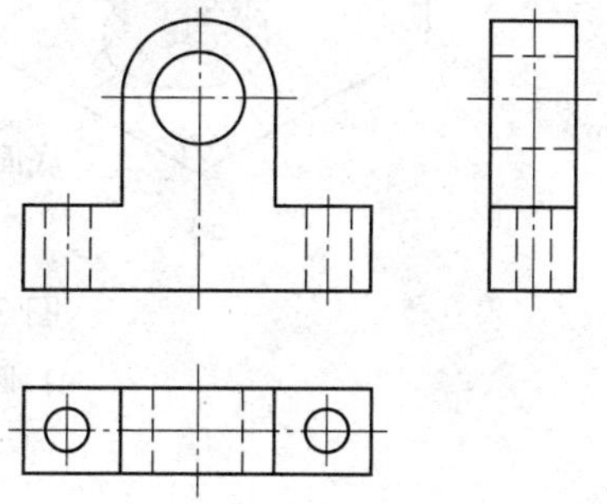

四、圆锥

?想一想

如图 2—32 所示，圆锥面可看成是一条与轴线相交的直线（母线）绕轴线旋转一周形成的。想一想，圆锥面有没有积聚性。

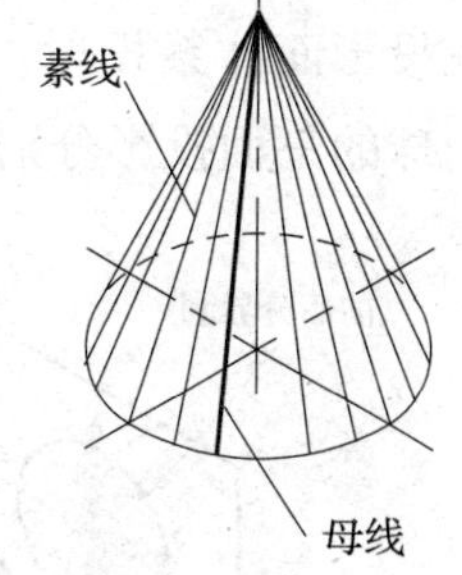

图 2—32　圆锥面的形成

圆锥的形状如图 2—33a 所示，它由一个圆锥面和一个圆形的底面围成。在图 2—33a 所示圆锥面上有四条特殊位置素线，分别是最前素线、最后素线、最左素线、最右素线。

如图 2—33a 所示，将圆锥向三投影面体系投射，即可得到如图 2—33b 所示的三视图。圆锥在这个位置的投影特性为：

圆锥的水平投影为圆，圆围成的区域既是圆锥面的投影，也是底面的投影。

圆锥的正面投影为等腰三角形，其中两腰为圆锥面最左素线和最右素线的投影，下面的横线为底面的投影。

圆锥的侧面投影为与主视图相同的等腰三角形，两腰为圆锥面最前素线和最后素线的投影。

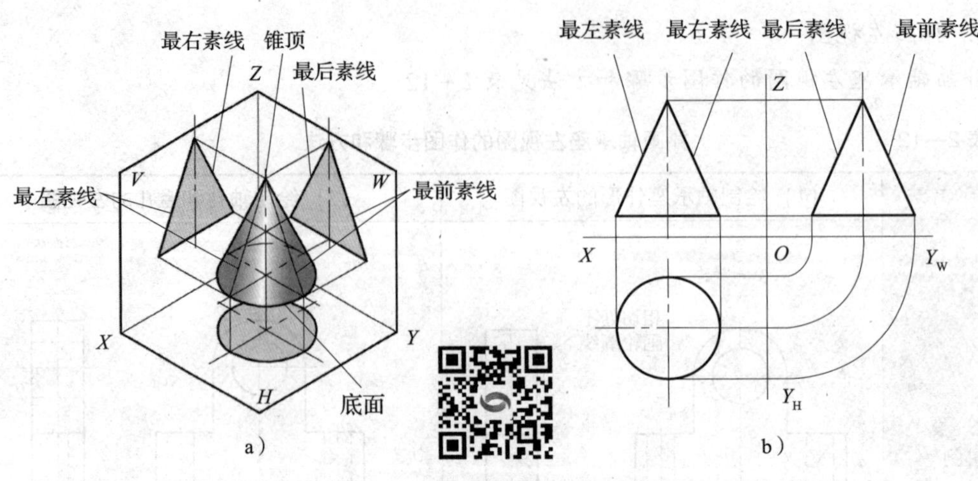

图 2—33　圆锥三视图的形成

a）圆锥的投影　b）圆锥的三视图

五、球

?想一想

如图 2—34 所示，球面可看成是一个半圆（母线）绕通过圆心的轴线旋转一周形成的。想一想，球的投影是什么图形。

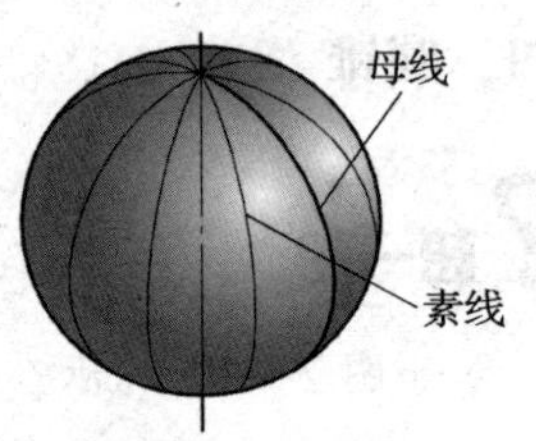

图 2—34　球面的形成

在球面上有三个特殊位置的素线圆，分别称为前后半球分界圆、左右半球分界圆、上下半球分界圆。如图 2—35a 所示，将球向三投影面体系投射，即可得到球的三面投影，如图 2—35b 所示。球的三面投影分别为三个特殊位置素线圆的投影，其中正面

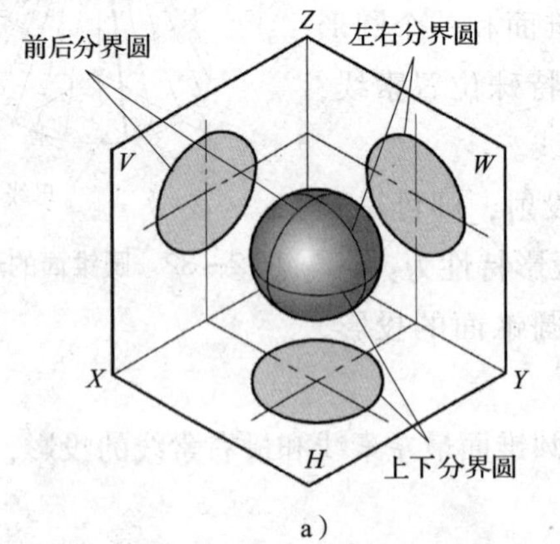

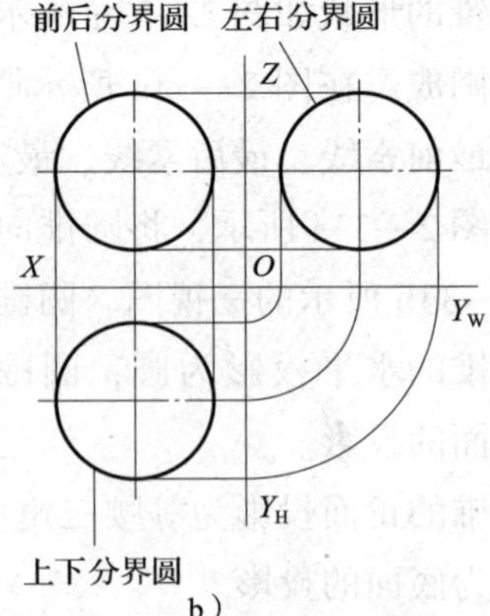

图 2—35　球三视图的形成

a）球的投影　b）球的三视图

投影为前后半球分界圆的投影；水平投影为上下半球分界圆的投影；侧面投影为左右半球分界圆的投影。

基本几何体在日常生活中的应用非常广泛，试以小组为单位收集基本几何体在建筑、家具、家电和学习用品中的应用实例，并讨论学习绘制基本几何体三视图的必要性。

§2—4　正等轴测图

学习目标

1. 了解轴测图的形成和分类。
2. 掌握正等轴测图、斜二轴测图的画法规定和画法步骤。
3. 能根据简单形体的三视图画出其轴测图。

一、正等轴测图的形成

如图 2—36a 所示，在长方体上建立空间直角坐标系 $O-XYZ$，使长方体的前面和正投影面平行，用正投影的方法得到主视图。此时，长方体上的空间直角坐标轴和投影面的关系如下：OX 轴和 OZ 轴平行于正投影面，OY 轴垂直于正投影面。如果将长方体旋转至图 2—36b 所示的位置，使空间直角坐标系的三个坐标轴 OX、OY、OZ 和正投影面成一个相同的夹角（约为 35°16′），再进行正投影，即得正等轴测图。很显然，在正等轴测图中，可以同时反映长方体前面、上面和左面的形状。

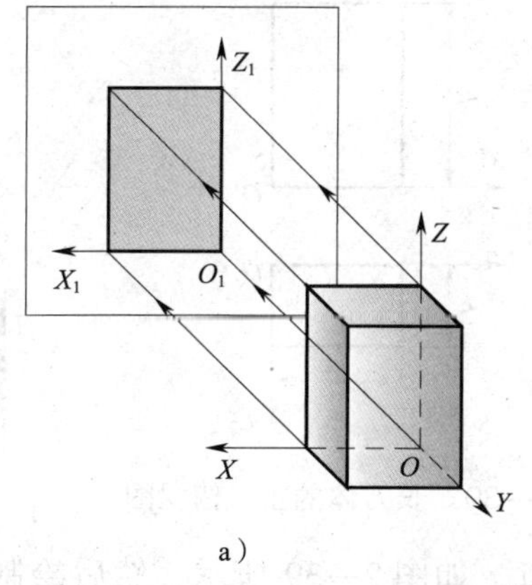

a）

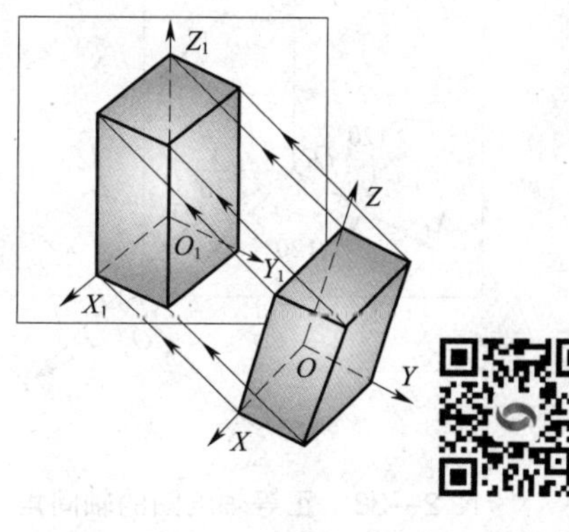

b）

图 2—36　视图与正等轴测图形成过程比较

a）视图的形成　b）正等轴测图的形成

想一想

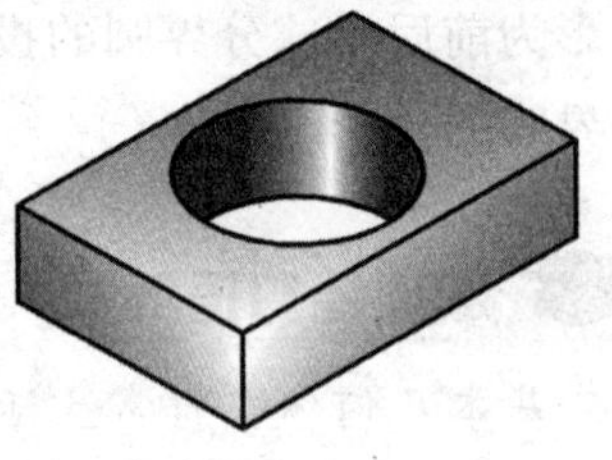

图 2—37 所示为孔板的立体图，孔板的外形为长方体，中间有圆柱孔。想一想，长方体上矩形平面在轴测图上是什么图形，圆孔的圆形轮廓在轴测图上又是什么图形。

图 2—37　孔板

二、轴间角和轴向伸缩系数

1．轴间角

在进行正等测投影时，物体上空间直角坐标轴 OX、OY、OZ 在投影面上的投影 O_1X_1、O_1Y_1、O_1Z_1 称为轴测轴，轴测轴之间的夹角称为轴间角。由于在形成正等轴测图时，各空间直角坐标轴与投影面的夹角相等，所以正等轴测图的轴间角皆为 120°。即 $\angle X_1O_1Z_1 = \angle Y_1O_1Z_1 = \angle X_1O_1Y_1 = 120°$，如图 2—38 所示。

2．轴向伸缩系数

轴测轴上单位长度与相应投影轴上单位长度的比值称为轴向伸缩系数。由于各空间直角坐标轴对投影面倾斜，所以与空间直角坐标轴平行的线段在正等轴测图上要缩短。通过计算可得，三个轴测轴的轴向伸缩系数为 0.82。为了作图方便，将正等轴测图的轴向伸缩系数简化为 1。

三、长方体正等轴测图的画法

长方体的主、俯视图如图 2—39 所示，下面以此为例分析正等轴测图的画法。

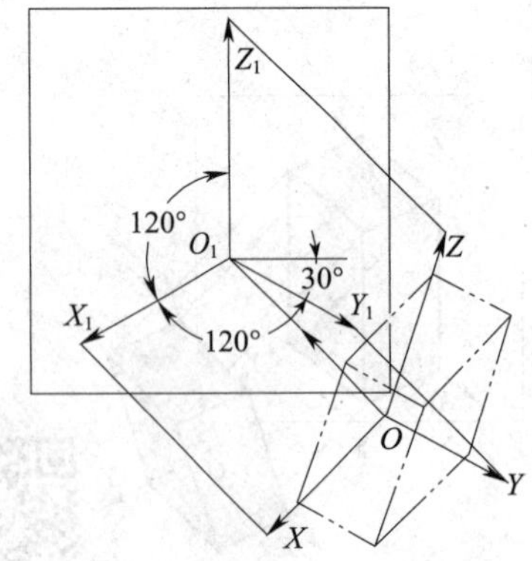

图 2—38　正等轴测图的轴间角

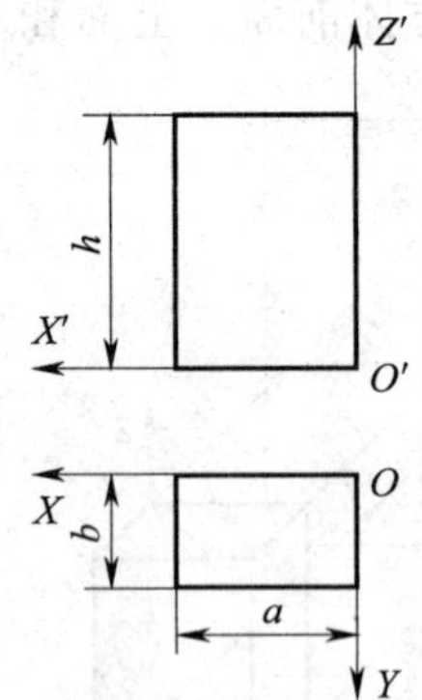

图 2—39　长方体的主、俯视图

首先选取长方体的后、下、右顶点为坐标原点，如图 2—39 所示，然后绘制轴测轴，再依次绘制底面、竖棱和顶面的轴测图，具体作图方法和步骤见表 2—13。

表 2—13　　长方体正等轴测图的作图方法和步骤

方法和步骤	图例
1. 绘制轴测轴 将 O_1Z_1 轴画成铅垂线，将 O_1X_1 轴、O_1Y_1 轴画成与水平方向成 30°角 2. 绘制底面 分别量取长方体的长度尺寸 a 和宽度尺寸 b，按 1∶1 的比例在相应的轴测轴上截取，绘制长方体底面的正等轴测图	Z_1 a b O_1 X_1 Y_1
3. 绘制竖棱 从底面四个顶点分别绘制平行于 O_1Z_1 轴的平行线，并按 1∶1 的比例取其高度 h	Z_1 h O_1 X_1 Y_1
4. 绘制顶面 连接顶面各点，即得顶面的正等轴测图	Z_1 O_1 X_1 Y_1
5. 完成长方体的正等轴测图 擦去不必要的图线，加深可见轮廓线 【小提示】轴测图一般只绘制物体可见部分的轮廓	

应用举例

看懂图 2—40 所示棱台座的主、俯视图，画出其正等轴测图。

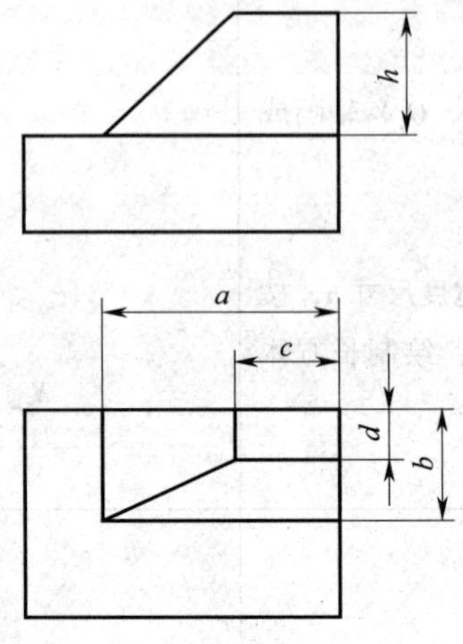

图 2—40　棱台座的主、俯视图

1. 分析形体

分析主、俯视图可知，该形体由上、下两部分组成，下部为长方体，上部为四棱台。

2. 绘制正等轴测图

绘制棱台座的正等轴测图时，可先绘制下部长方体，然后再绘制上部四棱台，其作图方法和步骤见表 2—14。

表 2—14　　棱台座正等轴测图的作图方法和步骤

方法和步骤	图例
(1) 绘制长方体的正等轴测图	
(2) 绘制四棱台底面 在俯视图上测量尺寸 a、b，然后在正等轴测图上绘制四棱台底面矩形	

续表

方法和步骤	图例
(3) 绘制四棱台顶面 首先在主视图上测量四棱台的高度 h，找到四棱台顶面右、后顶点在正等轴测图上的位置，然后再在俯视图上测量尺寸 c、d，绘制顶面的正等轴测图	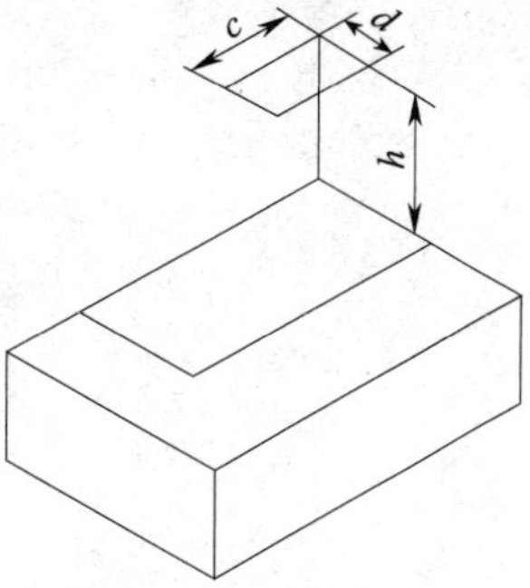 c d h
(4) 完成四棱台 连接四棱台各可见棱线	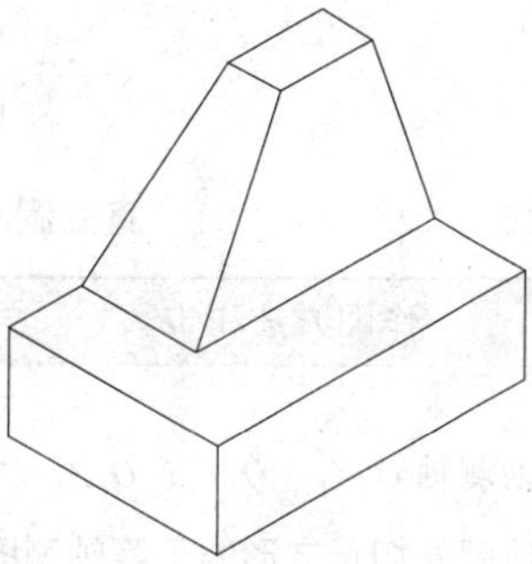
(5) 完成棱台座的正等轴测图 擦去不必要的图线，加深可见轮廓线	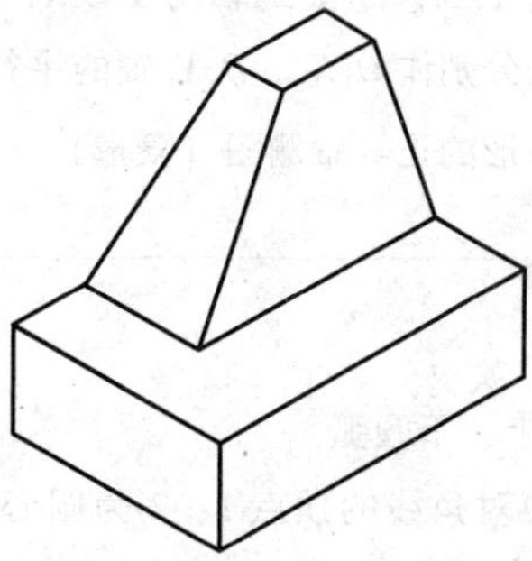

四、圆柱正等轴测图的画法

轴线垂直于水平面的圆柱两视图如图 2—41 所示，下面绘制其正等轴测图。

三视图上平行于坐标面的正方形，在正等轴测图中投影为菱形；三视图上平行于坐标面的圆，在正等轴测图中投影为内切于菱形的椭圆。选取顶面的圆心为原点，在俯视图上作圆的外接正方形，得切点 a、b、c、d，如图 2—41 所示。在用尺规绘制椭圆时可用“四心法”，即用四段光滑连接的圆弧近似代替椭圆。直立圆柱正等轴测图的作图方法和步骤见表 2—15。

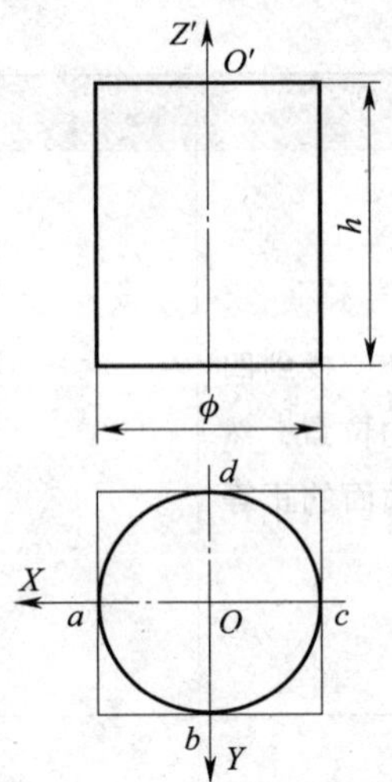

图 2—41　圆柱的两视图

表 2—15　　　　直立圆柱正等轴测图的作图方法和步骤

作图方法和步骤	图例
1. 绘制轴测轴 O_1X_1、O_1Y_1、O_1Z_1 2. 绘制顶圆外切正方形的正等轴测图（菱形） 作出切点 a、b、c、d 的轴测投影 A、B、C、D，过这四个点分别作 O_1X_1、O_1Y_1 轴的平行线，得顶圆外切正方形的正等轴测图（菱形）	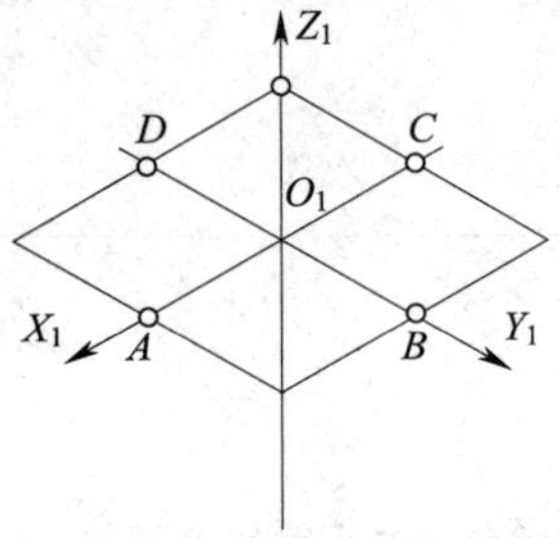
3. 绘制上、下圆弧 以菱形短对角线的顶点 1、2 为圆心，$1C$ 为半径画圆弧 $\overset{\frown}{CD}$ 和 $\overset{\frown}{AB}$	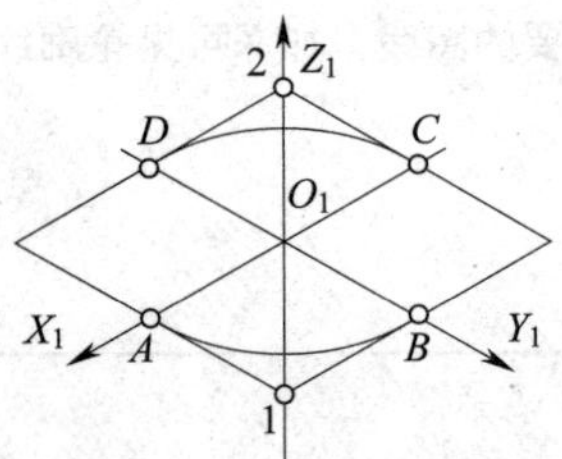
4. 求作左、右圆弧的圆心 画菱形的长对角线，连接 $1C$、$1D$，交菱形的长对角线于 3、4 两点 5. 绘制左、右圆弧 以 3、4 为圆心，$3B$ 为半径画圆弧 $\overset{\frown}{BC}$ 和 $\overset{\frown}{DA}$，即得顶圆的正等测投影（轴测椭圆）	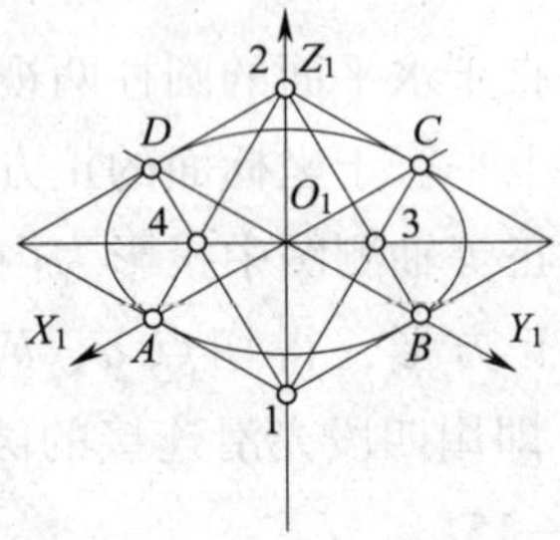

续表

作图方法和步骤	图例
6. 绘制底圆的正等轴测图 将椭圆的三个圆心（2、3、4）向下平移高度 h，作出下底面椭圆（下底面椭圆不可见的一半圆弧不必画出）	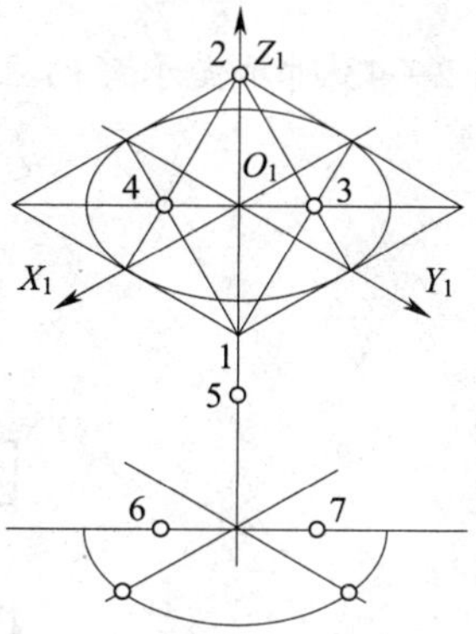
7. 作两椭圆的公切线 8. 擦除作图线，绘制轴线和中心线，描深可见轮廓线	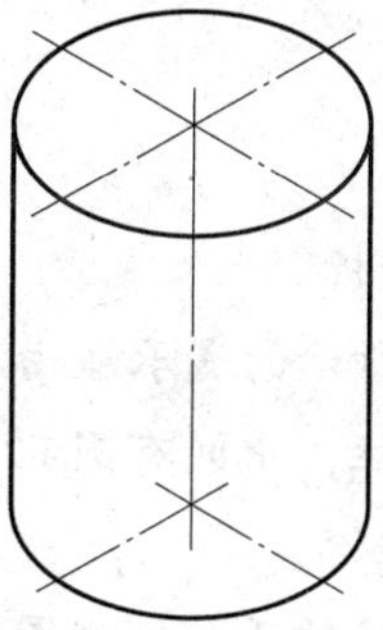

当圆柱轴线垂直于侧投影面或正投影面时，轴测图的画法与上述相同，其图形如图 2—42 所示。

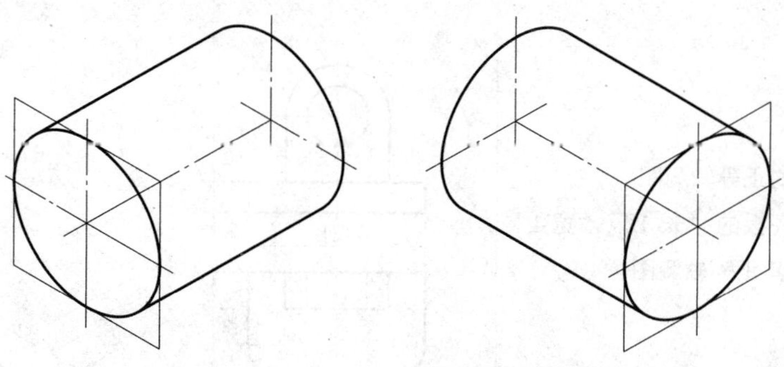

图 2—42　不同方向圆柱的正等轴测图

a）轴线垂直于侧投影面　b）轴线垂直于正投影面

应用举例

绘制支承座的轴测图

根据图 2—43 所示支承座的主、俯视图绘制正等轴测图。

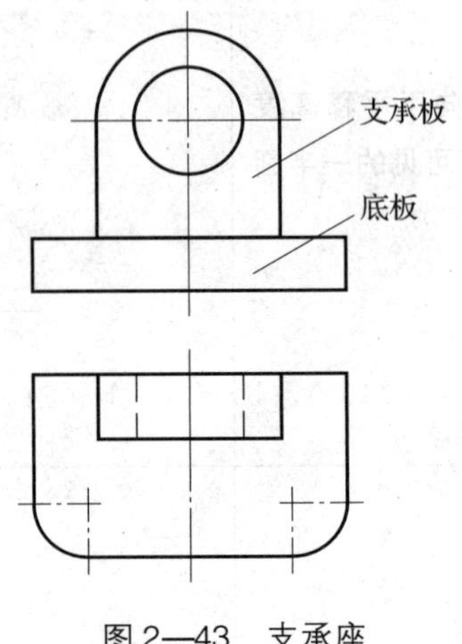

图 2—43　支承座

1. 视图分析

图 2—43 所示的支承座由底板和支承板两部分组成，底板前面的左右角倒圆，支承板的上部为半圆柱，中间有圆孔。

2. 绘图步骤

绘制支承座的正等轴测图时，可以先绘制底板，再绘制支承板，具体作图方法和步骤见表 2—16。

表 2—16　　支承座正等轴测图的作图方法和步骤

方法和步骤	图例
(1) 绘制底板的正等轴测图 测量三视图上底板的“长 1”“宽 1”和“高 1”，绘制其正等轴测图	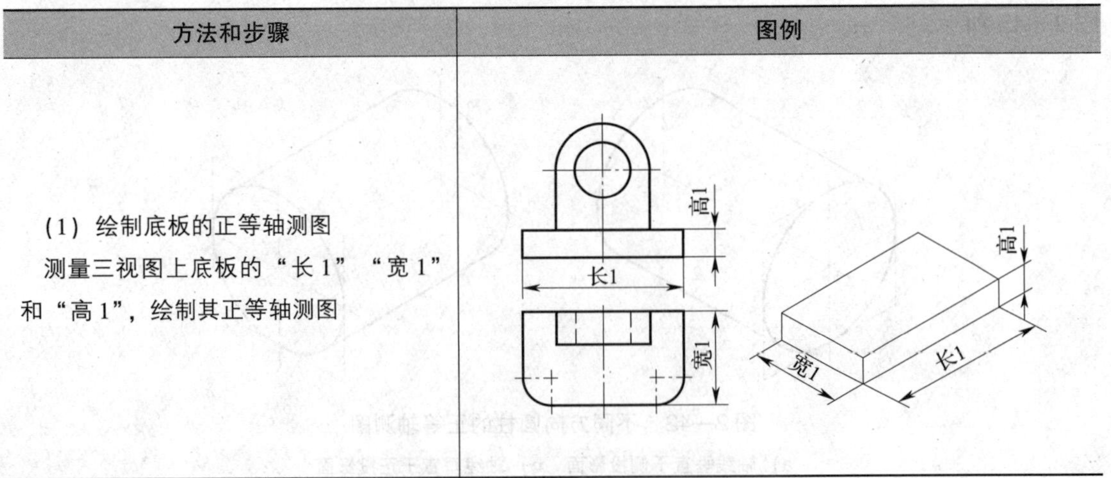

续表

方法和步骤	图例
（2）找底板上面圆角的圆心 1）根据半径 R_1，在正等轴测图的底板顶面上定出 A、B、C、D 四点 2）过 A、B、C、D 四点作相应棱线的垂线，交点 O_1、O_2 为圆心	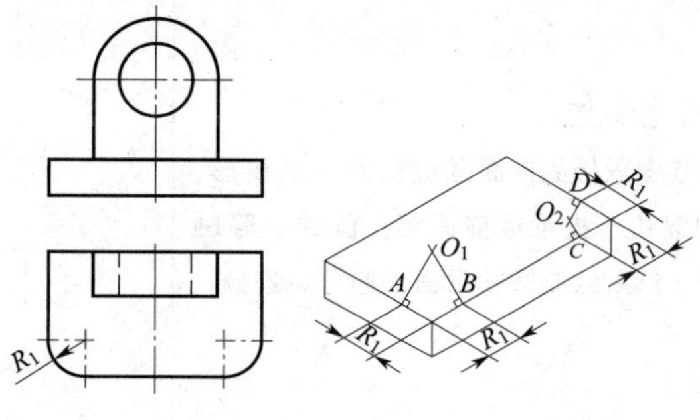
（3）绘制底板上的圆角 1）以 O_1 为圆心、O_1A 为半径画圆弧 $\overset{\frown}{AB}$，以 O_2 为圆心、O_2C 为半径画圆弧 $\overset{\frown}{CD}$ 2）圆心下移“高 1”（底板高度），绘制底板底面的圆弧 3）作右端两段圆弧的公切线	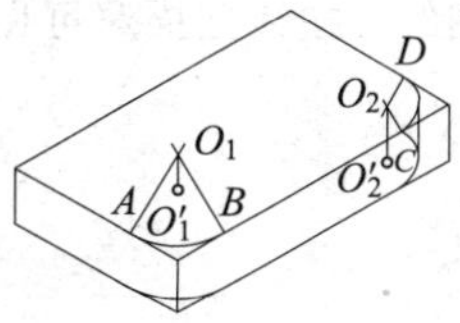
（4）绘制竖长方体 测量“长 2”“宽 2”和“高 2”，绘制竖长方体的正等轴测图	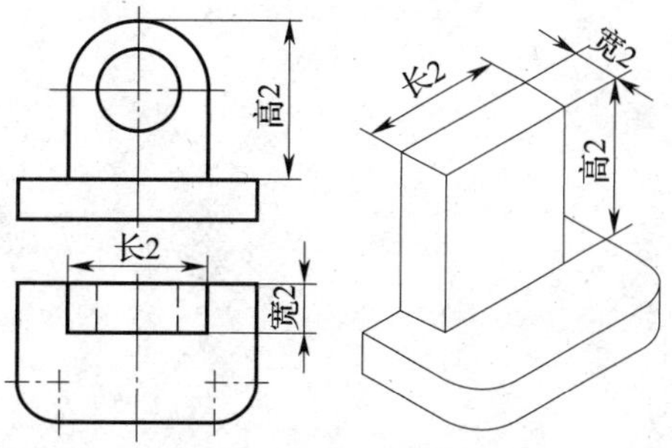
（5）绘制半圆柱 画法参照表 2—15 直立圆柱正等轴测图的画法	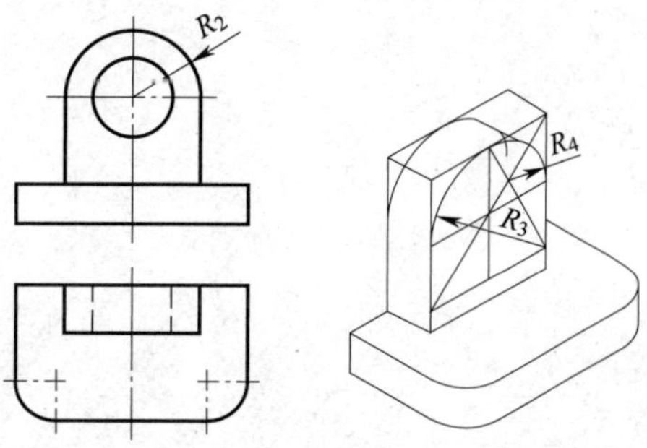

续表

方法和步骤	图例
（6）绘制圆孔 先在支承板的前面画边长为 ϕ 的菱形，绘制圆孔与支承板前面相交圆的正等轴测图，然后绘制圆孔后面圆的可见部分	ϕ ϕ
（7）擦去多余图线，按线型描深可见轮廓线	

第三章　组　合　体

§3—1　圆柱的截割与相贯

学习目标

1. 理解截交线的概念，能绘制圆柱的截交线。
2. 理解相贯线的概念，能绘制圆柱的相贯线。

一、圆柱的截割

？想一想

图 3—1 所示为十字滑块联轴器的中间圆盘，该物体是如何形成的？哪些交线是平面截割圆柱面得到的？这些交线是什么形状？

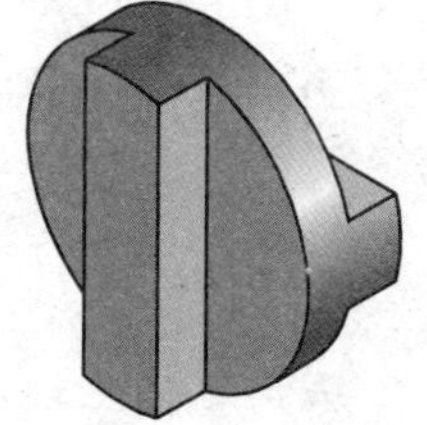

图 3—1　中间圆盘

图 3—1 所示的中间圆盘是用几个平面截割一个圆柱体得到的。在图中有许多平面与圆柱面的交线。平面截割曲面立体而产生的交线称为截交线，常见的是圆柱截交线。根据截割平面与圆柱轴线的相对位置不同，圆柱截交线有三种情况，见表 3—1。

表 3—1　　平面截割圆柱

截平面位置	平行于圆柱轴线	垂直于圆柱轴线	倾斜于圆柱轴线
立体图	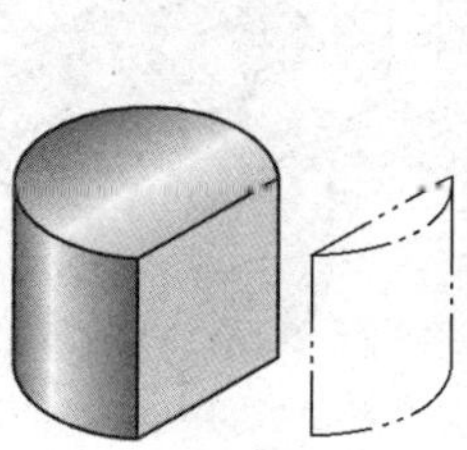	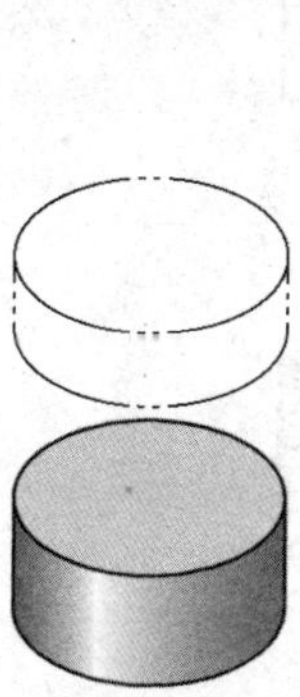	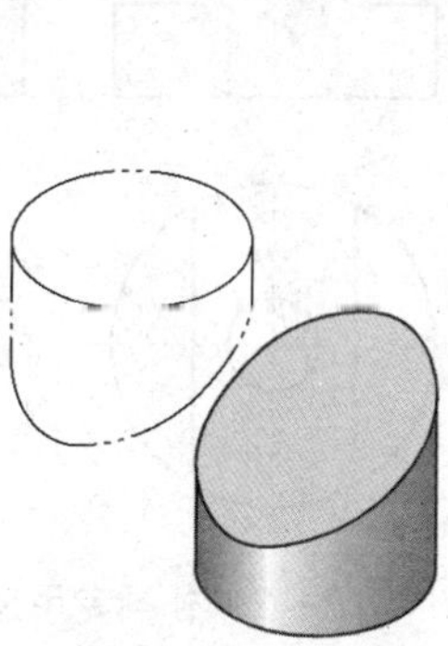

续表

截平面位置	平行于圆柱轴线	垂直于圆柱轴线	倾斜于圆柱轴线
三视图			
截交线形状	两条互相平行的素线	直径等于圆柱直径的圆	长轴等于圆柱直径的椭圆

应用举例

绘制专用垫圈上的截交线

专用垫圈三视图如图 3—2 所示，下面补画专用垫圈左视图上的截交线。

1. 分析形体

专用垫圈的基本结构是一个带有圆孔的圆柱体，其左、右两侧被平面截割，如图 3—3 所示。

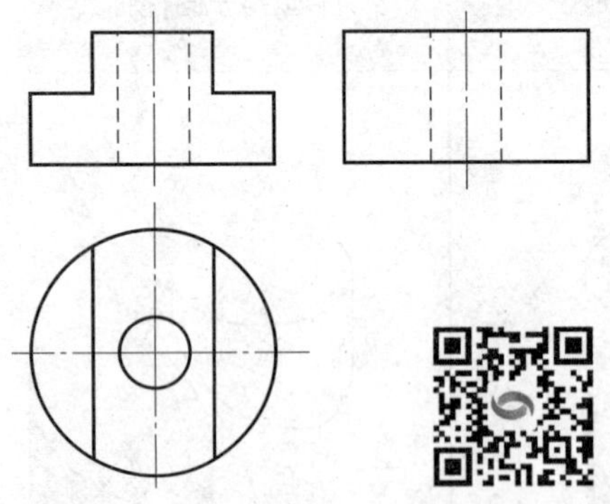

图 3—2 补画专用垫圈的截交线

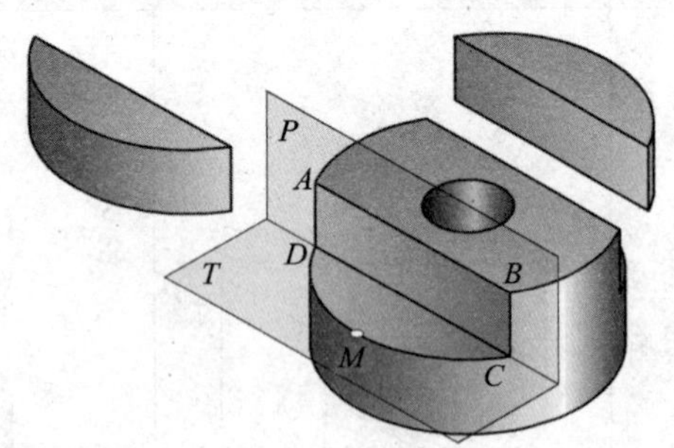

图 3—3 专用垫圈形体分析

专用垫圈结构左右对称，下面以左侧为例分析截割情况。左侧被一个平行于圆柱轴线的侧平面 P 和一个垂直于圆柱轴线的水平面 T 截割。截平面 P 与圆柱面的截交线为 AD 和

BC。截平面 T 与圆柱面的截交线为圆弧$\overset{\frown}{CMD}$，其水平投影反映实形，正面投影和侧面投影积聚成横线。

2. 绘制左视图上的截交线

绘制专用垫圈左视图上截交线的方法和步骤见表 3—2。

表 3—2　　绘制专用垫圈左视图上截交线的方法和步骤

方法和步骤	图　例
（1）绘制平面 P 与圆柱面截交线的侧面投影 找出截交线的正面投影（“$b'c'$”或“$a'd'$”）和水平投影［“b（c）”或“a（d）”］，利用投影规律求作侧面投影，即 $b''c''$和 $a''d''$	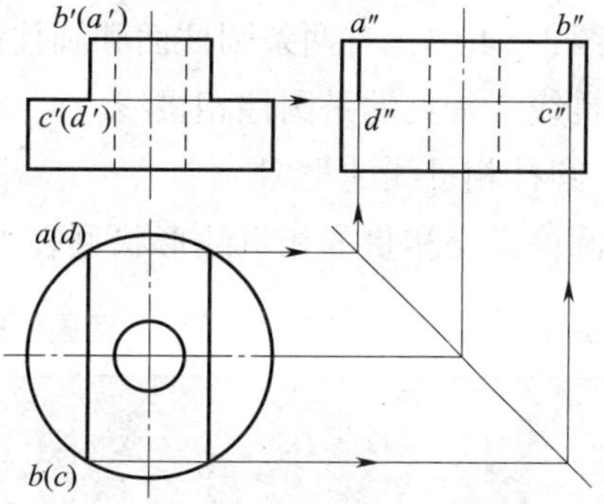 $b'(a')$　a''　b''　$c'(d')$　d''　c''　$a(d)$　$b(c)$
（2）绘制平面 T 与圆柱面截交线的侧面投影 截交线$\overset{\frown}{CMD}$的水平投影为圆弧，正面投影为直线，侧面投影也为直线	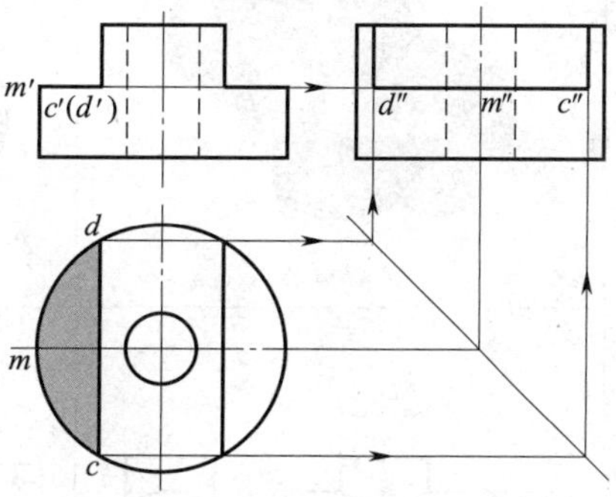 m'　$c'(d')$　d''　m''　c''　d　m　c

二、圆柱的相贯

?想一想

图 3—4 所示为管路中常见的三通，该物体上有几个外圆柱面？几个内圆柱面？哪些圆柱面相交产生了交线？这些交线有什么特点？

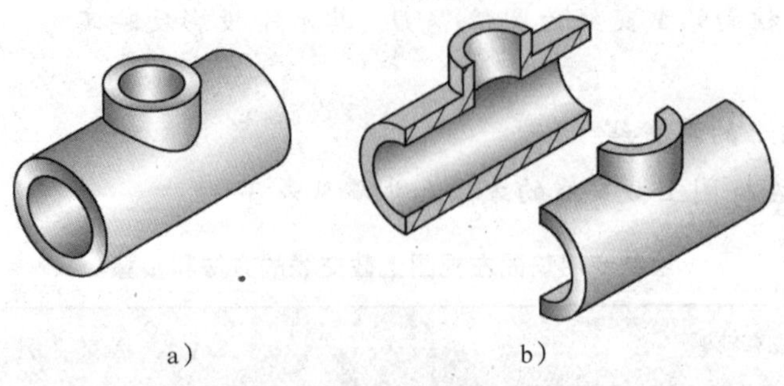

图 3—4　三通

在图 3—4 中，有两条圆柱面和圆柱面相交产生的封闭空间曲线。曲面和曲面的交线称为相贯线，常见的是圆柱相贯线。

1．圆柱相贯线的类型

两圆柱正交相贯的相贯线形状见表 3—3。一般情况下，相贯线是一条空间曲线。

表 3—3　　两圆柱正交相贯的相贯线

尺寸变化	$D_1>D_2$	$D_1=D_2$	$D_1<D_2$
立体图			
三视图	D_2 D_1	D_2 D_1 相贯线为平面曲线：椭圆	D_2 D_1

2．常见圆柱穿孔的相贯线

圆柱穿孔的相贯线见表 3—4。圆柱相贯时，圆柱面上相贯处的最外素线不再存在。

表 3—4 圆柱穿孔的相贯线

形式	圆柱与圆柱孔相贯	不等径圆柱孔相贯	等径圆柱孔相贯
立体图	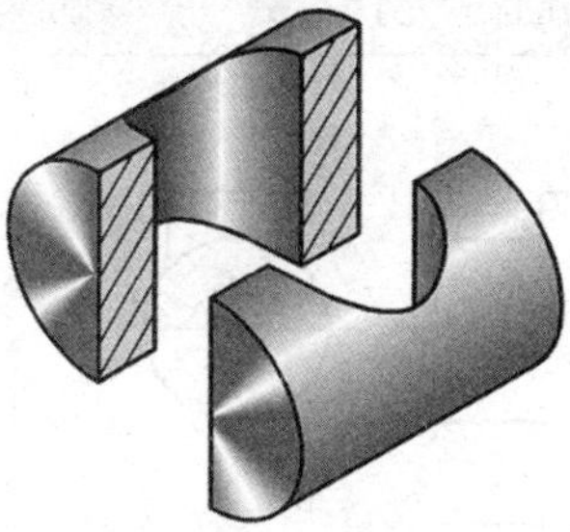		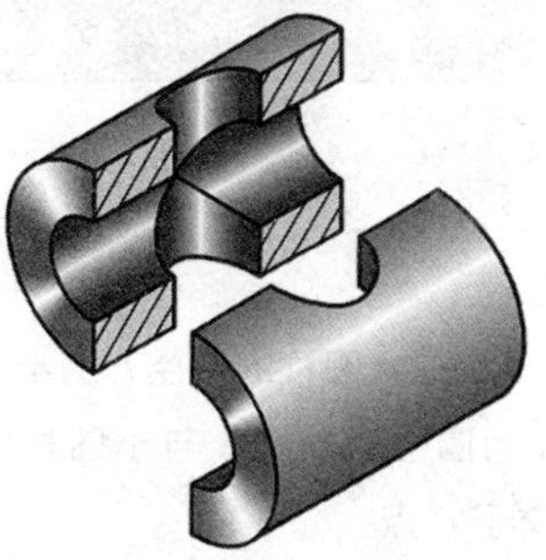
三视图	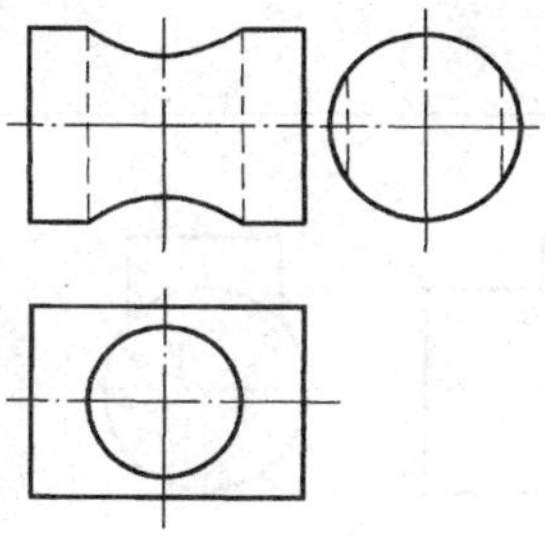	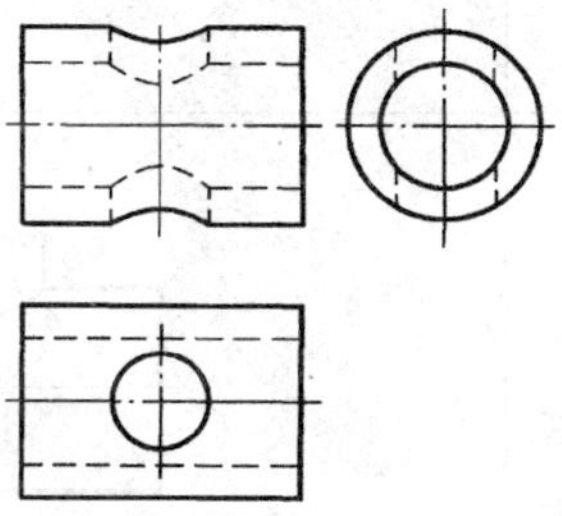	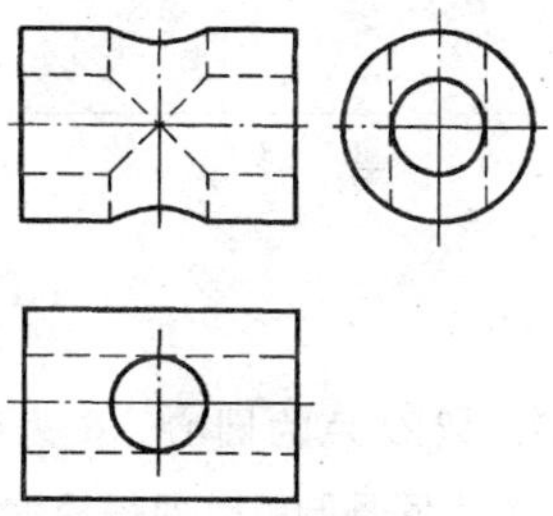

应用举例

绘制相贯线

如图 3—5 所示，补画相贯线在主视图上的投影（其立体形状可参照图 3—4 的外形）。

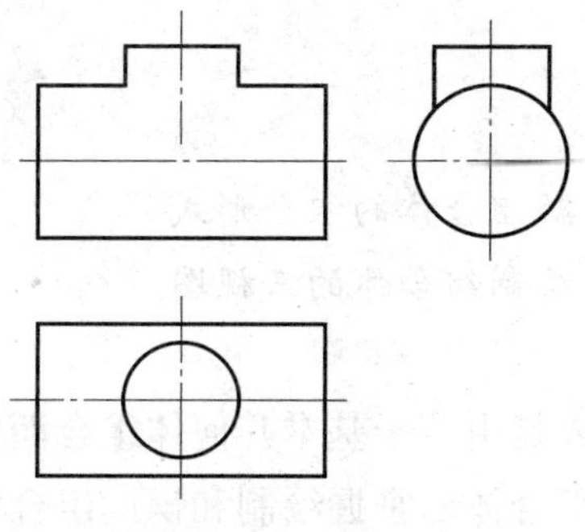

图 3—5 补画相贯线

圆柱相贯线是两圆柱面相交而自然形成的图线，一般只需要绘制其大致形状，在绘图时，可近似地用圆弧代替相贯线。具体作图方法和步骤见表3—5。

表3—5　　绘制两圆柱正交相贯的相贯线的方法和步骤

方法和步骤	图　例
1. 以大圆柱的半径 R 为半径，以 A 为圆心画圆弧，与小圆柱的轴线交于 O 点	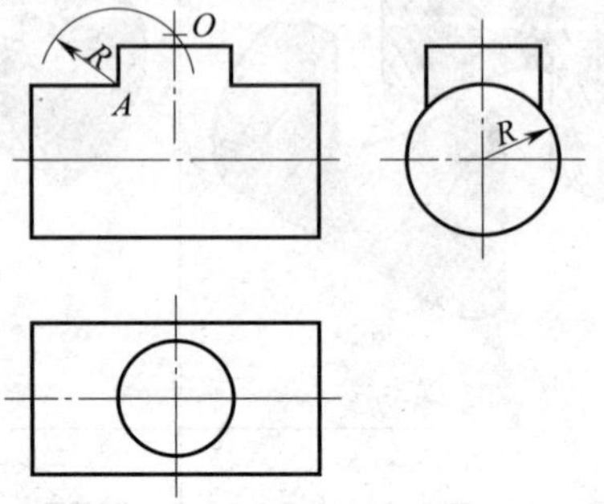
2. 以 O 点为圆心，R 为半径在 A、B 之间画圆弧，即得相贯线的近似投影	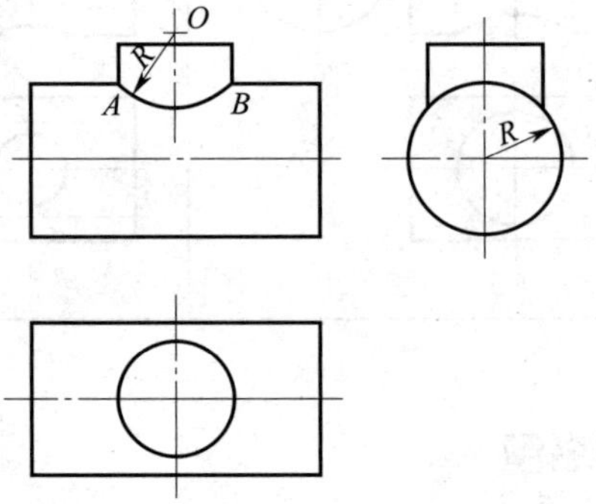

§3—2　绘制组合体的三视图

学习目标

1. 理解组合体的概念，了解组合体的组合形式。
2. 能运用叠加法和切割法绘制组合体的三视图。

任何复杂的零件都可以看成是由若干基本几何体组合而成的。这种由两个或两个以上的基本几何体组成的形体称为组合体。掌握绘制和识读组合体三视图的基本方法，将为进一步识读机械图样打下基础。

按照形体特征，组合体可分为叠加类组合体、切割类组合体和综合类组合体，其概念、典型图例见表 3—6。

表 3—6　组合体的类型

类型	叠加类组合体	切割类组合体	综合类组合体
概念	由几个基本几何体叠加而成的组合体	在一个基本几何体上切割掉某些形体而形成的组合体	既有叠加，又有切割的组合体
典型图例			

? 想一想

在绘制组合体三视图时，叠加类组合体和切割类组合体的作图方法和步骤一样吗？

一、叠加法

叠加法主要用于绘制叠加类组合体的三视图，在绘图时首先要对叠加类组合体进行形体分析，将组合体分解成几个简单的基本形体，然后逐个画出各基本形体的三视图，最后分析各基本形体之间的相对位置和连接关系，擦去不必要的图线，完成三视图。下面以图 3—6所示的支架为例分析叠加法的作图方法和步骤。

1. 分析形体

首先要分析形成叠加类组合体的各基本形体的形状，然后分析各基本形体间的相对位置关系和表面连接形式。图 3—6 所示的支架可分解为平板、肋板、连接板和竖板（两块）5 个基本形体，如图 3—7 所示。支架的结构特点是前后对称，各形体之间的位置关系如下：平板和连接板同宽，连接板和竖板同高，平板、连接板和竖板的前、后面共面，肋板下靠平板，右靠连接板。

2. 绘制视图

在绘制支架三视图时，应先绘制三视图的基准线，然后逐一绘制连接板、平板、竖板和肋板的三视图，最后检查、校核及描深图形。支架三视图的作图方法和步骤见表 3—7。

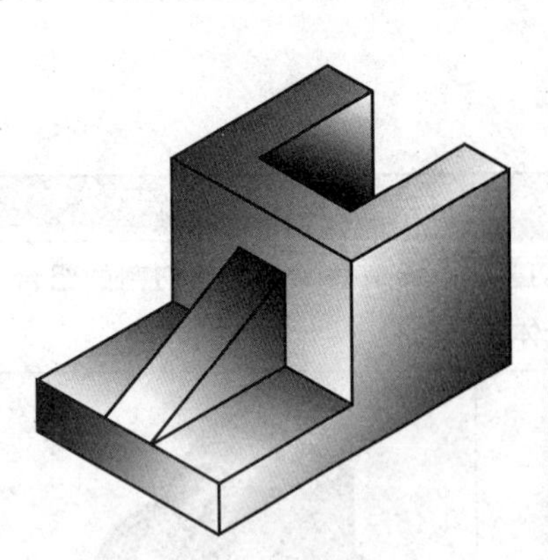

图 3—6　支架

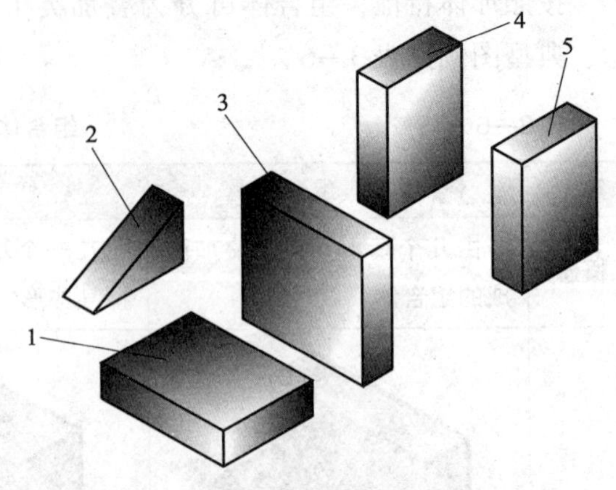

图 3—7　支架的组成

1—平板　2—肋板　3—连接板　4、5—竖板

表 3—7　支架三视图的作图方法和步骤

方法和步骤	图　例
（1）绘制基准线 绘制主、左视图的高度基准线，绘制俯、左视图的前后对称中心线，绘制连接板左侧平面在主、俯视图上的投影线，并以此作为绘图基准线	
（2）绘制连接板 测量连接板的长、宽、高，先绘制其主视图，然后绘制俯、左视图	长1　高1　宽1　宽1　长1　高1

续表

方法和步骤	图　例
（3）绘制平板 1）测量平板的长度和高度，先绘制主视图，再绘制俯、左视图 2）分析连接板和平板的连接关系可知，这两个形体的前面和后面共面，因此，应擦除主视图上平板和连接板之间的可见轮廓线	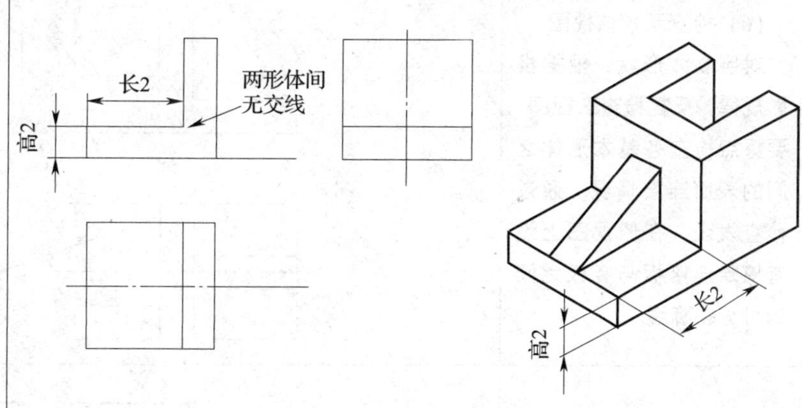
（4）绘制竖板 1）测量竖板的长度，绘制竖板的主视图，测量竖板的宽度，绘制俯、左视图 2）擦除主视图上连接板与竖板之间的可见轮廓线 3）连接板与两竖板相连形成凹槽，凹槽在主、左视图上的投影用细虚线表达	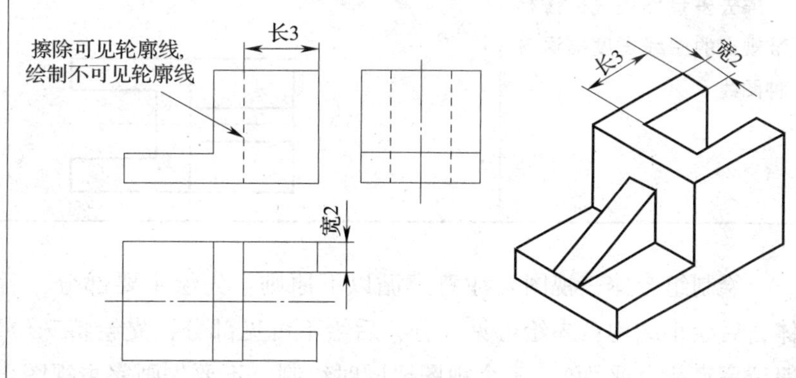
（5）绘制肋板 1）测量肋板的高度，绘制肋板的主视图 2）测量肋板的宽度，绘制肋板的俯视图 3）依据投影规律，绘制肋板的左视图	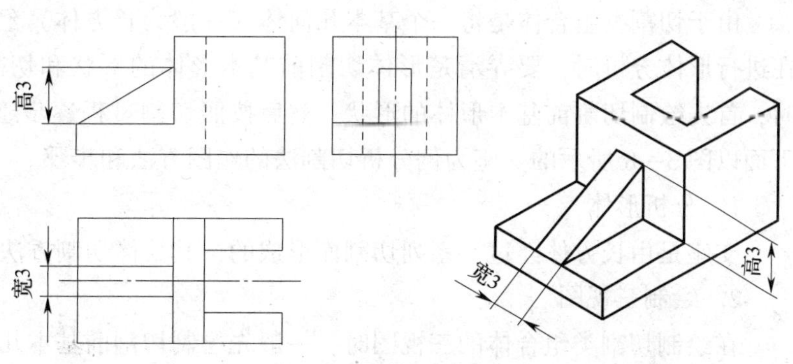

续表

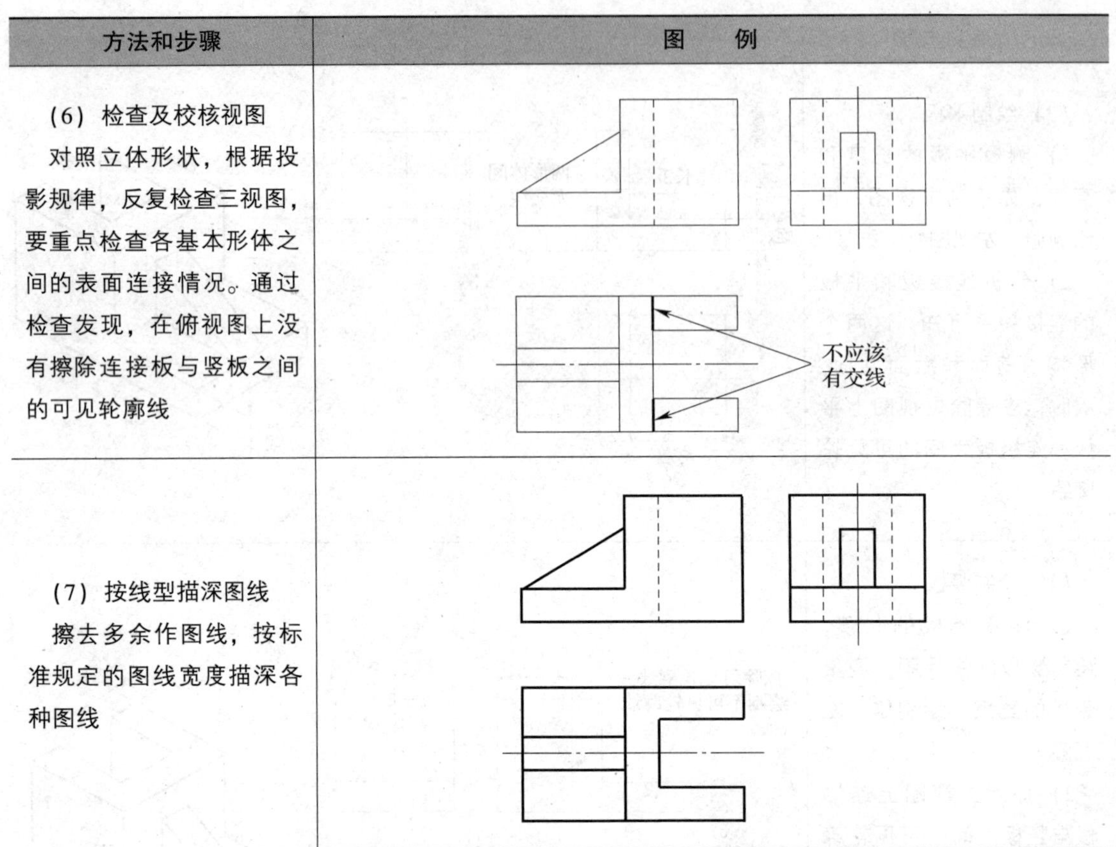

方法和步骤	图　　例
（6）检查及校核视图 对照立体形状，根据投影规律，反复检查三视图，要重点检查各基本形体之间的表面连接情况。通过检查发现，在俯视图上没有擦除连接板与竖板之间的可见轮廓线	
（7）按线型描深图线 擦去多余作图线，按标准规定的图线宽度描深各种图线	

绘制组合体三视图要注意遵循以下原则：先绘主要部分，后绘次要部分；先绘大形体，后绘小结构；先绘可见部分，后绘不可见部分；先绘特殊位置直线（平面），后绘一般位置直线（平面）；三个视图要同时绘制，不要先画完主视图再画其他视图。

二、切割法

由于切割类组合体是将一个基本几何体（一般为长方体）经过一系列的切割得到的，在进行形体分析时，要弄清楚形体切割前基本形体的形状和切割过程。在绘制其三视图时，首先绘制切割前基本形体的形状，然后按照切割过程逐步绘制切割后形体的三视图。下面以图 3—8 所示的支座为例分析切割法的作图方法和步骤。

1. 分析形体

支座是由长方体经过一系列切割而形成的，其具体切割方法和步骤如图 3—9 所示。

2. 绘制三视图

在绘制切割类组合体的三视图时，一般先绘制切割前基本几何体的三视图，然后根据切割步骤逐步绘制出组合体的三视图。支座三视图的作图方法和步骤见表 3—8。

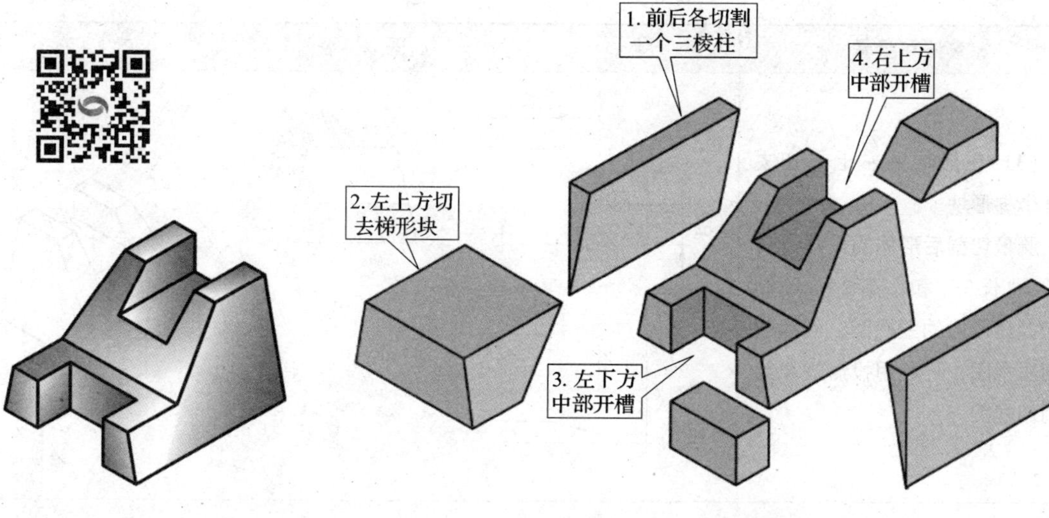

图 3—8　支座

图 3—9　支座的形成

表 3—8　　支座三视图的作图方法和步骤

方法和步骤	图　例
（1）绘制切割前长方体的三视图 测量支座上的尺寸“长 1”“宽 1”和“高 1”，绘制切割前长方体的三视图 【小提示】在轴测图上，不平行于轴测轴的线段不能度量	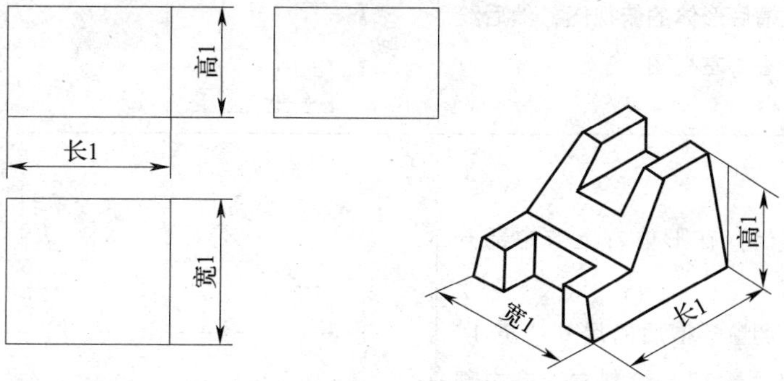 高1　长1　宽1　高1　宽1　长1
（2）在长方体的前后各切割一个三棱柱 测量切割后梯形块上部的尺寸“宽 2”，绘制切割后形体的左视图，然后利用投影规律补画俯视图上的缺线	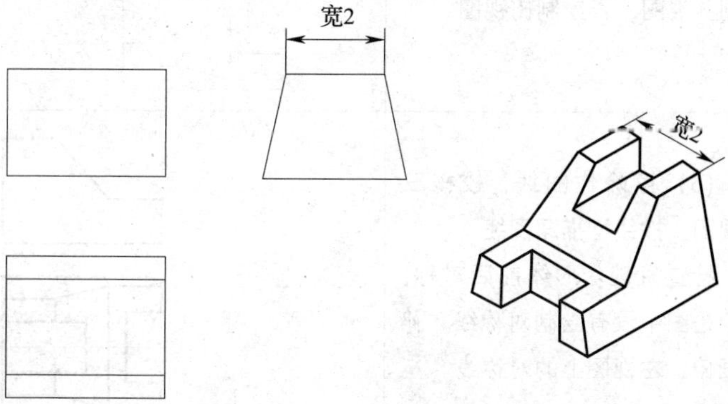 宽2　宽2

续表

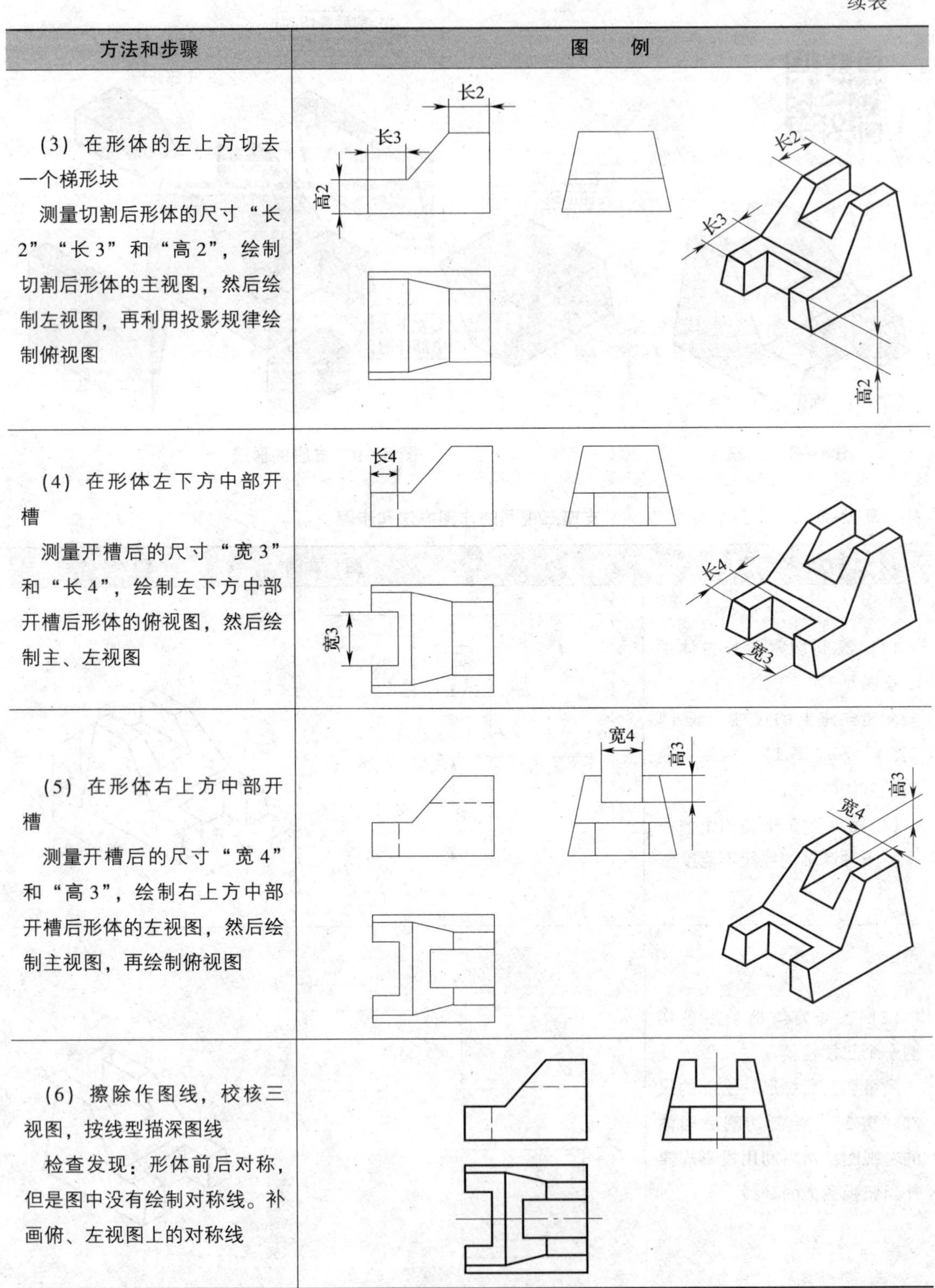

方法和步骤	图例
（3）在形体的左上方切去一个梯形块 测量切割后形体的尺寸“长2”“长3”和“高2”，绘制切割后形体的主视图，然后绘制左视图，再利用投影规律绘制俯视图	
（4）在形体左下方中部开槽 测量开槽后的尺寸“宽3”和“长4”，绘制左下方中部开槽后形体的俯视图，然后绘制主、左视图	
（5）在形体右上方中部开槽 测量开槽后的尺寸“宽4”和“高3”，绘制右上方中部开槽后形体的左视图，然后绘制主视图，再绘制俯视图	
（6）擦除作图线，校核三视图，按线型描深图线 检查发现：形体前后对称，但是图中没有绘制对称线。补画俯、左视图上的对称线	

绘制综合类组合体的三视图

图 3—10 所示的座体是“既有叠加，又有切割”的综合类组合体，下面根据其立体图绘制三视图。

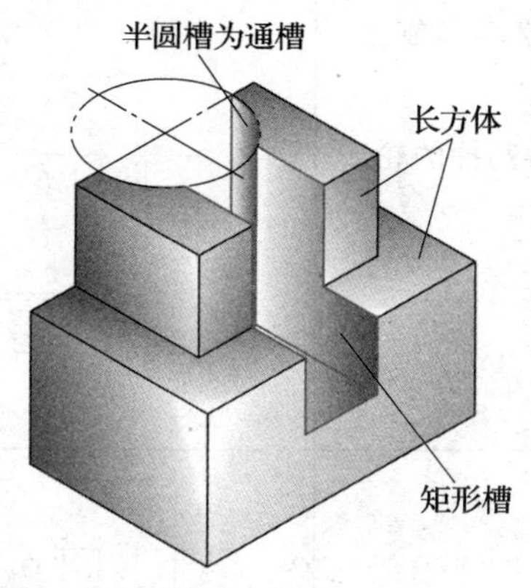

图 3—10　座体

1．分析形体

该形体由两个长方体叠加而成，在形体的后面开半圆槽，中间开矩形槽。

2．绘制三视图

综合类组合体大都以叠加为主，绘制其三视图时可采用“先叠加，后切割”的方法。绘制座体三视图的具体方法和步骤见表 3—9。

表 3—9　　绘制座体三视图的方法和步骤

方法和步骤	图　　例
（1）绘制上、下长方体的三视图 【小提示】该形体左右对称，在主、俯视图上需绘制左右对称线	

续表

方法和步骤	图　　例
（2）绘制形体后面开半圆槽后形成的轮廓线 1）先绘制半圆槽的俯视图，然后绘制主、左视图 2）擦除俯视图上开半圆槽后被割掉的轮廓线	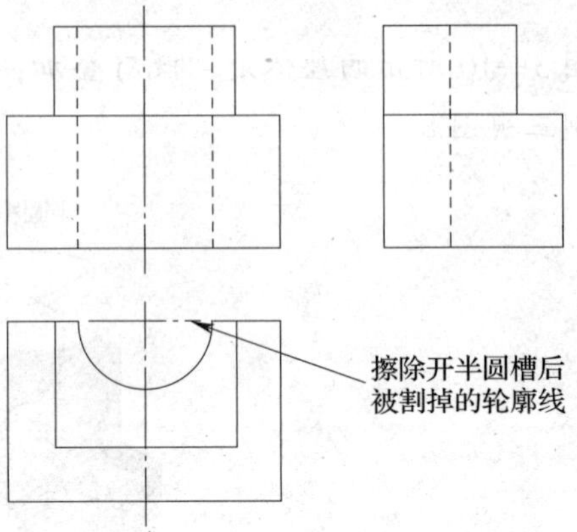
（3）绘制形体中间开矩形槽后形成的轮廓线 1）先绘制矩形槽的主视图，再绘制俯视图，最后绘制左视图 2）矩形槽和半圆孔产生截交线 3）擦除开矩形槽后被割掉的轮廓线	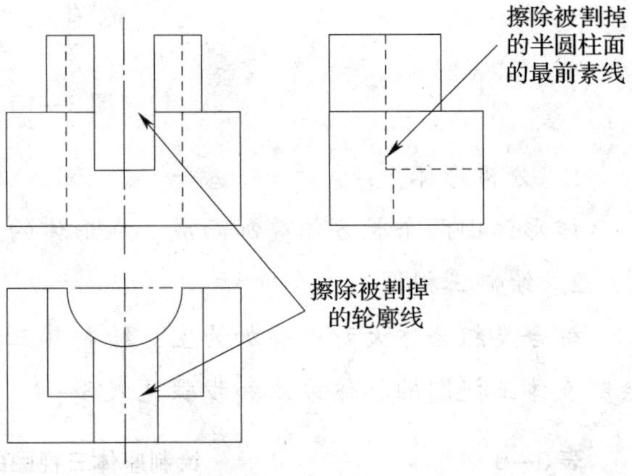
（4）检查及校核，按线型描深图线	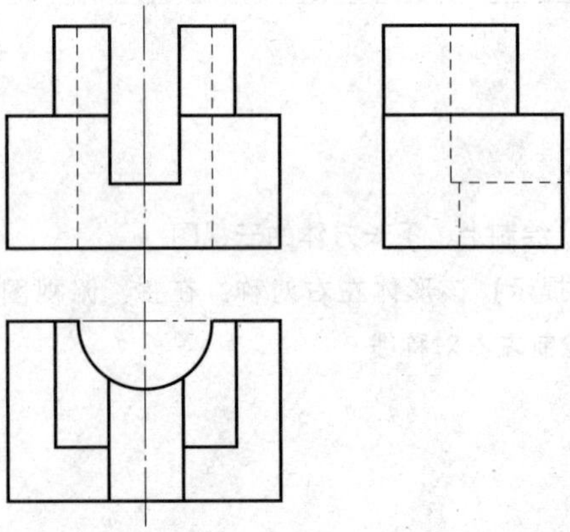

§3—3 识读组合体的三视图

学习目标

1. 掌握读图的基本要领。
2. 能熟练运用形体分析法和线面分析法识读组合体视图。

?想一想

读图和绘图是学习机械制图的两个重要环节，绘图是根据实物或立体图绘制三视图，读图则是按照投影规律和看图方法，根据三视图想象出物体的结构和形状。想一想，读图和绘图在方法上有什么相同和不同之处。

一、读图的基本要领

1. 几个视图同时看

一般情况下，两个视图可以基本确定物体的形状，但是在有些情况下则无法确定。表3—10中列出了几种两视图相同但物体结构和形状不一样的情况，由此可知，在某些情况下两个视图也不一定能确定物体的形状，所以，在看图时一定要将三视图联系起来分析才能确定物体的形状。

表3—10　　视图相近的物体

序号	物体三视图及轴测图		三视图比较
1	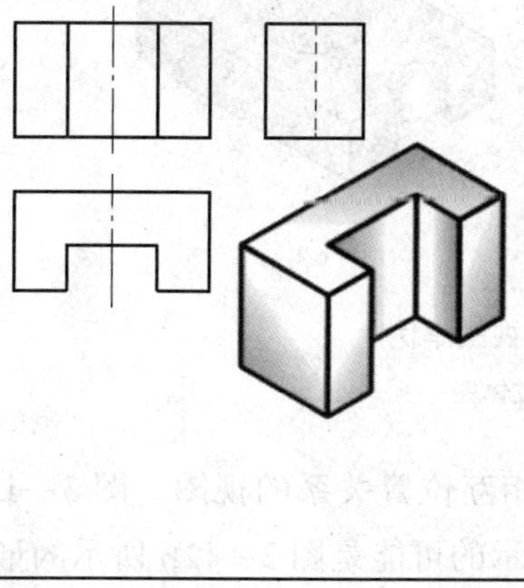	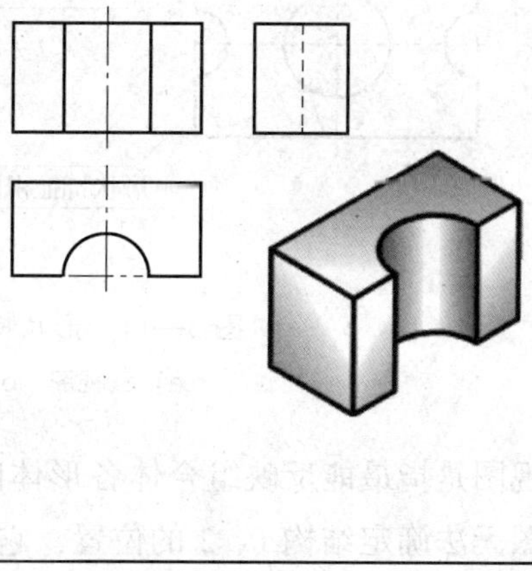	主视图和左视图相同

续表

序号	物体三视图及轴测图	三视图比较
2	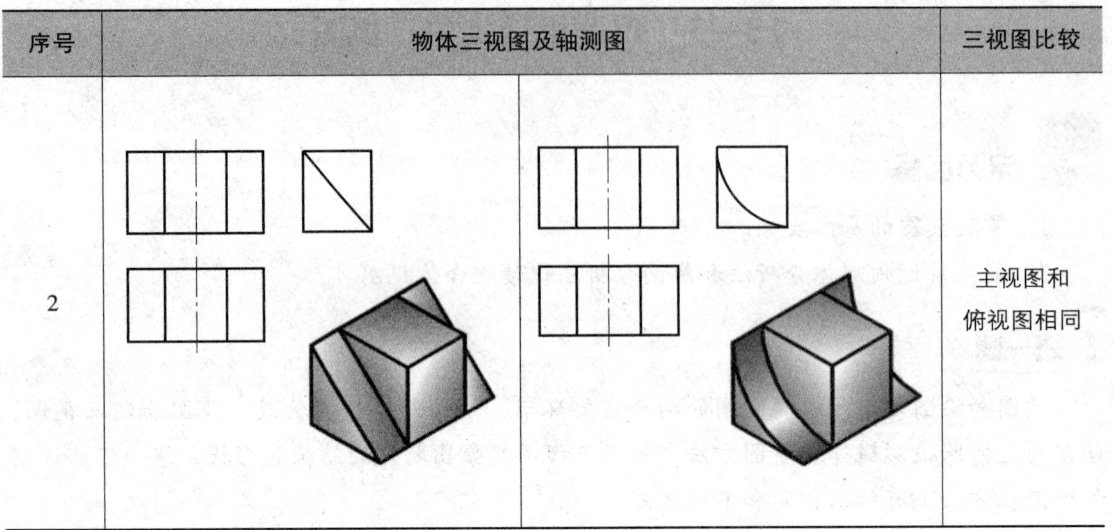	主视图和俯视图相同

2．重点分析特征视图

物体的特征视图分为形状特征视图和位置特征视图。

形状特征视图是指最能反映物体形状特征的视图。图 3—11 所示底板的俯视图是形状特征视图。

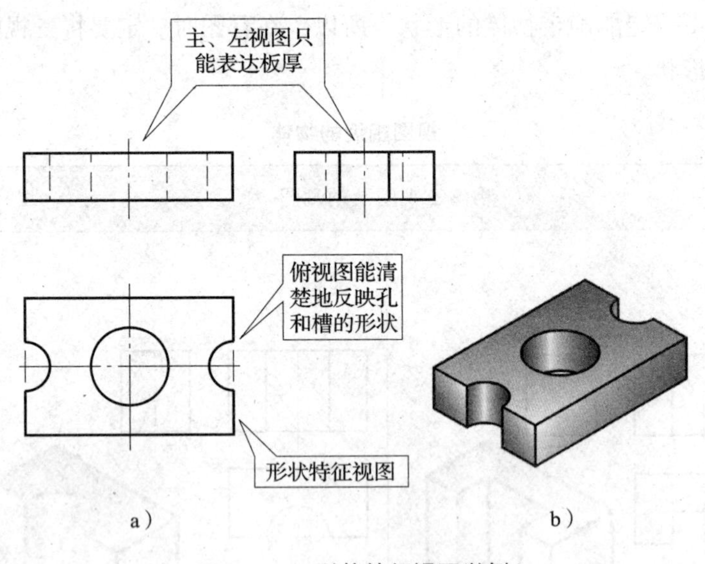

图 3—11　形状特征视图举例

a）三视图　b）立体图

位置特征视图是指最能反映组合体各形体间相互位置关系的视图。图 3—12a 所示支架的主、俯视图无法确定结构 1、2 的位置，它表示的可能是图 3—12b 所示的形体，也可能是图 3—12c 所示的形体。图 3—13 给出形体的主、左视图，在左视图上结构 1、2 的凸凹表达得十分清楚，所以该左视图就是位置特征视图。

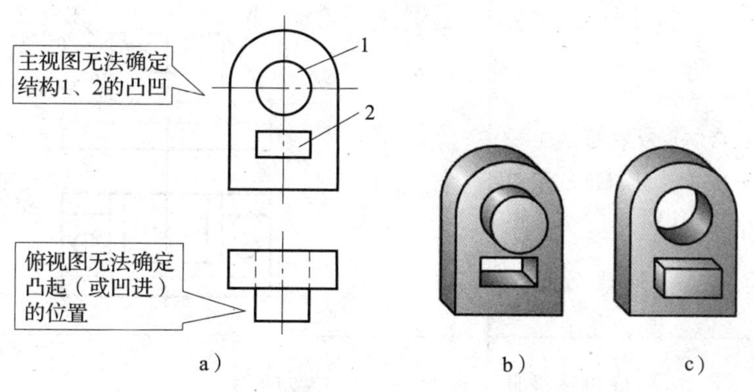

图 3—12　支架

a）两视图　b）形体一　c）形体二

3. 遵循看图原则

看组合体的视图时应遵循以下基本原则：

（1）先看主要部分，后看次要部分。

（2）先看容易看懂的部分，后看难以确定的部分。

（3）先看整体形状，后看细小结构。

（4）先看外部结构，后看内部形状。

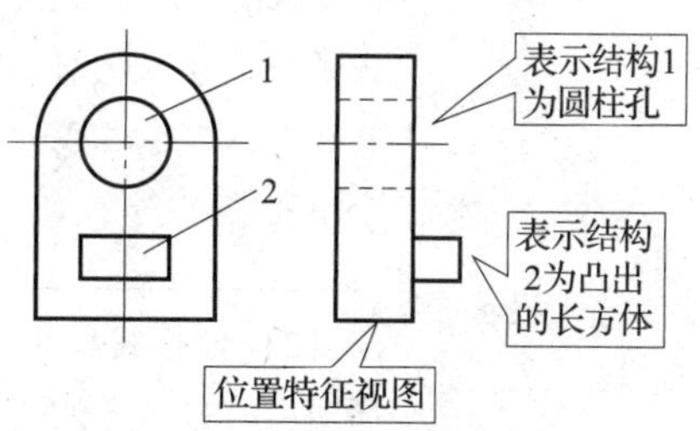

图 3—13　支架的位置特征视图

二、形体分析法

在看组合体的视图时，仅仅依靠空间想象能力是不够的，还需要掌握必要的看图方法。形体分析法是看图的最基本方法，它是指：从最能反映物体形状、位置特征的主视图入手，将复杂的视图按线框分成几个部分，然后运用三视图的投影规律，找出各线框在其他视图上的投影，从而分析各组成部分的形状和它们之间的位置关系，最后综合起来，想象组合体的整体形状。

形体分析法主要用于看叠加类组合体的视图。运用形体分析法看图时，要把视图上的每一个线框都看成一个基本形体的投影。图 3—14 所示为支承座的主、俯视图，下面以补画左视图为例分析形体分析法的看图方法和步骤，见表 3—11。

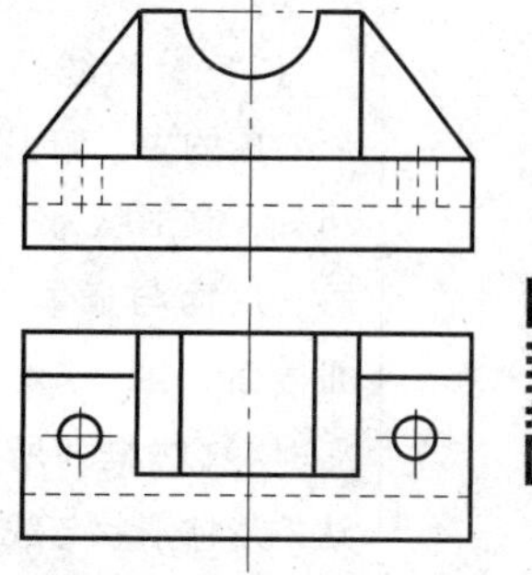

图 3—14　支承座

表 3—11　　支承座的看图方法和步骤

<table>
<tr><th colspan="2">方法和步骤</th><th>图　例</th></tr>
<tr><td colspan="2">1. 按线框分部分
从最能反映该组合体形状特征的主视图入手，将其划分成Ⅰ、Ⅱ、Ⅲ、Ⅳ四个部分</td><td> 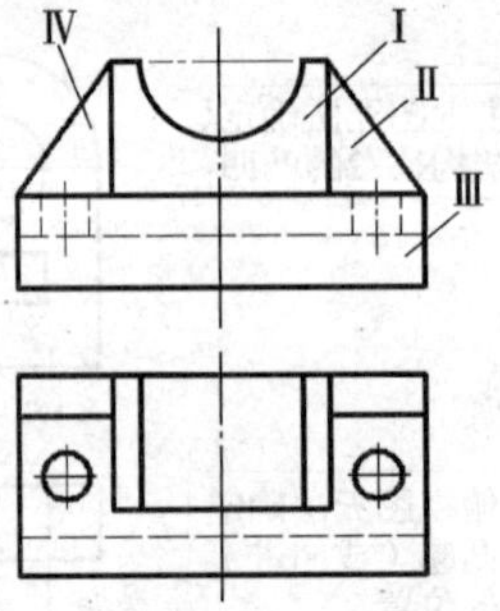Ⅳ Ⅰ Ⅱ Ⅲ</td></tr>
<tr><td rowspan="3">2. 对投影，想形状
运用投影规律，分别找出主视图上的四个线框在俯视图上的投影，然后逐一想象它们的形状，并分别绘制左视图</td><td>（1）分析线框Ⅲ所对应的主、俯视图可知，形体为在长方体底板的下面后部割去了一个小长方体，并在左、右各钻了一个小孔</td><td> 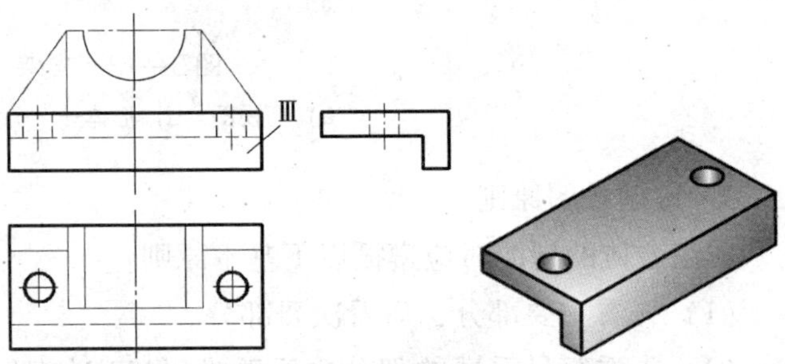Ⅲ</td></tr>
<tr><td>（2）分析线框Ⅰ所对应的主、俯视图可知，线框Ⅰ所表达的形体是一个带有半圆槽的长方体。该形体在底板Ⅲ的上面中间位置，后面与底板平齐</td><td> 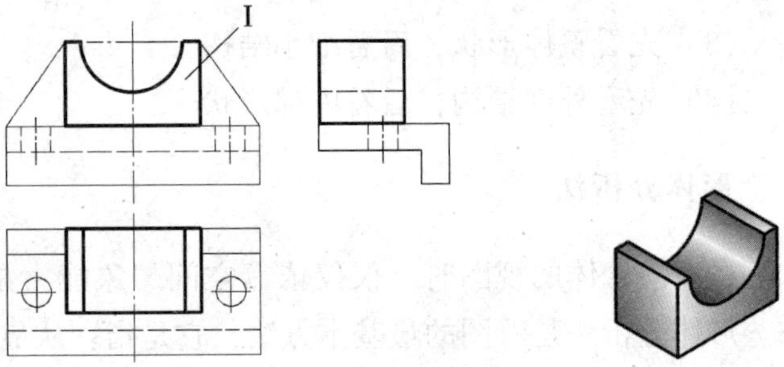Ⅰ</td></tr>
<tr><td>（3）分析线框Ⅳ所对应的主、俯视图可知，其形状为三棱柱，后面与形体Ⅰ、Ⅲ同面
（4）线框Ⅱ所表达的形体形状与线框Ⅳ相同</td><td> 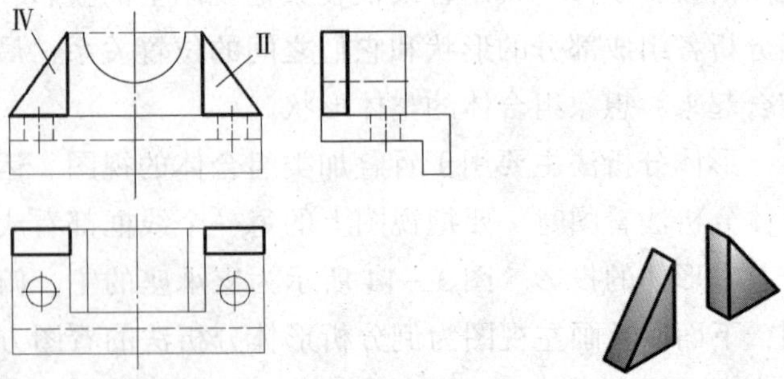Ⅳ Ⅱ</td></tr>
</table>

续表

方法和步骤	图　　例
3. 综合起来，想象整体形状 在看懂每个基本形体的基础上，想象它们的相互位置，逐渐形成一个整体的形状	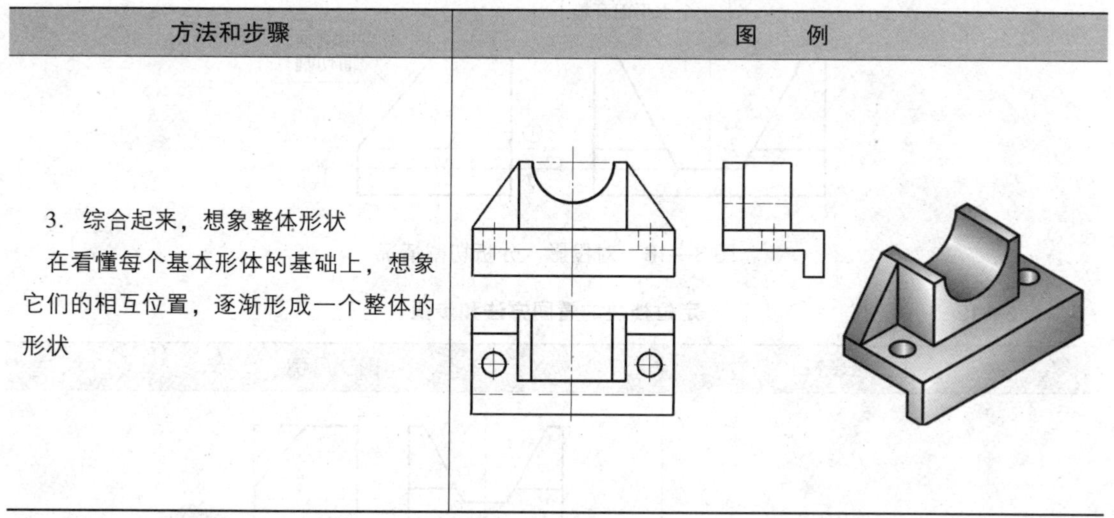

三、线面分析法

线面分析法一般用于识读切割类组合体的视图，它是指：假想把物体分解成点、线、面，运用点、线、面的投影规律，分析视图中线条、线框的含义和空间位置，以达到看懂视图的目的。

图 3—15 所示为定位挡块的主、左视图，该形体是一个典型的切割类组合体，下面以识读定位挡块的主、左视图，补画俯视图为例，分析切割类组合体的看图方法和步骤。

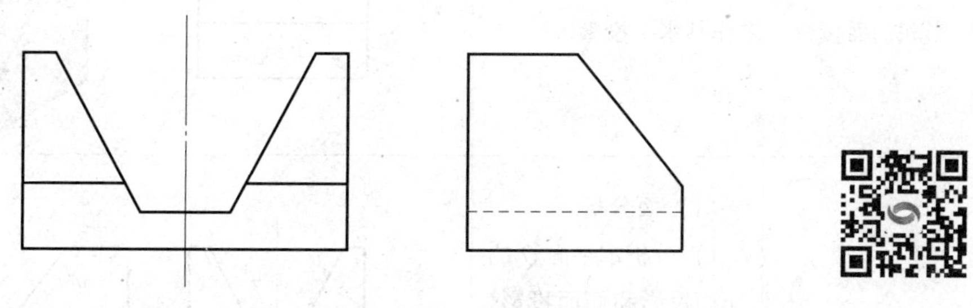

图 3—15　定位挡块的主、左视图

由于定位挡块左视图的前上方有一条斜线，可以设想该形体的前上方用侧垂面切割，通过投影关系，可知在主视图上的相应位置有一条横线（图 3—16①），因此设想成立。在主视图上有一个 V 形槽，可以设想在形体的中间用两个正垂面和一个水平面开槽，通过投影关系，可知在左视图上的相应位置有一条横线（图 3—16②细虚线），因此该设想也成立。识读定位挡块的主、左视图，补画俯视图的具体方法和步骤见表 3—12。

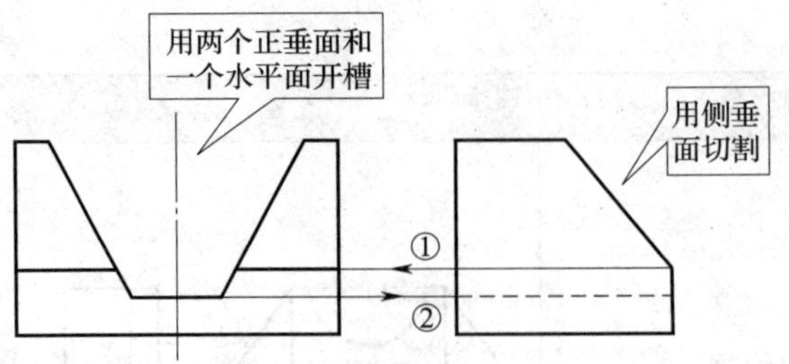

图 3—16　对投影，分析切割情况

表 3—12　　定位挡块的看图方法和步骤

<table>
<tr><th colspan="2">方法和步骤</th><th>图　　例</th></tr>
<tr><td colspan="2">1. 首先想象出未切割之前的形体
绘制切割前长方体的俯视图</td><td></td></tr>
<tr><td colspan="2">2. 在形体前上方用侧垂面割去一个三棱柱
分析切割后形体上侧垂面 P 的正面投影和侧面投影，求作其水平投影</td><td>p' p' p'' p P</td></tr>
<tr><td>3. 绘制用两个正垂面和一个水平面开槽后的俯视图</td><td>（1）面分析
1）分析水平面 Q 的正面投影和侧面投影，可知该平面为水平面，其形状为长方形
2）根据水平面 Q 的两面投影，求作水平投影
3）擦去多余图线</td><td>q' q'' q Q</td></tr>
</table>

续表

方法和步骤		图例
3. 绘制用两个正垂面和一个水平面开槽后的俯视图	(2) 线分析 1) 分析正垂面和侧垂面交线（*AB*）的正面投影和侧面投影，可知该直线为一般位置直线 2) 根据直线 *AB* 的两面投影求作其水平投影	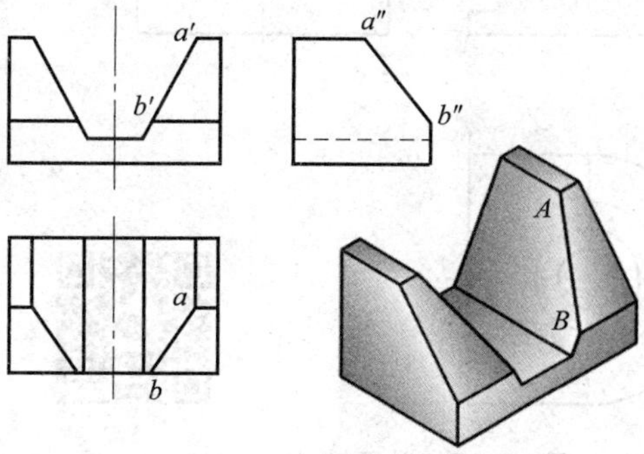
4. 检查及校核 (1) 分析直线 *BC* 通过分析直线 *BC* 的三面投影可知，该直线为正平线，它与直线 *AB* 不是一条直线 (2) 分析正垂面 *ABCDE*，该平面是五边形，其正面投影为斜线，水平投影和侧面投影都是五边形 5. 综合想象立体的整体形状		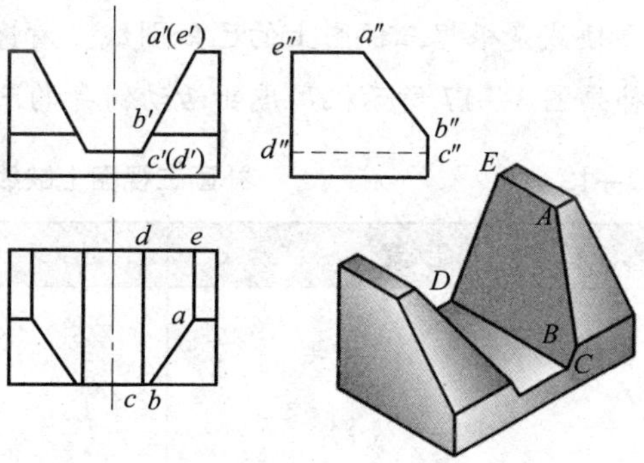

在用线面分析法看图时，并不是形体上所有的线、面都需要分析，而是重点分析看不懂的线、面。需要分析的平面大都是投影面垂直面或一般位置平面，需要分析的直线一般为投影面平行线或一般位置直线。

补画三视图中漏画的图线

如图 3—17 所示为机用虎钳活动钳身的三视图，在三视图中漏画了图线，下面根据三视图上的已知图线补画缺漏的图线。

1. 分析形体

根据图 3—17 所示三视图中的已知线条，想象形体的结构和各部分的大致形状，可将该形体分解为大长方体、小长方体、大半圆柱、小半圆柱四部分，如图 3—18 所示。

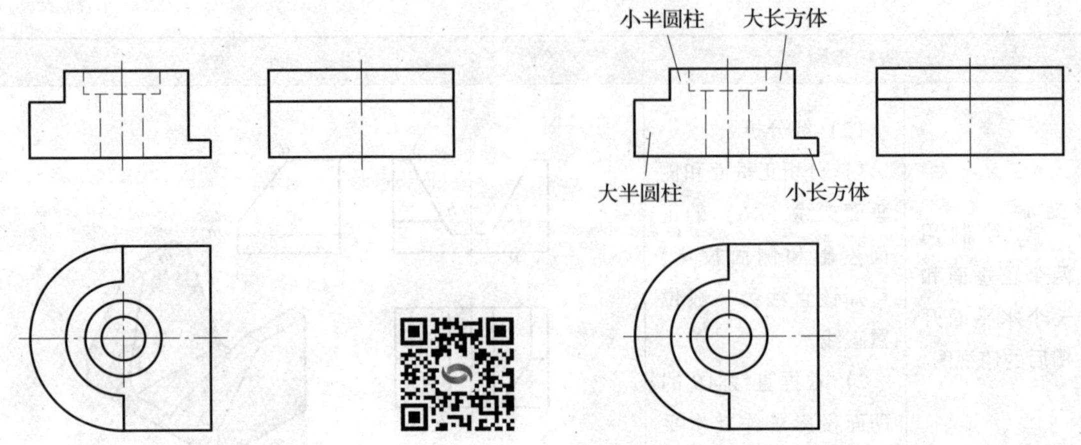

图 3—17　补画缺线　　　　图 3—18　机用虎钳活动钳身形体分析

2. 补画缺线

补画缺线是根据三视图上的已知图线，看懂视图，想象物体的形状，找出并补画缺漏的图线。补画图 3—17 所示机用虎钳活动钳身的三视图上缺线的方法和步骤见表 3—13。

表 3—13　　　　补画三视图上缺线的方法和步骤

方法和步骤	图　　例
（1）补画大、小长方体之间交线的水平投影和侧面投影	大、小长方体之间交线的投影
（2）补画阶梯孔的侧面投影	阶梯孔的侧面投影

续表

方法和步骤	图　例
（3）补画小半圆柱在主视图上漏画的图线	小半圆柱的投影
（4）综合想象立体形状	
（5）检查及校核 经检查发现，在左视图上漏画了小半圆柱的投影 【小提示】大半圆柱和大长方体相切，相切处不画线	小半圆柱的侧面投影

补画缺线容易出现的问题是不能找出漏画的所有图线，要按照先易后难的原则补画图线，要反复检查、校核三视图才能保证将漏画的图线补全。

§3—4　组合体的尺寸标注

学习目标

1. 了解尺寸的分类，掌握基本几何体和常见结构的尺寸标注方法。
2. 能识读组合体三视图上的尺寸。

想一想

在平面图形上标注尺寸与在三视图上标注尺寸有何不同？

一、组合体尺寸的种类

组合体的尺寸一般也分为定形尺寸和定位尺寸两种。

1．定形尺寸

确定各基本形体大小的尺寸称为定形尺寸，如图3—19所示，尺寸35 mm、20 mm、6 mm、17 mm、15 mm、ϕ8 mm等都属于定形尺寸。

2．定位尺寸

确定形体间相对位置的尺寸称为定位尺寸，如图3—19所示，尺寸27 mm、12 mm等都属于定位尺寸。

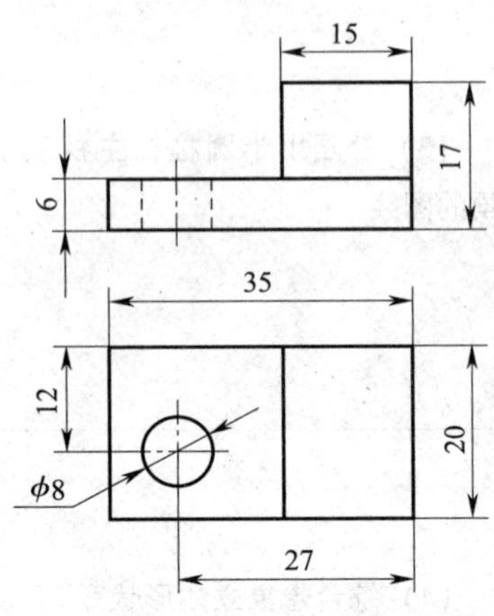

图3—19　尺寸的分类

二、常见形体的尺寸标注方法

1．基本几何体的尺寸标注方法

平面立体的尺寸标注方法如图3—20所示。长方体应标出其长、宽、高三个尺寸。六棱柱应标出其高度尺寸和底面尺寸，底面为正六边形时一般标注其对边尺寸，并标注对角尺寸作为参考尺寸（尺寸数字加括号）。四棱锥标注底面的长、宽尺寸和棱锥的高度尺寸。

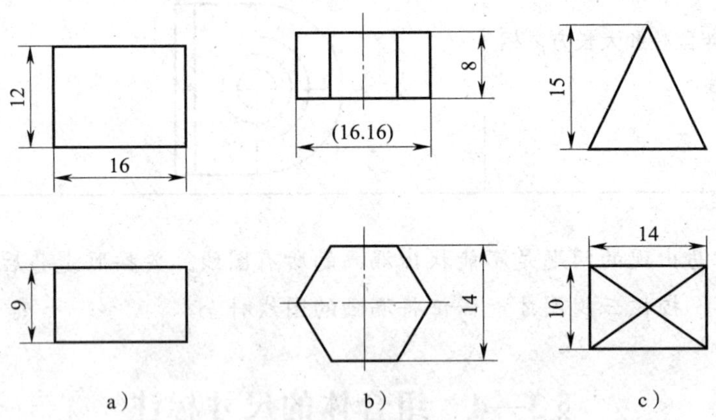

图3—20　平面立体的尺寸标注方法

a）长方体　b）六棱柱　c）四棱锥

曲面立体的尺寸标注方法如图3—21所示。圆柱、圆锥等须标出底圆直径尺寸和高度尺寸。球只需标出球面的直径或半径，并在直径尺寸数字前加注“$S\phi$”，在半径尺寸数字前加注“*SR*”。

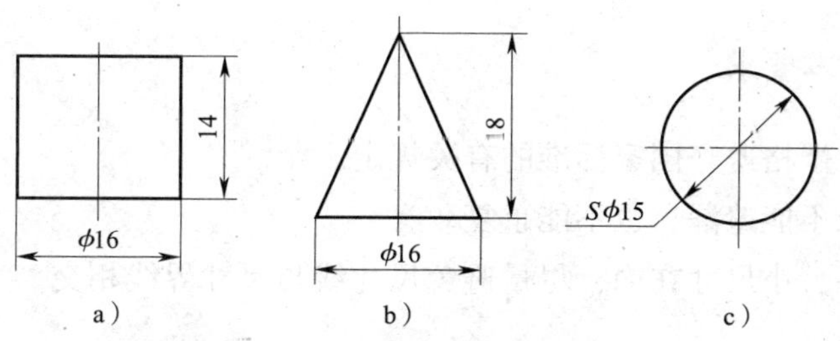

图 3—21　曲面立体的尺寸标注方法

a）圆柱　b）圆锥　c）球

2．常见板类形体的尺寸标注方法

对于图 3—22 所示的板状结构，除了标注定形尺寸外，确定孔、槽位置的定位尺寸是必不可少的。由于板的基本形状和孔、槽的分布形式不同，孔、槽定位尺寸的标注形式也不一样。在图 3—22d 中，四个小孔的定位尺寸按长、宽方向标注；图 3—22e 中标注了小孔中心定位圆的直径。断续的圆弧一般标注直径，而不是半径，如图 3—22b、c 所示。

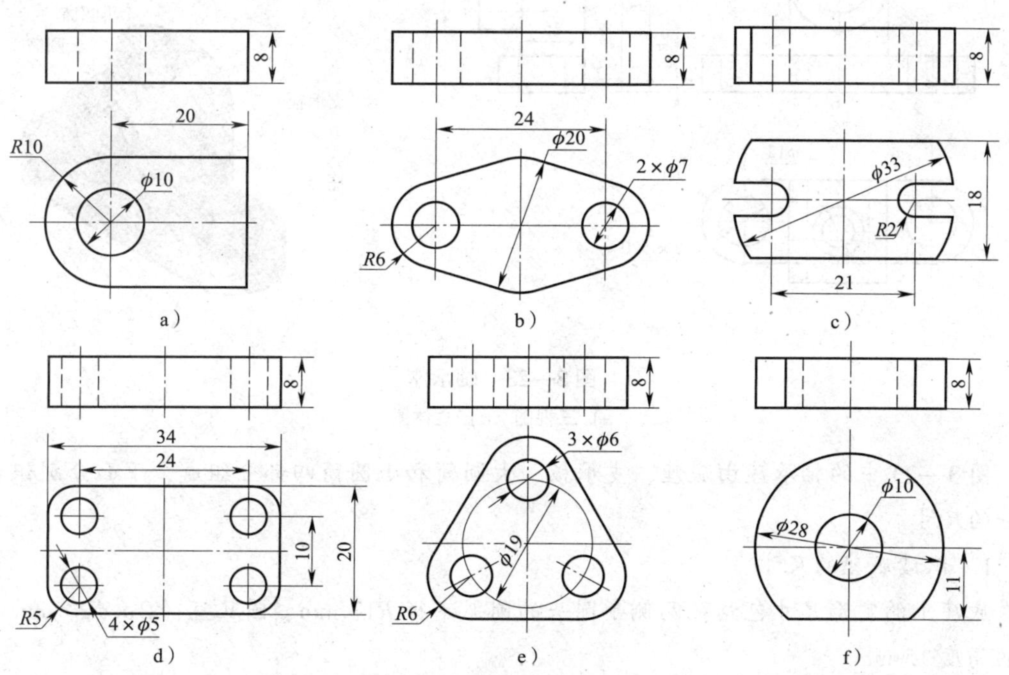

图 3—22　常见板类形体的尺寸标注方法

在标注图 3—22d 的尺寸时，无论四个圆角（$R5$ mm）与小孔（$4\times\phi5$ mm）是否同心，都要标注板的长（34 mm）、宽（20 mm）、圆角半径（$R5$ mm）、四个小孔的定位尺寸（24 mm、10 mm）。当圆角与小孔同心时，应注意不要让上述尺寸发生矛盾（24 mm + $R5$ mm + $R5$ mm 等于板的总长 34 mm，10 mm + $R5$ mm + $R5$ mm 等于板的总宽 20 mm）。

三、尺寸标注的基本要求

1．尺寸标注要严格遵守国家标准的有关规定。

2．标注尺寸既不能遗漏，也不能重复。

3．大尺寸在外，小尺寸在内，尽量避免尺寸线与尺寸界线相交。

应用举例

（一）识读组合体三视图中的尺寸

图 3—23 所示为轴承座，为确定其形体大小，在三视图上标注了尺寸，下面识读三视图上的尺寸。

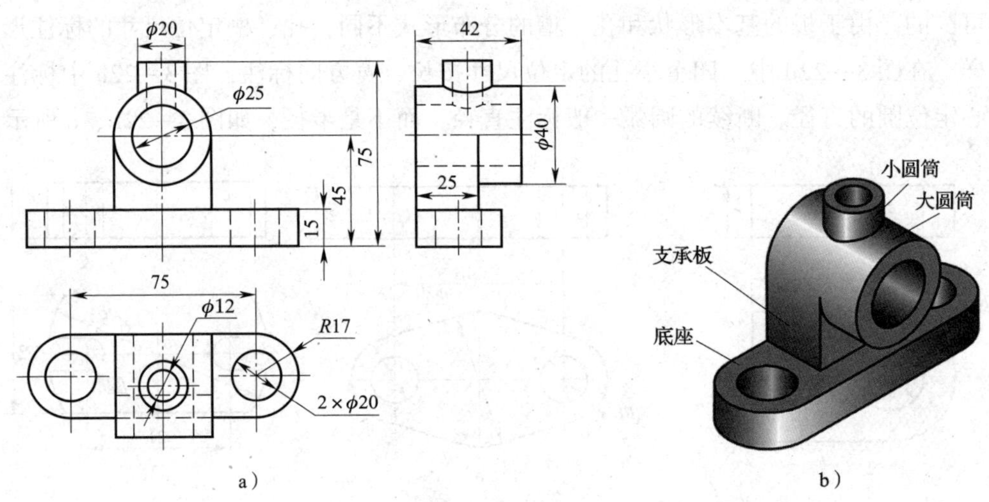

图 3—23　轴承座

a）三视图　b）立体图

图 3—23 中的轴承座由底座、支承板、大圆筒和小圆筒四部分组成，下面分别识读各部分的尺寸。

1．识读底座的尺寸

底座上的定形尺寸包括：两侧半圆头的圆弧半径 $R17$ mm、圆孔直径 $2\times\phi20$ mm 和底座的高度 15 mm。

底座上的定位尺寸包括：$2\times\phi20$ mm 圆孔的定位尺寸 75 mm。

2．识读大圆筒的尺寸

大圆筒的定形尺寸包括：内圆直径 $\phi25$ mm、外圆直径 $\phi40$ mm、宽 42 mm。

大圆筒的定位尺寸包括：高度方向的定位尺寸 45 mm。

3．识读支承板的尺寸

支承板的定形尺寸包括：宽度方向的定形尺寸 25 mm。

由于支承板后面与底座共面，两侧面与大圆筒相切，位置已确定，故不需标注定位尺寸。

4．识读小圆筒的尺寸

小圆筒的定形尺寸包括：内圆直径 ϕ12 mm 和外圆直径 ϕ20 mm。

小圆筒的定位尺寸包括：小圆筒高度方向的定位尺寸 75 mm。

（二）在组合体三视图上标注尺寸

图 3—24 所示为托架，下面在其三视图上标注尺寸。

标注托架尺寸的方法和步骤见表 3—14。

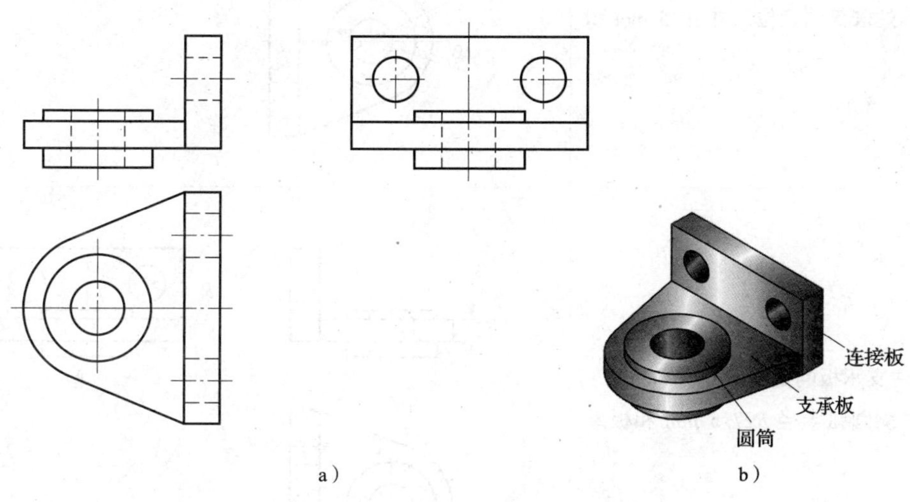

图 3—24 托架

a）三视图 b）立体图

表 3—14 **标注托架尺寸的方法和步骤**

方法和步骤	图 例
1．标注连接板的尺寸 （1）标注连接板的长 13 mm、宽 86 mm和高 42 mm （2）标注连接板上两个小孔的定形尺寸 2 × ϕ16 mm （3）标注小孔的定位尺寸（54 mm 和 26 mm）	86 54 13 2 × ϕ16 42 26

续表

方法和步骤	图　例
2. 标注圆筒的尺寸 （1）标注圆筒的定形尺寸（内孔直径 ϕ20 mm、外圆直径 ϕ40 mm 和高度 21 mm） （2）标注圆筒的定位尺寸（45 mm 和 7 mm）	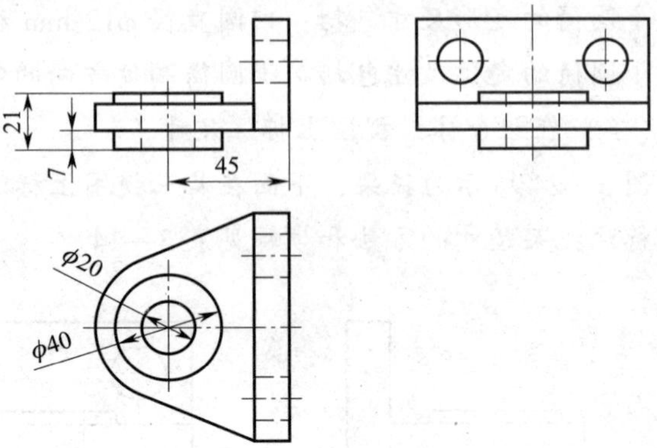
3. 标注支承板的定形尺寸 标注左侧圆弧半径 R27.5 mm 和板厚 10 mm	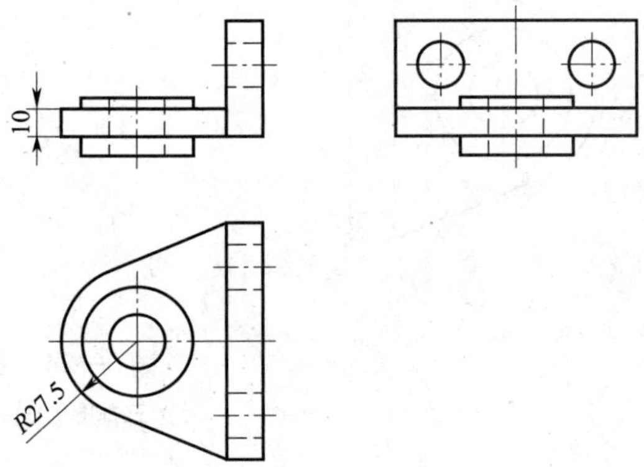
4. 全面校核尺寸	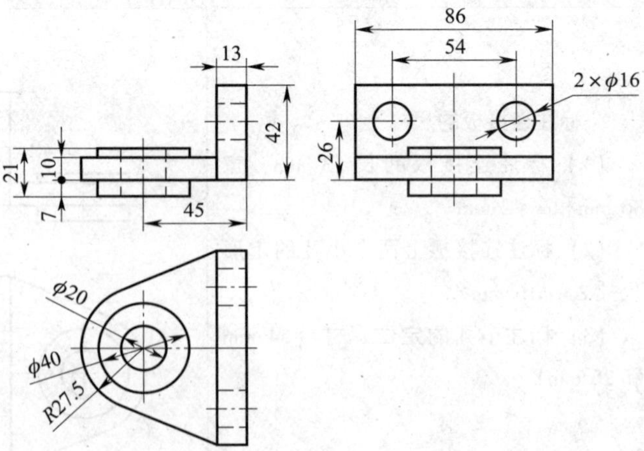

第四章　机件的表达方法

在实际生产中，机件的结构和形状是多种多样的。有些机件的结构比较简单，仅需一个或两个视图，再配以尺寸标注就可以将其表达清楚，而有些机件的形状和结构比较复杂，即使用三个视图也难以将其内外结构表达清楚，必须采用一些其他的表达方法，如视图、剖视图和断面图等。

§4—1　视　　图

1. 熟悉基本视图、向视图、局部视图和斜视图的概念与用途。
2. 掌握基本视图、向视图、局部视图和斜视图的画法规定。

视图有基本视图、向视图、局部视图和斜视图四种。

一、基本视图

?想一想

主、俯、左三视图可表达物体前面、上面和左面的形状，如何才能表达物体右面、下面和后面的形状呢？

物体在三投影面体系中得到三视图，如果在原有三投影面体系三个投影面的基础上再增设三个互相垂直的投影面，便可构成一个正六面体，这六个投影面统称为基本投影面，如图4—1所示。将物体放入六个基本投影面体系中，分别由前、后、左、右、上、下六个方向向六个基本投影面投射，即得六个基本视图。除主视图、俯视图、左视图外，新增加的三个基本视图为：

右视图——将物体由右向左投射所得的视图；

仰视图——将物体由下向上投射所得的视图；

后视图——将物体由后向前投射所得的视图。

六个基本投影面按照图4—2所示展开后，各视图的位置如图4—3所示，六个基本视图之间仍然符合“长对正，高平齐，宽相等”的投影规律，即主视图、俯视图、仰视图、后视图“等长”，主视图、左视图、右视图、后视图“等高”，俯视图、左视图、右视图、仰视图“等宽”。

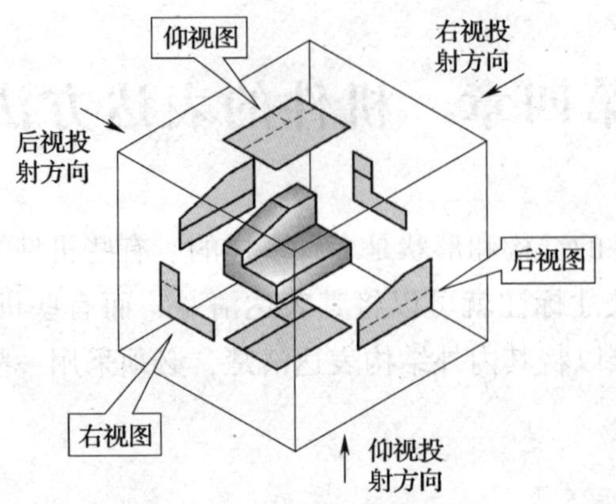

图 4—1　六个基本视图的形成

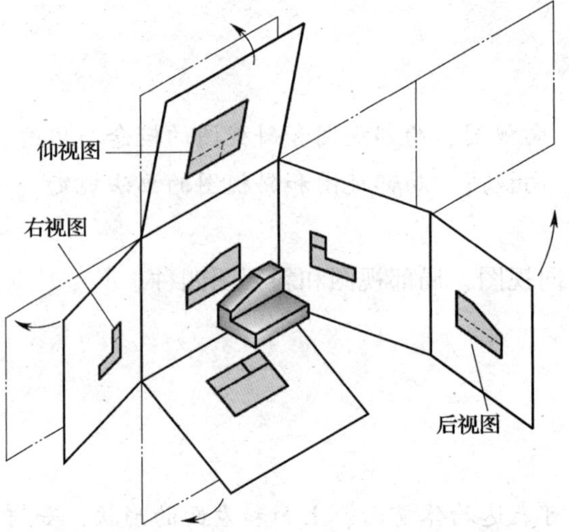

图 4—2　六个基本投影面的展开

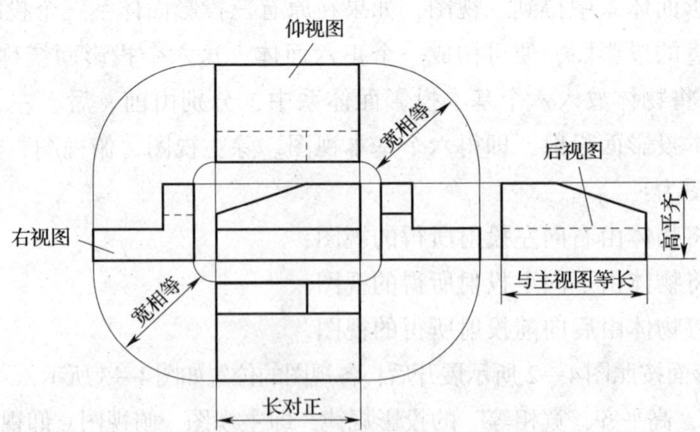

图 4—3　六个基本视图及投影规律

二、向视图

可自由配置的视图称为向视图，如图 4—4 所示。国家标准规定：在向视图上方标注大写拉丁字母，在相应视图的附近用箭头指明投射方向，并标注相同的字母。

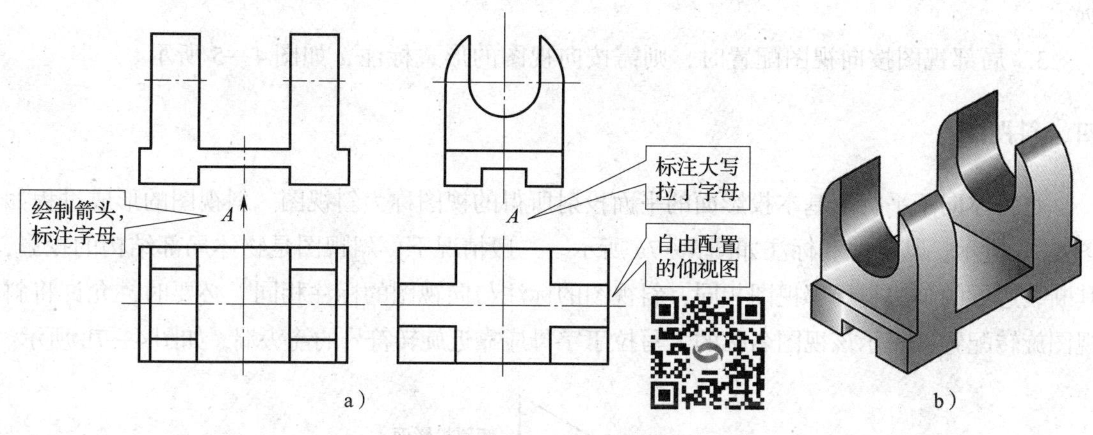

图 4—4　支架向视图

a）向视图　b）立体图

三、局部视图

在图 4—5 的四个视图中，除了主视图和俯视图外，其他两个视图都仅仅绘制了机件的一部分结构。这种将物体的某一部分向基本投影面投射所得的视图称为局部视图。

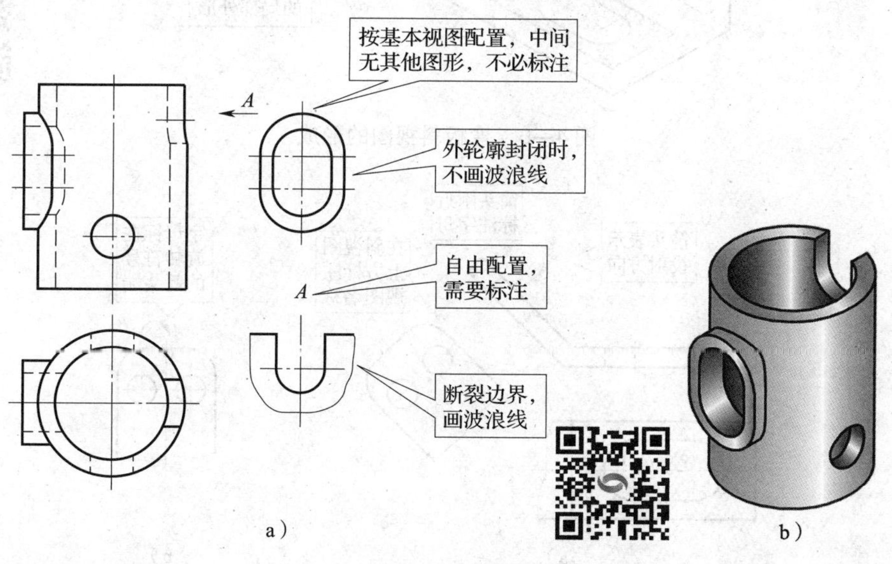

图 4—5　轴套

a）局部视图　b）立体图

国家标准规定：

1．画局部视图时，其断裂边界用波浪线绘制。当所表示的局部视图的外轮廓封闭时，则不必画出其断裂边界线，如图 4—5 所示。

2．局部视图按基本视图配置时，若中间没有其他图形隔开，则不必标注，如图 4—5 所示。

3．局部视图按向视图配置时，则需按向视图的形式标注，如图 4—5 所示。

四、斜视图

将物体向不平行于基本投影面的平面投射所得的视图称为斜视图。斜视图的形成过程如图 4—6 所示，其画法和标注如图 4—7a 所示。一般情况下，斜视图是物体局部结构的投影，其断裂边界的画法与局部视图相同，斜视图的标注与向视图的标注相同。必要时，允许将斜视图旋转配置，表示该视图名称的大写拉丁字母应靠近旋转符号的箭头端，如图 4—7b 所示。

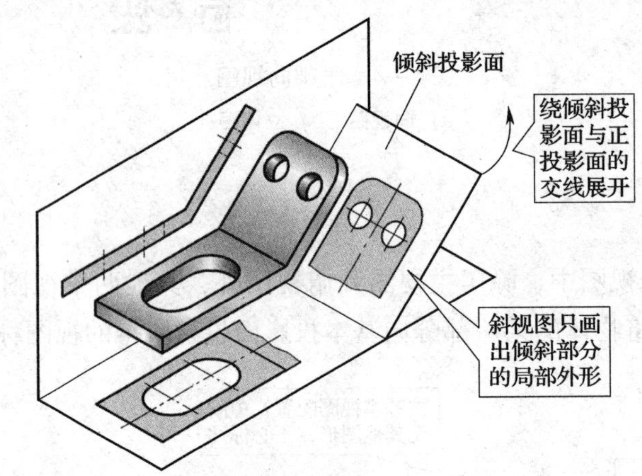

图 4—6　弯板斜视图的形成

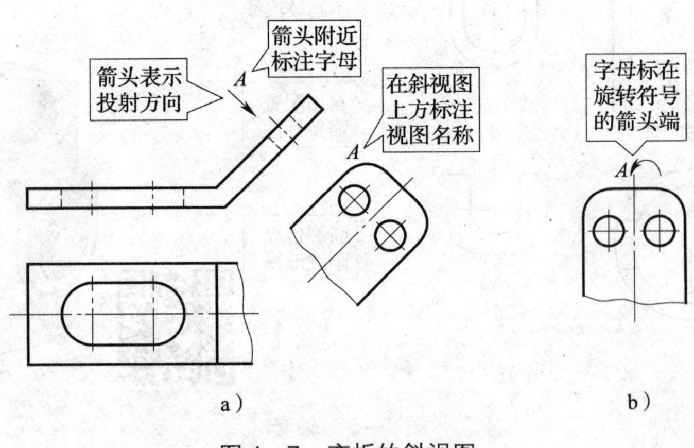

图 4—7　弯板的斜视图

应用举例

选择合适的视图表达形体

图 4—8 所示为压紧杆，下面分析形体结构，找出用三视图表达形体结构的缺点，选择合适的视图表达该形体。

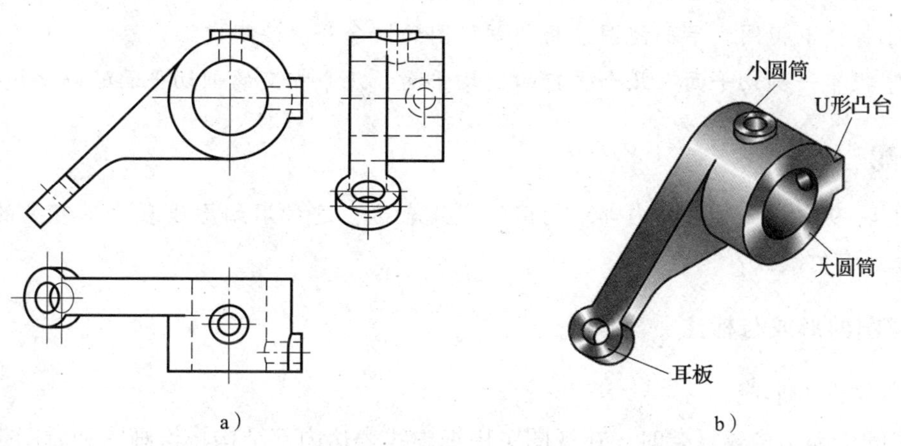

图 4—8　压紧杆
a）局部视图　b）立体图

1. 分析形体

压紧杆由大圆筒、小圆筒、U 形凸台和耳板组成。

2. 分析三视图

由于左端的耳板是倾斜的，所以俯视图和左视图均不反映实形，画图比较困难，表达也不清楚，这种表达方案显然是不可取的。

3. 选择表达方案

如图 4—9 所示，用斜视图表达耳板的实形，将俯视图改画为局部视图，即将耳板部分删除。删除左视图，用局部视图表达 U 形凸台的形状。

4. 标注视图名称

俯视方向的局部视图可以省略标注，斜视图和表达 U 形凸台的局部视图需要标注，如图 4—9所示。

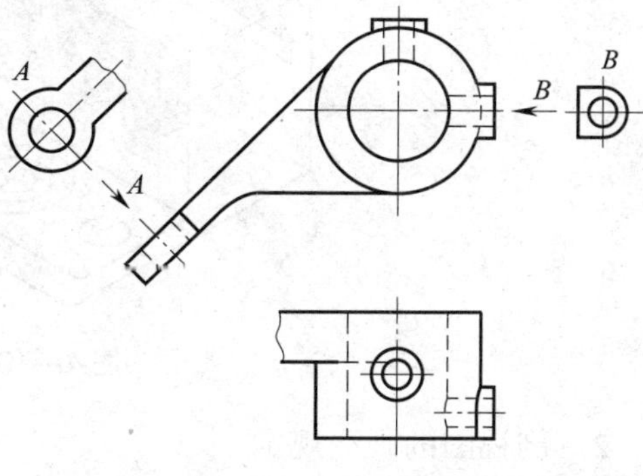

图 4—9　压紧杆的表达方案

§4—2 剖 视 图

学习目标

1. 熟悉剖视图的概念和画法规定，了解常用材料的剖面符号。
2. 掌握全剖视图、半剖视图、局部剖视图的概念和画法规定。
3. 掌握单一剖切平面、几个平行的剖切平面、几个相交的剖切平面的画法规定。

想一想

在图4—9中，压紧杆的内部结构用细虚线表达，这种用细虚线表达不可见的轮廓和棱边的方法有何缺点？

一、剖视图的形成与标注

1. 剖视图的形成

物体的内部结构较复杂时，在视图中用细虚线表达内部结构将给画图和看图带来很大的困难，为了解决这一问题，可采用剖视图表达。如图4—10所示，假想用剖切面剖开物体，将处于观察者和剖切面之间的部分移去，将其余部分向投影面投射，所得的图形就是剖视图。如图4—11所示，机件的主视图采用了剖视图。

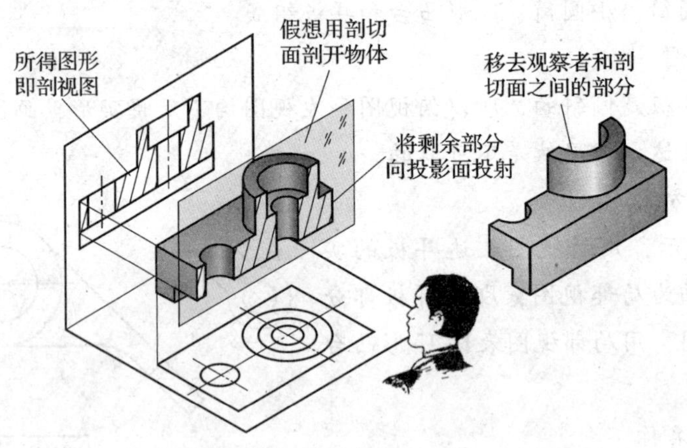

图4—10 剖视图的形成

2. 剖视图的画法规定

（1）在画剖视图时，剖切平面后的可见轮廓应全部画出，不可只画剖切断面的形状。

（2）由于剖视图是假想剖开机件得到的，当物体的一个视图画成剖视图时，其他视图仍应完整画出。

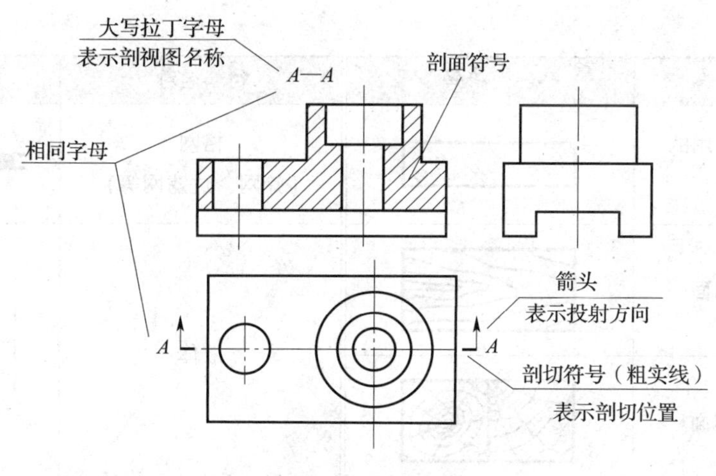

图 4—11　剖视图

（3）图形上表达内部结构的细虚线一般可以省略。

3. 剖面符号

在剖视图中，剖切面与物体接触的部分应画出表示材料类别的剖面符号，常用材料的剖面符号见表 4—1。金属材料的剖面符号又称为剖面线，它用细实线绘制，应画成间隔相等的平行线，且一般与主要轮廓线或剖面区域的对称线成 45°夹角。同一零件各剖视图上剖面线的画法应一致。

表 4—1　　常用材料的剖面符号

（摘自 GB/T 4457. 5—2013）

材料名称	剖面符号	材料名称	剖面符号
金属材料 (已有规定剖面符号者除外)		木质胶合板 (不分层数)	
线圈绕组元件		基础周围的泥土	
转子、电枢、变压器和电抗器等的叠钢片		混凝土	
非金属材料 (已有规定剖面符号者除外)		钢筋混凝土	
型砂、填砂、粉末冶金、陶瓷刀片、硬质合金刀片等		砖	

续表

材料名称		剖面符号	材料名称	剖面符号
玻璃及供观察者用的其他透明材料			格网 (筛网、过滤网等)	
木材	纵剖面		液体	
	横剖面			

4．剖视图的标注

剖视图的标注如图 4—11 所示，一般应在剖视图的上方用大写拉丁字母标出剖视图的名称“×—×”，在剖切面的起止处用剖切符号（粗实线）表示剖切位置，在剖切符号两端用箭头表示投射方向，并在附近注上与剖视图名称相同的大写拉丁字母。在某些情况下，剖视图的标注可以简化和省略。

5．剖视图规定画法

（1）对于机件的肋、轮辐及薄壁等，如纵向剖切，这些结构都不画剖面符号，而用粗实线将它与其相邻接部分分开，如图 4—12 所示。

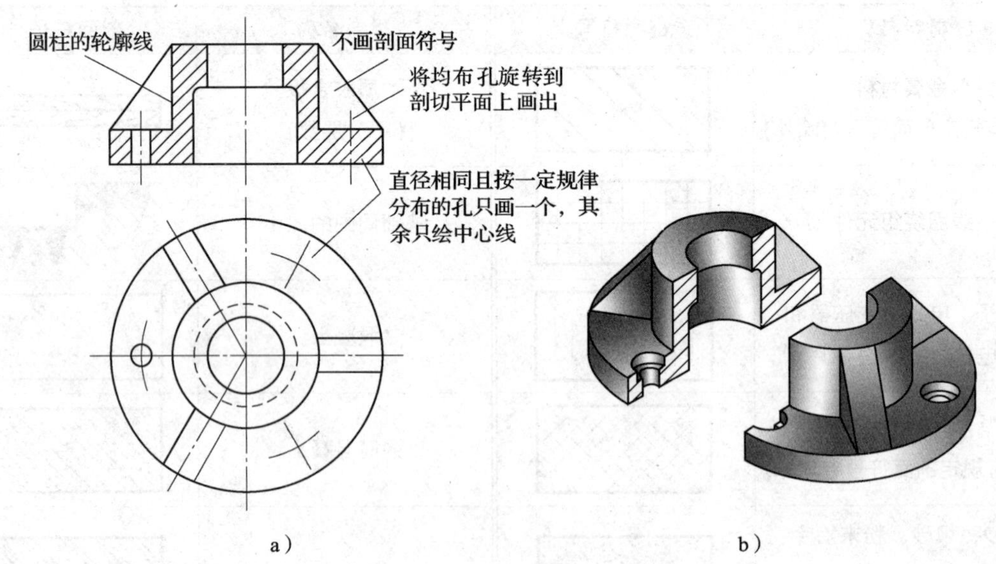

图 4—12　肋板及孔的规定画法

a）视图　b）立体图

（2）当回转体上均匀分布的肋、轮辐、孔等结构不处于剖切平面上时，可将这些结构旋转到剖切平面上画出，如图 4—12 所示。

（3）若干直径相同且按一定规律分布的孔可以只画出一个或少量几个，其余只需用细点画线表示其中心位置，如图 4—12 所示。

二、剖视图的种类及画法

根据剖切范围的不同，剖视图可分为全剖视图、半剖视图和局部剖视图三种。

1. 全剖视图

用剖切面完全地剖开物体所画的剖视图称为全剖视图。很显然，图 4—11 中的主视图就是全剖视图，其剖切平面通过机件的前后对称面将机件剖成两半。

2. 半剖视图

当物体具有对称平面时，向垂直于对称平面的投影面上投射所得的图形，以对称中心线为界，一半画成剖视图，另一半画成视图，这种图形称为半剖视图，如图 4—13 所示。

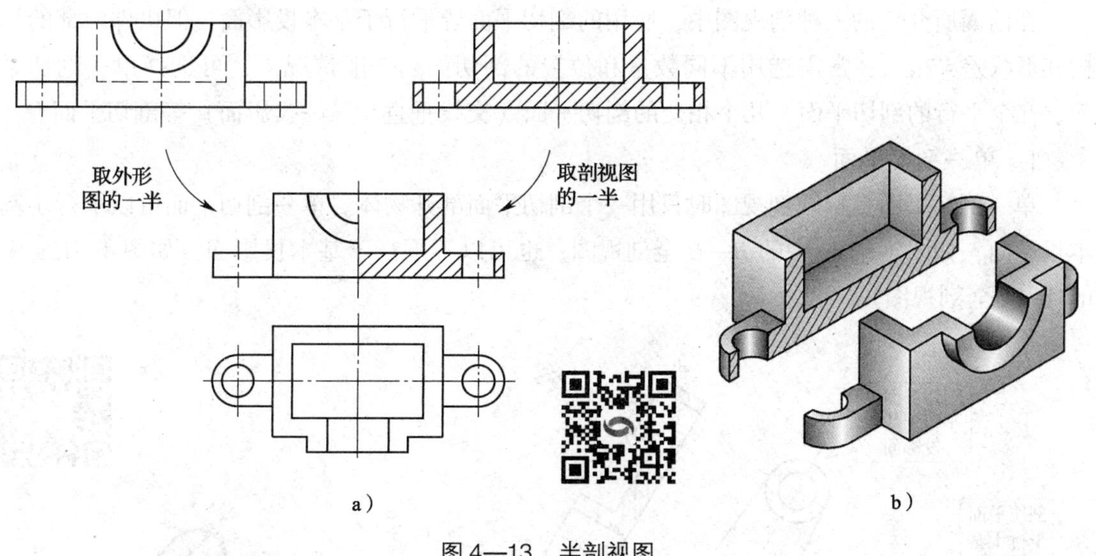

图 4—13 半剖视图

a）视图 b）立体图

画半剖视图时应注意：半个视图与半个剖视图的分界线应画细点画线，而不能画成粗实线。

3. 局部剖视图

为了在一个不对称的视图上同时表达内形和外形，可用剖切面局部地剖开物体而绘制剖视图，如图 4—14 所示。这种用剖切面局部地剖开物体所画出的剖视图称为局部剖视图。

画局部剖视图时应注意：局部剖视图与视图之间应以波浪线为界，波浪线应画在物体的实体上，不能画在物体的中空处或超出图形轮廓线。

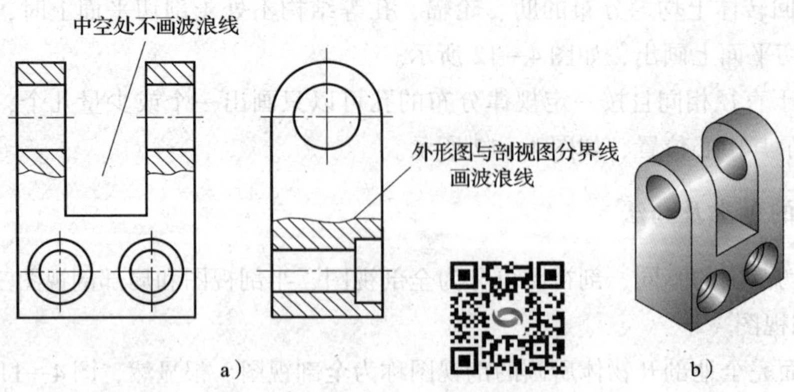

图 4—14　轴座的局部剖视图

a）局部剖视图　b）立体图

三、剖切面的种类

在前面所介绍的三种剖视图中，所用的剖切平面皆平行于基本投影面，但机件内部的结构和形状差异很大，常需选用不同数量和位置的剖切面。一般情况下，可选择单一剖切平面、几个平行的剖切平面、几个相交的剖切平面（交线垂直于某一投影面）等剖切平面。

1．单一剖切平面

单一剖切平面是指画剖视图时只用一个剖切平面剖开物体。单一剖切平面可以平行于基本投影面，如图 4—15a 中的 *B—B* 全剖视图；也可以不平行于基本投影面，如图 4—15a 中的 *A—A* 全剖视图。

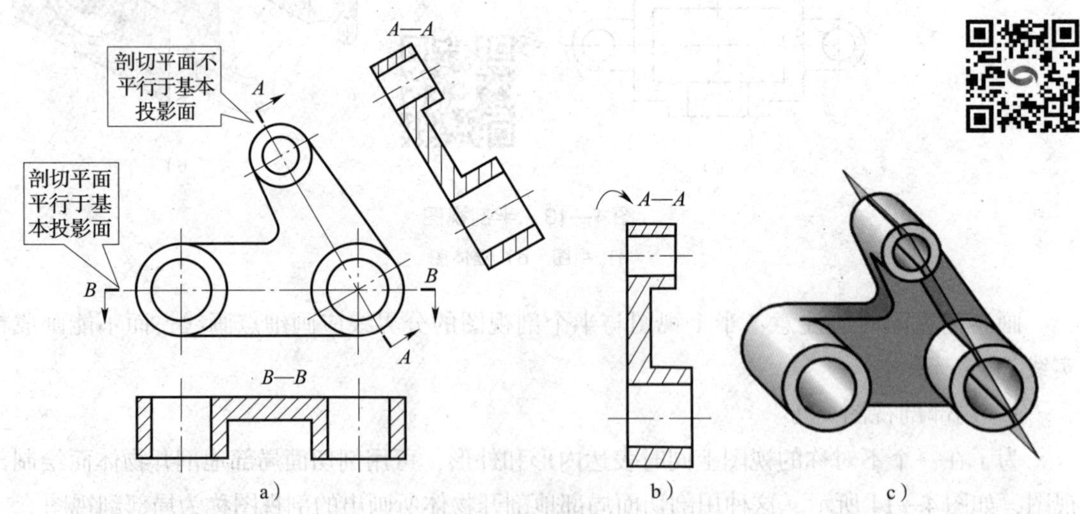

图 4—15　连杆

a）单一剖切平面的全剖视图　b）旋转放正的剖视图　c）立体图

画单一剖切平面的剖视图时，可将用不平行于基本投影面剖切得到的剖视图旋转放正配置，并按旋转方向标注旋转符号（图 4—15b）。

2. 几个平行的剖切平面

在图 4—16 中用了三个平行于正投影面的剖切平面剖开物体，从而使形体中不同层次的内部结构在一个剖视图中得到表达。这种剖开物体所用的两个或多个平行的剖切平面称为几个平行的剖切平面。

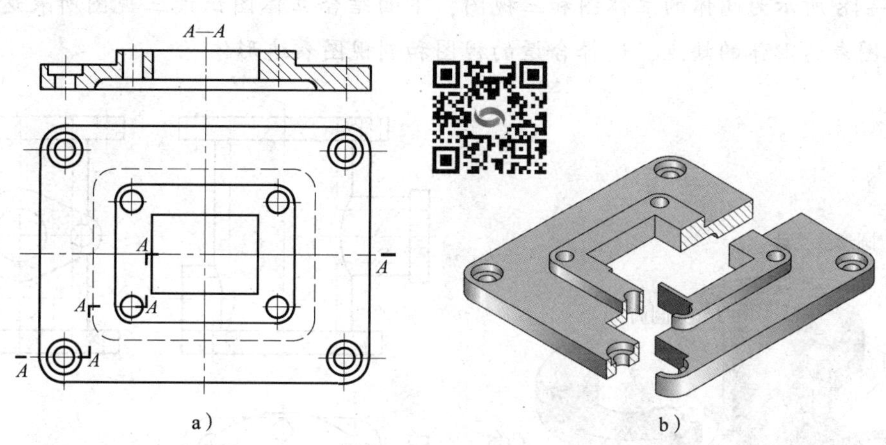

图 4—16　箱盖

a）几个平行剖切平面的全剖视图　b）立体图

3. 几个相交的剖切平面

图 4—17 所示端盖的主视图用了一个正平面和一个侧垂面作为剖切平面，两剖切平面的交线与回转体的轴线重合。这种剖开物体所用的剖切平面称为两相交的剖切平面，一般情况下剖切平面的交线垂直于某一个基本投影面。

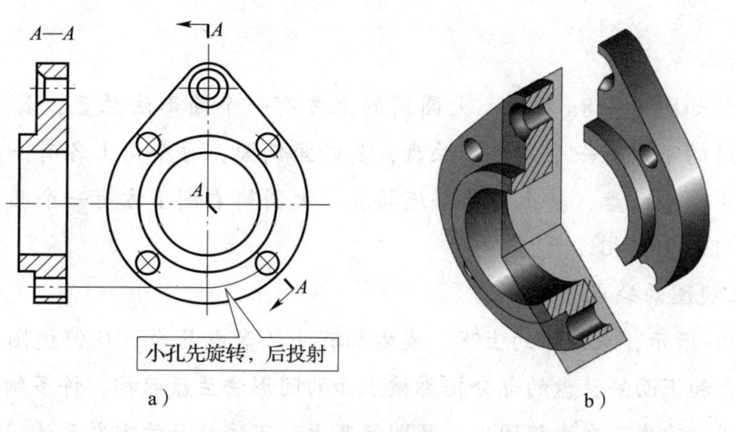

图 4—17　端盖

a）两相交剖切平面的全剖视图　b）立体图

在使用几个相交剖切平面剖开物体时，倾斜剖切平面所剖到的结构应旋转到与选定的投影面平行后再进行投射。

应用举例

选择合适的视图和剖视图表达形体

图 4—18 所示为阀体的立体图和三视图，下面结合立体图识读三视图所表达的结构，分析三视图表达形体的缺点，选择合适的视图和剖视图表达形体。

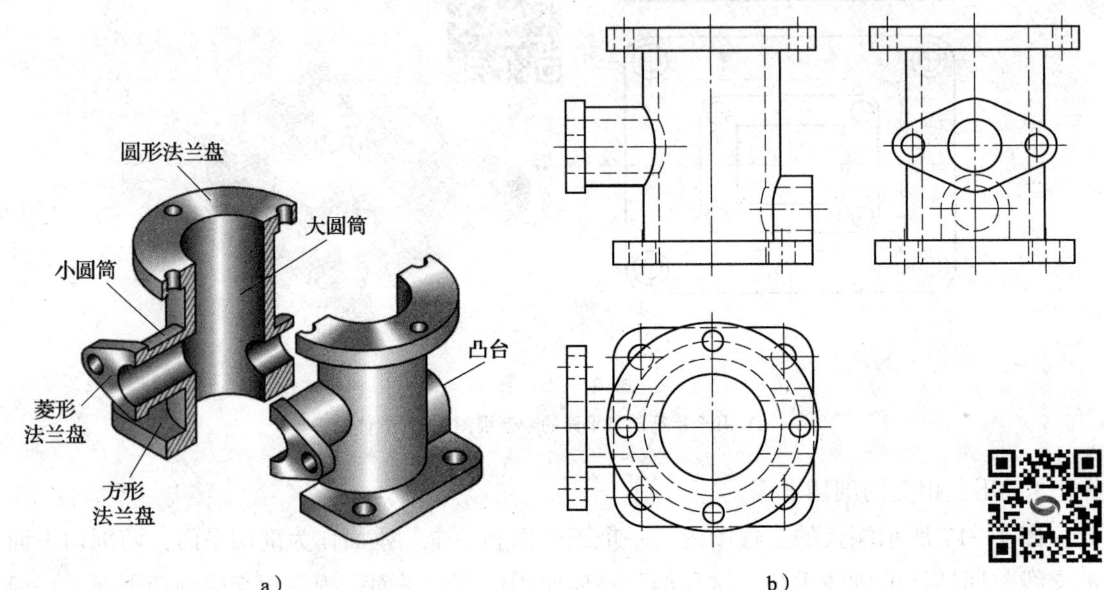

图 4—18　阀体
a）立体图　b）三视图

1．分析形体

阀体的结构如图 4—18a 所示，大圆筒的上方有一个圆形法兰盘，其上有四个均布的圆柱孔；大圆筒的下方有一个方形法兰盘，其四角倒圆，每个角上各有一个小孔。左侧小圆筒上有一个菱形法兰盘，其上有两个连接孔。大圆筒右侧下方有一个凸台，其上有一个小圆孔与大圆筒的内孔相连。

2．分析三视图的缺点

如图 4—18b 所示，在形体的上下、左右都有法兰盘或凸台。在俯视图上，左侧的横圆筒、右侧的凸台和下面法兰盘的部分轮廓被上面的圆形法兰盘遮挡，许多细虚线与粗实线交叉，增加了看图的难度。在左视图上，竖圆筒及上、下法兰盘被重复表达，只有左侧法兰盘和右侧凸台是需要表达的结构，但是右侧凸台用细虚线表达，也给看图带来困难。

3．选择表达方案并绘制视图

（1）绘制全剖的主视图

如图 4—19 所示，用过阀体前后对称平面的剖切面将阀体剖开，绘制全剖的主视图，以表达内腔的结构和各部分的位置。

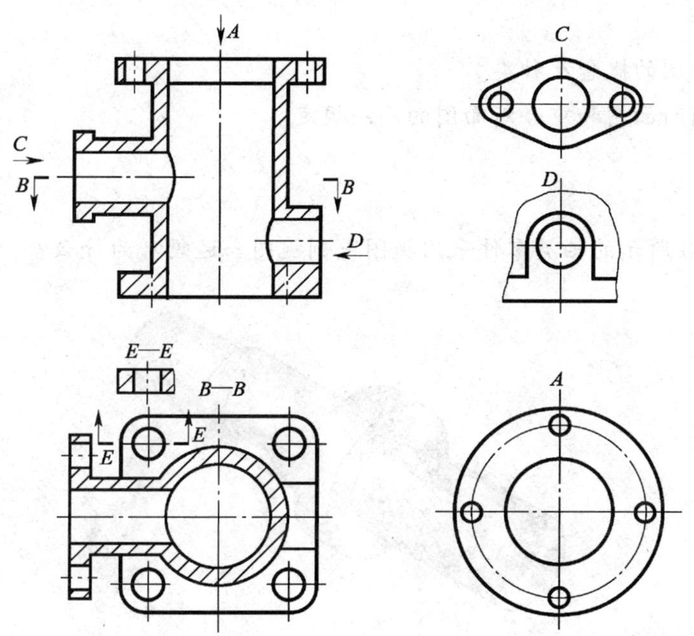

图 4—19　阀体的表达方案

（2）绘制全剖的俯视图

如图 4—19 所示，用 *B—B* 剖切平面将机件剖开，绘制全剖的俯视图，这样既可以将上面的圆形法兰盘剖切掉，以便于表达大圆筒和下面方形法兰盘的形状，使图形简单明了，又可以进一步表达左侧小圆筒及菱形法兰盘的位置。

（3）绘制 *A* 向局部视图

如图 4—19 所示，用俯视方向局部视图 *A* 表达上方圆形法兰盘的形状，以弥补 *B—B* 全剖后的俯视图无法表达该结构的缺点。

（4）绘制 *C* 向局部视图

如图 4—19 所示，*C* 向局部视图的投射方向为左视方向，用来表达左侧菱形法兰盘的形状。

（5）绘制 *D* 向局部视图

如图 4—19 所示，*D* 向局部视图的投射方向为右视方向，用来表达右侧凸台的形状。

（6）绘制 *E—E* 局部剖视图

如图 4—19 所示，*E—E* 局部剖视图用以表达下部方形法兰盘上小孔的结构。

§4—3 断 面 图

1. 熟悉断面图的概念及种类。

2. 掌握移出断面图和重合断面图的画法规定。

想一想

表达图 4—20 所示的轴类零件采用视图或剖视图合适吗？为什么？

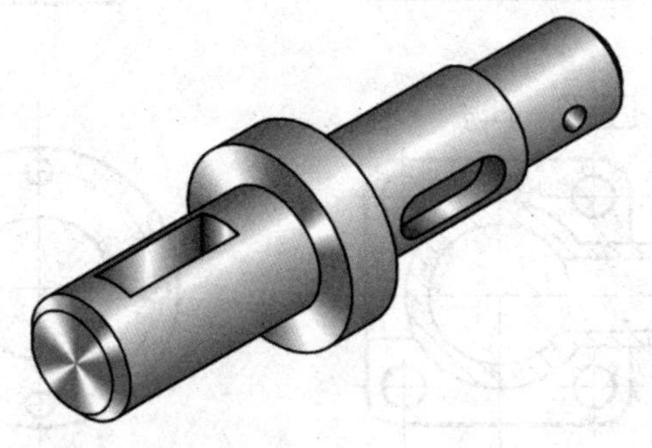

图 4—20 主轴

用剖切平面将机件断开，画出的剖切面与物体接触部分的图形称为断面图，如图 4—21 所示。断面图分为移出断面图和重合断面图两种。

一、移出断面图

画在视图轮廓之外的断面图称为移出断面图。图 4—21 中的断面图即为移出断面图，断面图①表达键槽，断面图②表达圆孔，断面图③表达方孔。画移出断面图时应注意以下两点：

1. 当剖切平面通过回转面形成的孔或凹坑的轴线时，这些结构应按剖视图要求绘制，如图 4—21 的断面图②所示。

2. 当剖切平面通过非圆孔，会导致出现完全分离的图形时，这些结构也应按剖视图要求绘制，如图 4—21 的断面图③所示。

移出断面图也需要标注剖切位置符号、表示投射方向的箭头和断面图的名称等。移出断面图的标注方法与剖视图基本相同，在某些情况下移出断面图的标注也可以简化或省略。

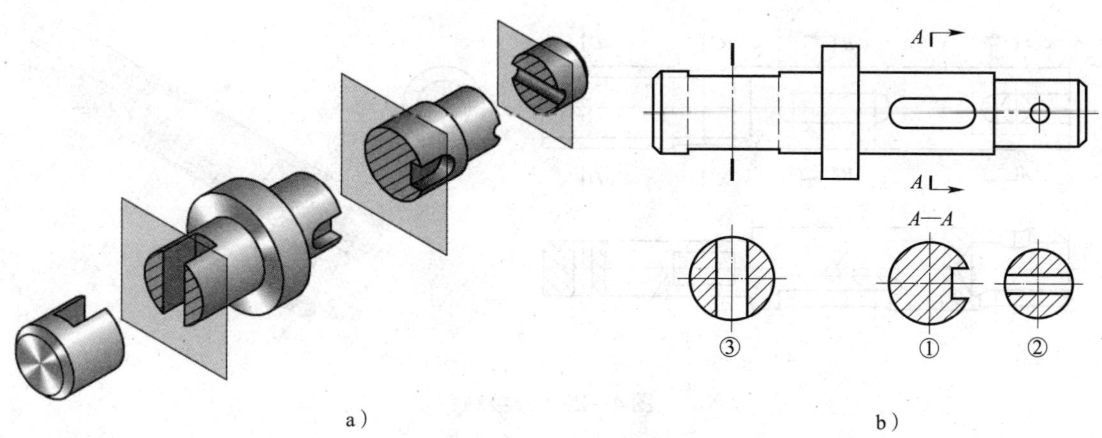

图 4—21　主轴的断面图

a）立体图　b）断面图

二、重合断面图

图 4—22 所示的断面图绘制在视图轮廓线之内，这种绘制在视图轮廓线之内的断面图称为重合断面图。画重合断面图时应注意以下两点：

1. 重合断面图的轮廓线用细实线绘制。

2. 当视图中的轮廓线与重合断面图的轮廓线重叠时，视图的轮廓线完整画出，不能间断。

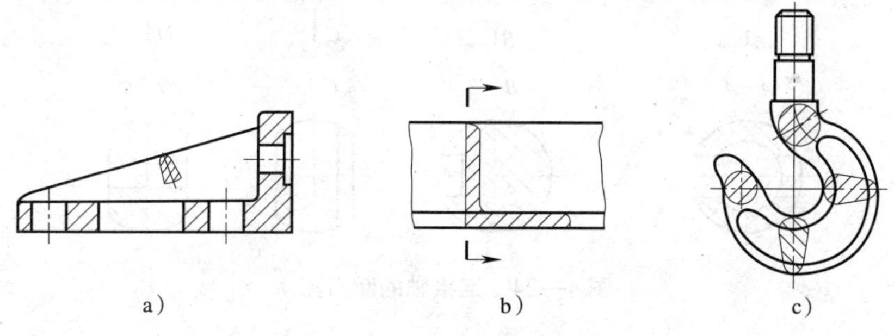

图 4—22　重合断面图

应用举例

图 4—23 所示为连接轴的三视图和轴测图，下面分析三视图表达形体的缺点，绘制 *A—A*、*B—B*、*C—C* 和 *D—D* 断面图。

1. 形体分析

连接轴属于轴类零件，虽然三视图能清楚地表达零件的结构和形状，但是表达得不够清晰，俯视图显得比较臃肿，重复表达的结构较多。如采用移出断面图表达，则更加简单和清晰。

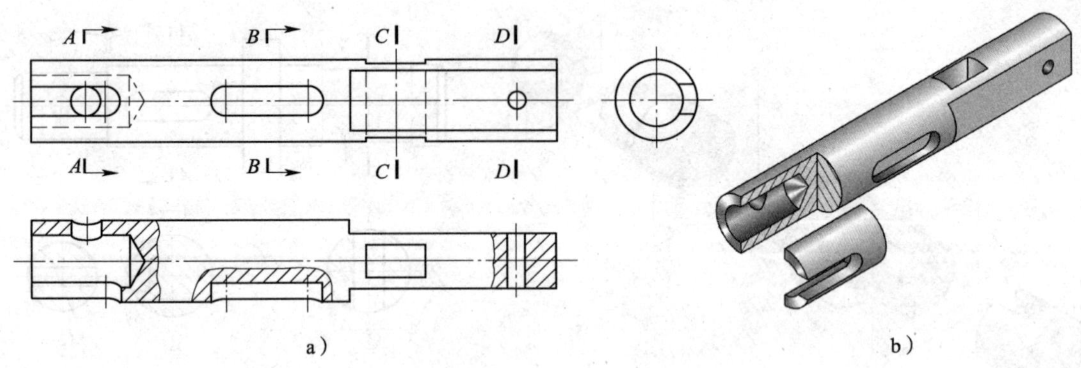

图 4—23　连接轴
a）三视图　b）轴测图

2. 绘制移出断面图

（1）绘制 *A—A* 断面图

A—A 断面剖切到前面的槽和后面的小圆孔，后面的小圆孔按剖视图要求绘制，前面的槽不能按剖视图要求绘制，断面图的形状如图 4—24 中的 *A—A* 断面图所示。

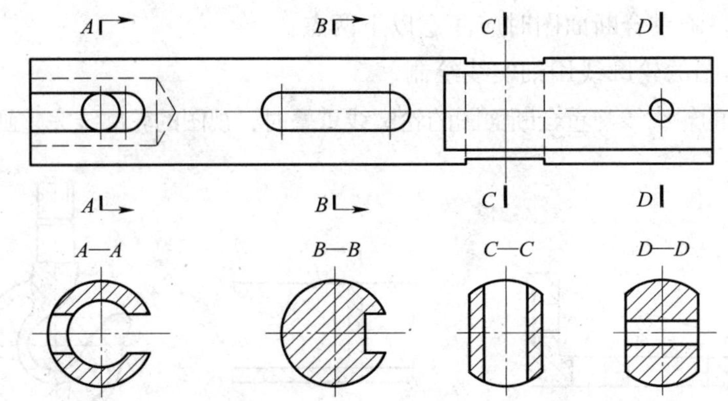

图 4—24　连接轴的断面图

（2）绘制 *B—B* 断面图

B—B 断面为轴上键槽，断面图的形状如图 4—24 中的 *B—B* 断面图所示。

（3）绘制 *C—C* 断面图

C—C 断面剖切到长方孔，且圆柱在此处被两个正平面对称截切。由于长方孔使断面图成为完全分离的两部分结构，故应按剖视图要求绘制，断面图的形状如图 4—24 中的 *C—C* 断面图所示。

（4）绘制 *D—D* 断面图

D—D 断面过小孔的轴线，小孔应该按剖视图要求绘制，断面图的形状如图 4—24 中的 *D—D* 断面图所示。

第五章　机械图样的识读

§5—1　螺纹及螺纹紧固件的画法

学习目标

1. 掌握螺纹的规定画法。
2. 了解常用紧固件的形状及画法。
3. 掌握螺纹紧固件连接图的画法。

?想一想

在日常生活中，哪些地方用到了螺纹？螺栓和螺母上有哪些形状和结构？什么样的螺栓和螺母能旋合在一起？

一、螺纹直径

在圆柱（或圆锥）外表面上形成的螺纹称为外螺纹（图 5—1a），在圆柱（或圆锥）内表面上形成的螺纹称为内螺纹（图 5—1b）。螺纹直径主要有螺纹大径、螺纹小径、公称直径等，如图 5—1 所示。

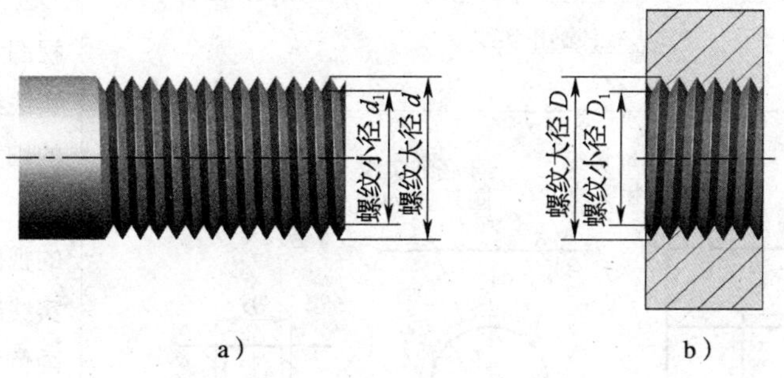

图 5—1　螺纹的结构
a）外螺纹　b）内螺纹

1. 螺纹大径

与外螺纹牙顶或内螺纹牙底相切的假想圆柱的直径称为螺纹大径。外螺纹大径用 d 表示，内螺纹大径用 D 表示。

2．螺纹小径

与外螺纹牙底或内螺纹牙顶相切的假想圆柱的直径称为螺纹小径。外螺纹小径用 d_1 表示，内螺纹小径用 D_1 表示。

3．公称直径

公称直径是代表螺纹尺寸的直径。除管螺纹外，公称直径均指螺纹的大径。

外螺纹的大径和内螺纹的小径又称为顶径，外螺纹的小径和内螺纹的大径又称为底径。

二、螺纹的画法

螺纹属于标准结构，所以没必要按照其实际形状绘制图形，国家标准 GB/T 4459. 1—1995《机械制图　螺纹及螺纹紧固件表示法》对螺纹的画法进行了明确的规定。螺纹的规定画法见表 5—1。

表 5—1　　螺纹的规定画法

名称	图　　例	画法规定
外螺纹	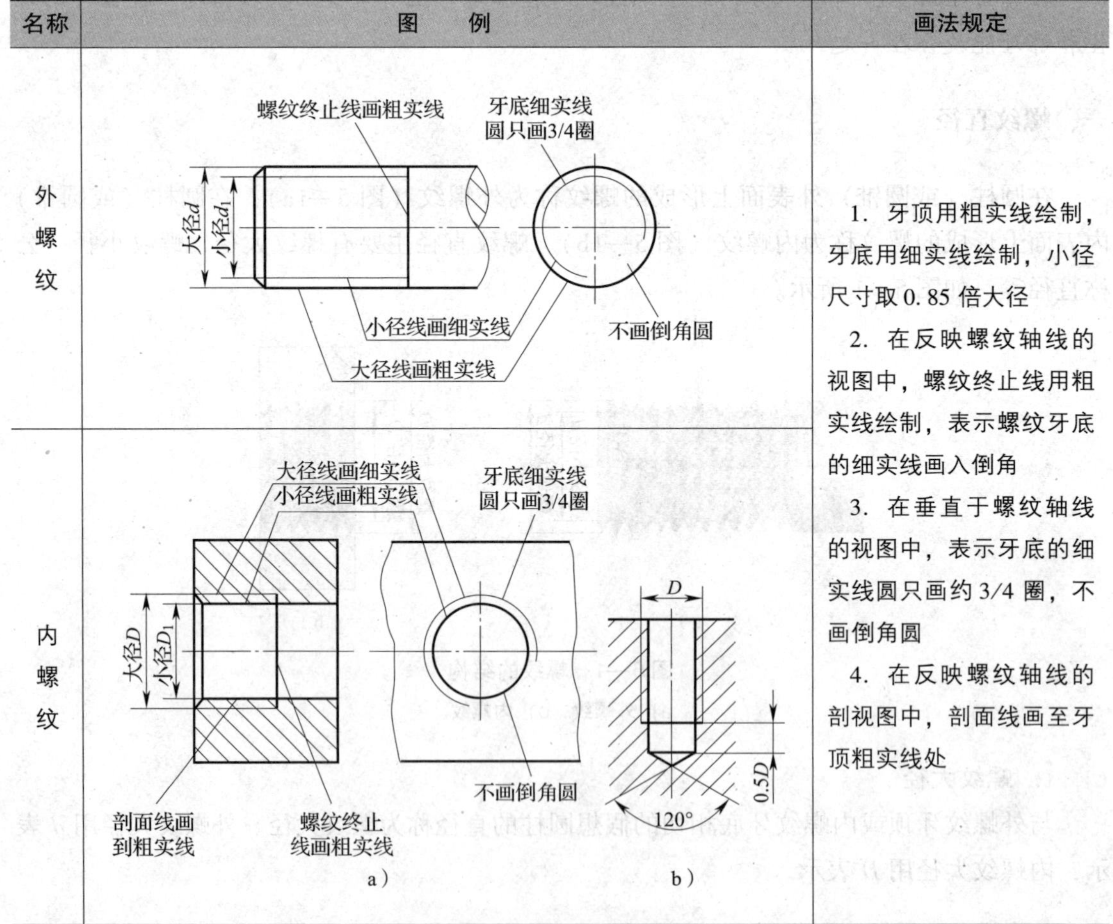	1．牙顶用粗实线绘制，牙底用细实线绘制，小径尺寸取 0. 85 倍大径 2．在反映螺纹轴线的视图中，螺纹终止线用粗实线绘制，表示螺纹牙底的细实线画入倒角 3．在垂直于螺纹轴线的视图中，表示牙底的细实线圆只画约 3/4 圈，不画倒角圆 4．在反映螺纹轴线的剖视图中，剖面线画至牙顶粗实线处
内螺纹		

续表

名称	图　例	画法规定
螺纹旋合	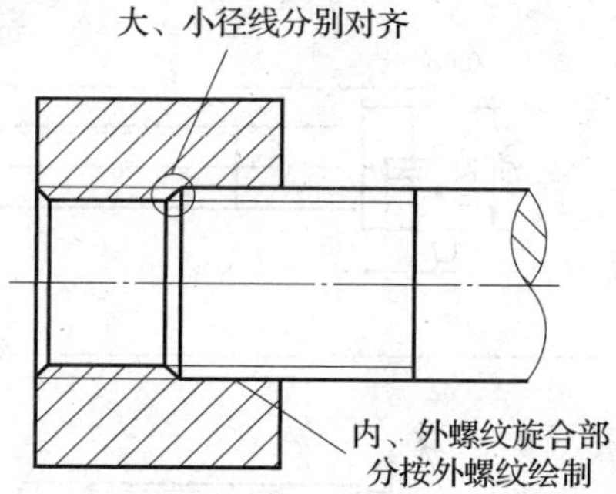 大、小径线分别对齐 内、外螺纹旋合部分按外螺纹绘制	1. 内、外螺纹的旋合部分应按外螺纹的画法绘制，其余部分仍按各自的画法表示 2. 内、外螺纹的大、小径线要分别对齐

三、螺纹紧固件及画法

常用的螺纹紧固件有螺栓、双头螺柱、螺钉、螺母和垫圈等，其结构和画法见表 5—2。

表 5—2　　常用螺纹紧固件的结构和画法

名称	结构	视图及画图比例
六角头螺栓	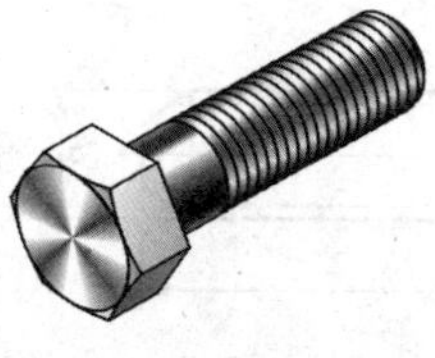	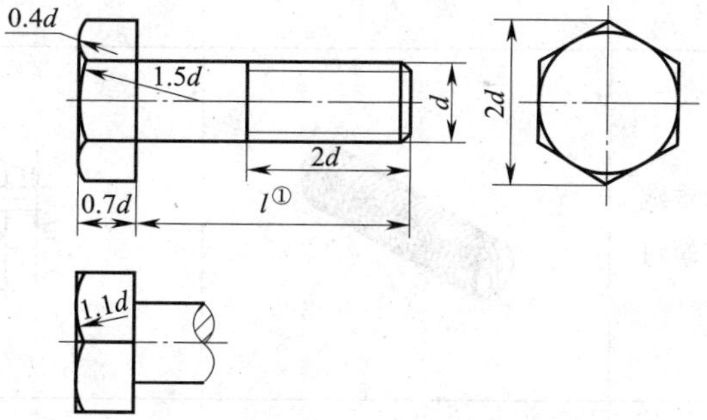 0.4d　1.5d　d　2d　2d　0.7d　l①　1.1d
双头螺柱		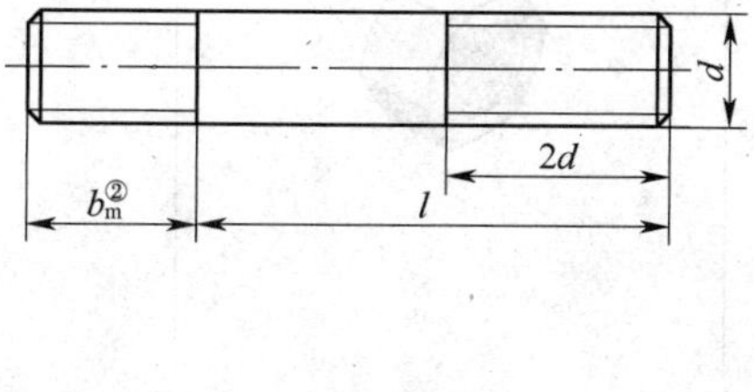 d　2d　b_m②　l

续表

名称	结构	视图及画图比例
开槽圆柱头螺钉		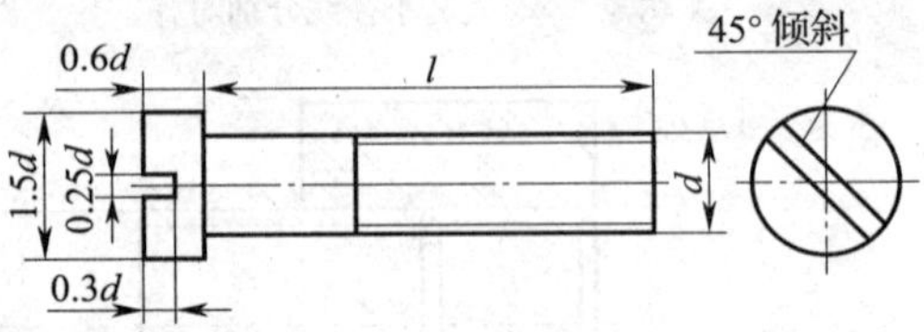 0.6d　l　45° 倾斜　1.5d　0.25d　d　0.3d
十字槽沉头螺钉	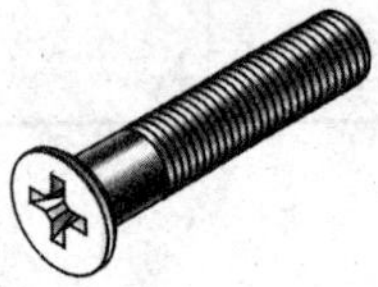	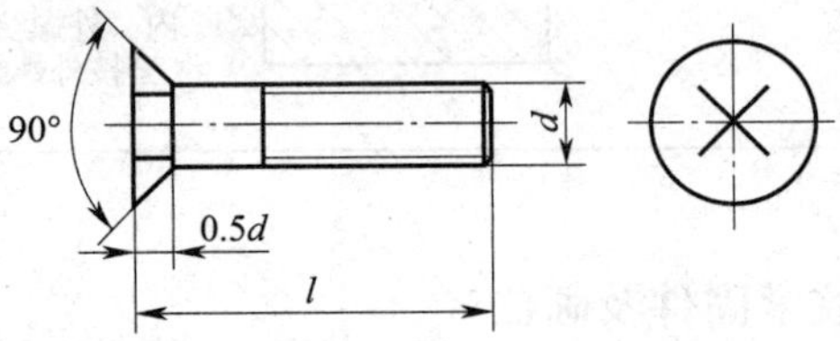 90°　d　0.5d　l
内六角圆柱头螺钉	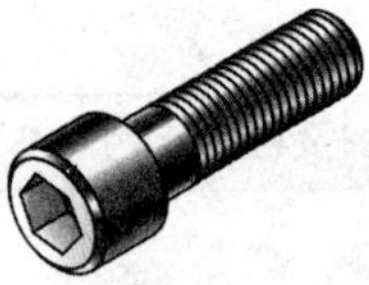	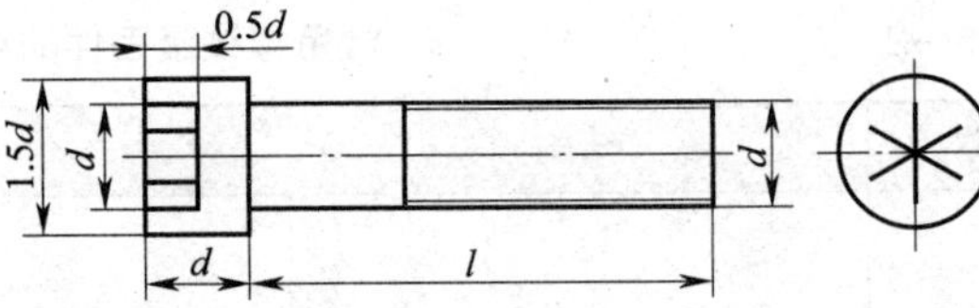 0.5d　1.5d　d　d　d　l
开槽锥端紧定螺钉	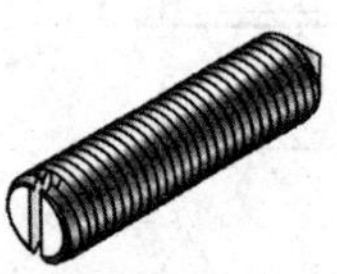	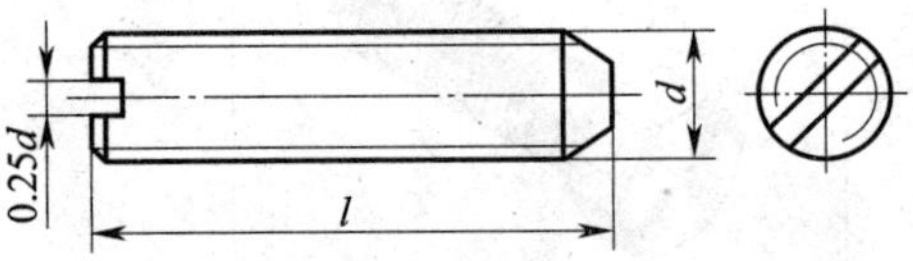 d　0.25d　l
六角螺母	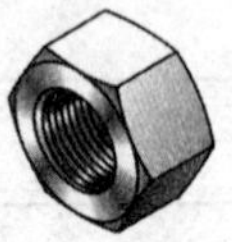	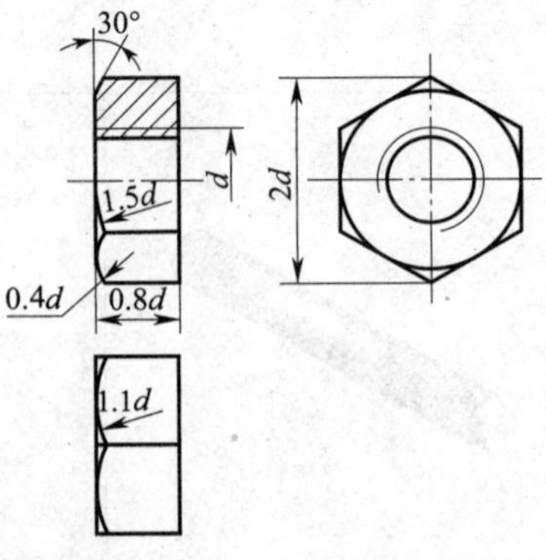 30°　d　1.5d　2d　0.4d　0.8d　1.1d

续表

名称	结构	视图及画图比例
六角开槽螺母		（按实际尺寸绘图）
平垫圈		1.1d　2.2d　0.15d
弹簧垫圈		1.5d　1.1d　0.2d

①l 为螺栓、双头螺柱、螺钉的公称长度，可通过查阅相关手册获得。

②b_m 为双头螺柱旋入端的长度，其取值与被旋入零件的材料有关。一般钢或青铜用 $b_m=d$；铸铁用 $b_m=1.25d$ 或 $b_m=1.5d$；铝合金用 $b_m=2d$。

职业能力培养

螺纹及螺纹紧固件在生产生活中的应用非常广泛，查阅图书资料或通过互联网检索，收集螺纹及螺纹紧固件的应用实例，按用途不同进行分类，并以图片和文字的形式进行成果展示。

四、螺纹连接的画法

常用的螺纹连接有螺栓连接、螺钉连接和双头螺柱连接。

1．螺栓连接图的画法

螺栓连接图的画法如图 5—2 所示。画螺纹紧固件的连接图时应注意以下几点：

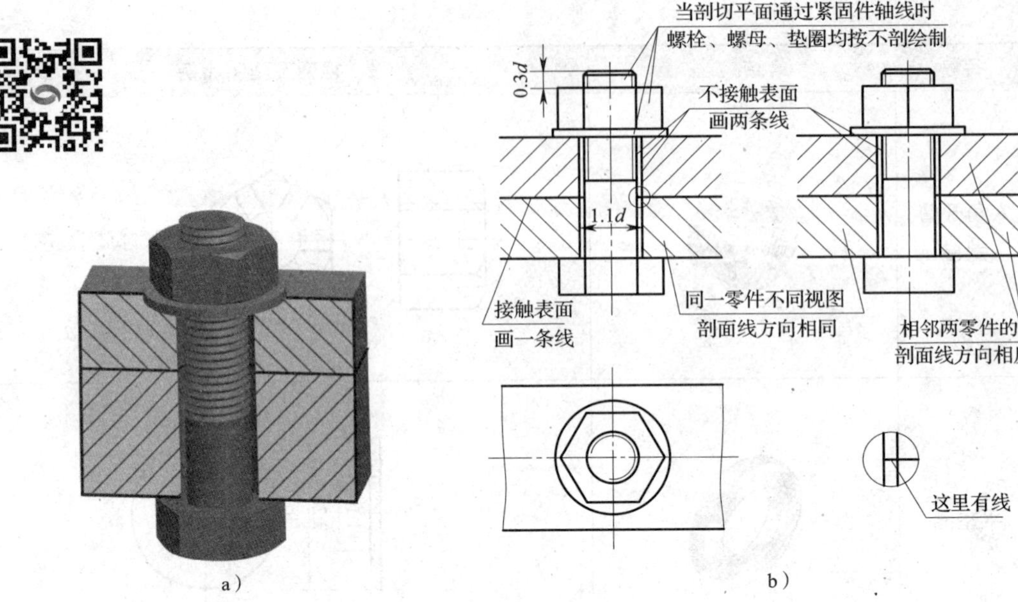

图 5—2　螺栓连接图的画法

a）立体图　b）三视图

（1）当剖切平面通过螺栓、螺钉、螺母及垫圈等紧固件的轴线时，这些零件应按未剖切绘制（即只画外形）。

（2）两相邻零件，接触面只画一条粗实线，不得将轮廓线特意加粗；凡不接触的表面，不论间隙多小，在图上均应画出两条轮廓线。

（3）在剖视图中，相互接触的两个零件其剖面线方向应相反。而同一个零件在各剖视图中剖面线的倾斜方向和间隔应相同。

（4）螺纹紧固件的工艺结构，如倒角、退刀槽、缩颈、凸肩等均可省略不画。

2. 螺钉连接图的画法

开槽圆柱头螺钉连接图的画法如图 5—3 所示。画螺钉连接图时应注意以下几点：

（1）开槽圆柱头螺钉头部的槽可以用粗线（宽度约为粗实线的 1～2 倍）简化表示。

（2）螺钉和螺孔的旋合部分按外螺纹绘制，其余部分仍按各自的画法绘制。

（3）螺钉的螺纹终止线应画在螺孔的孔口之上。

（4）左视图上螺钉头的画法与主视图相同。

3. 双头螺柱连接图的画法

双头螺柱连接图的画法如图 5—4 所示。画双头螺柱连接图时应注意以下两点：

（1）为了保证连接牢固，双头螺柱的旋入端应全部旋入螺孔内，所以旋入端的螺纹终止线应与螺孔件的孔口平齐。

（2）主、左视图上弹簧垫圈开口的画法相同，由左上向右下倾斜。

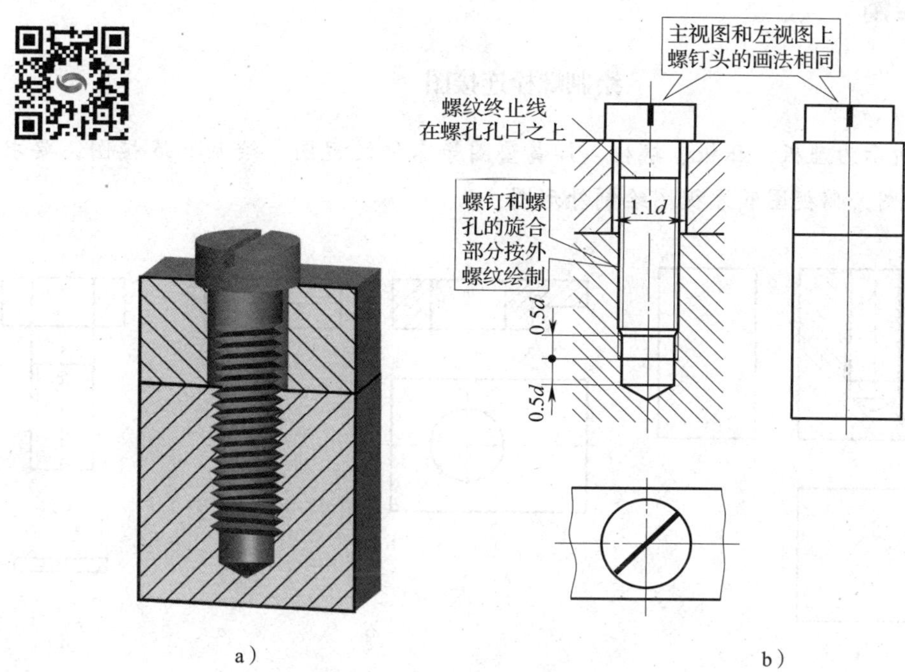

图 5—3 开槽圆柱头螺钉连接图的画法

a）立体图 b）三视图

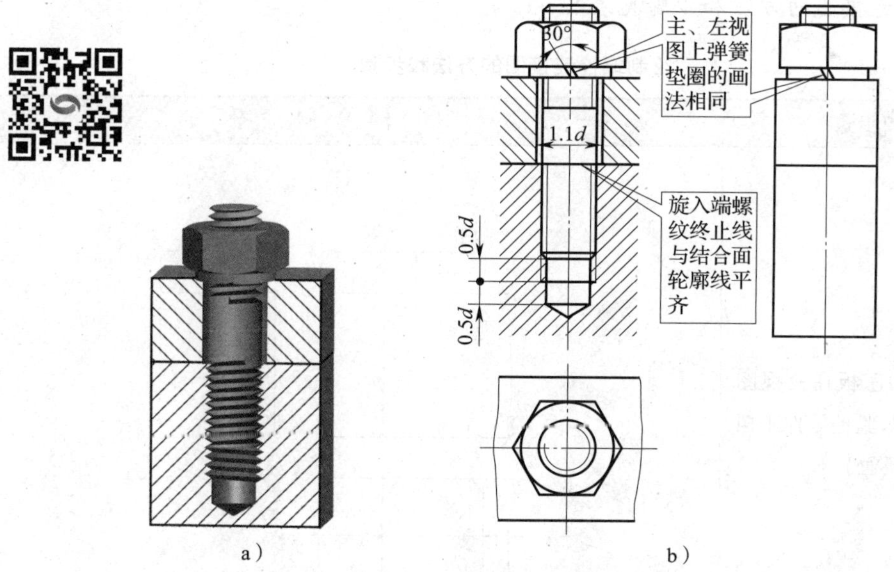

图 5—4 双头螺柱连接图的画法

a）立体图 b）三视图

应用举例

绘制螺栓连接图

图5—5所示为座板、压板、螺栓、弹簧垫圈等零件的视图，绘制其连接图，要求主视图绘制剖视图，俯视图和左视图绘制外形图。

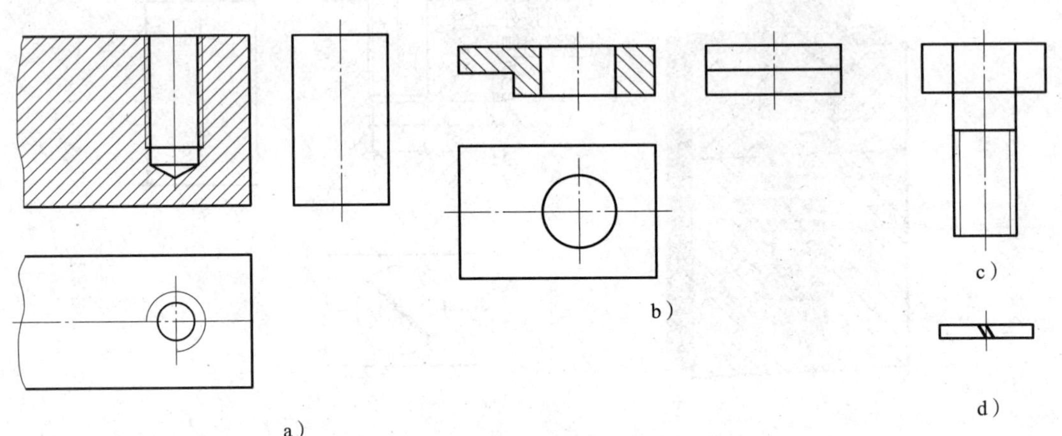

图5—5　螺栓连接的零件

a）座体　b）压板　c）螺栓　d）弹簧垫圈

绘制螺栓连接图的方法和步骤见表5—3。

表5—3　　绘制螺栓连接图的方法和步骤

方法和步骤	图　例
1．画座体和压板在三视图上的外轮廓（被其他零件遮挡部分的轮廓线不画）	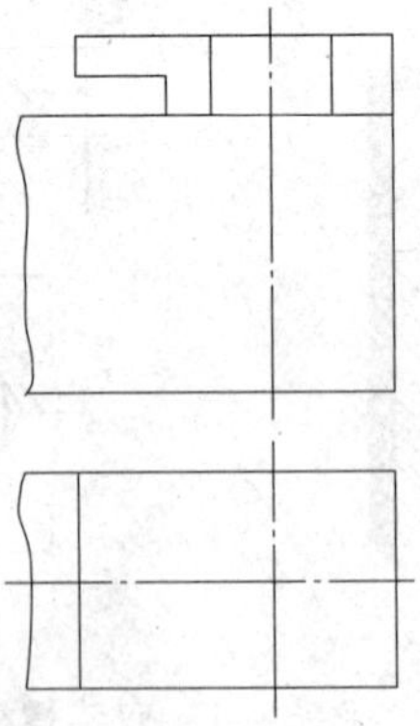

续表

方法和步骤	图　　例
2. 画弹簧垫圈的主、左视图	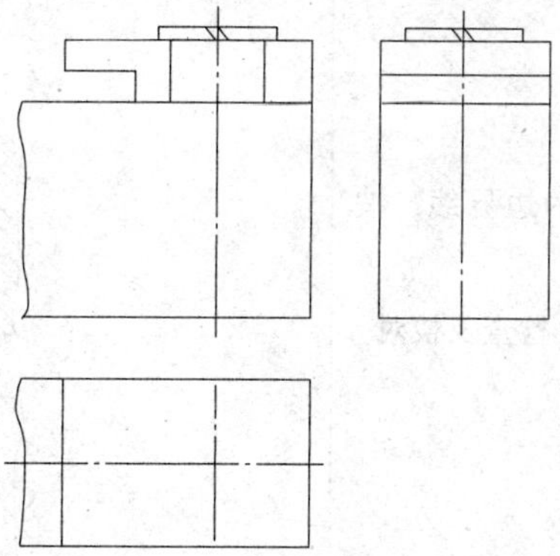
3. 画螺栓的主视图 4. 画座体主视图上的螺孔	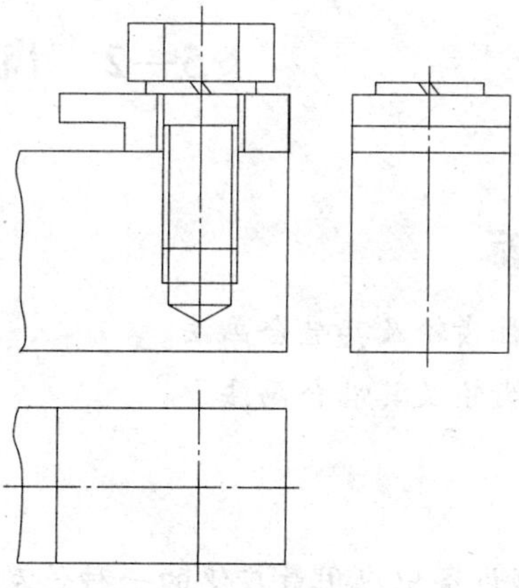
5. 画螺栓头部的俯、左视图	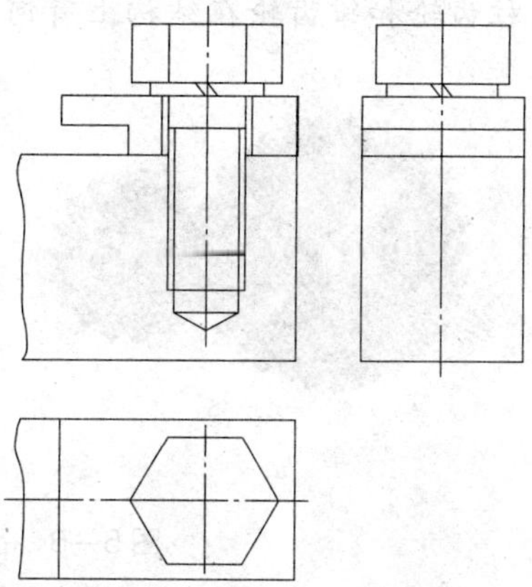

续表

方法和步骤	图　　例
6. 画断裂处的边界线，按线型描深图线 7. 画剖面线，检查及校对	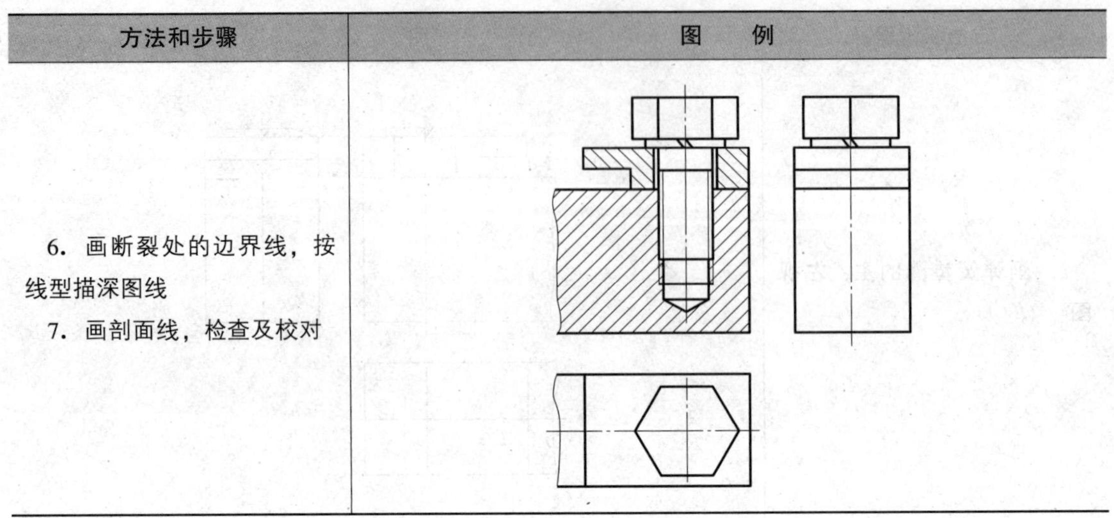

§5—2　齿轮的画法

学习目标

1. 熟悉圆柱齿轮及其啮合画法。
2. 了解锥齿轮及其啮合画法。

?想一想

齿轮是机械设备中应用最广泛的一种传动零件，它们成对使用，可用来传递动力，改变转速和运动方向，常用的齿轮传动形式有圆柱齿轮传动、锥齿轮传动等，如图 5—6 所示。想一想，圆柱齿轮和锥齿轮在结构上有何不同。

a)　　　　b)

图 5—6　齿轮传动

a）圆柱齿轮传动　b）锥齿轮传动

一、直齿圆柱齿轮的画法

1．直齿圆柱齿轮的主要几何要素

直齿圆柱齿轮各部分的名称及有关参数如图 5—7 所示，其概念见表 5—4。直齿圆柱齿轮主要几何要素的尺寸计算公式见表 5—5。

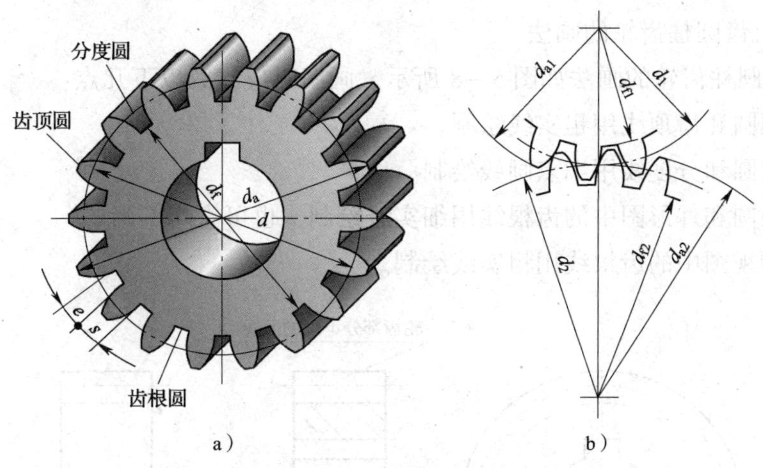

图 5—7　直齿圆柱齿轮的结构

a）单个齿轮　b）齿轮啮合

表 5—4　　直齿圆柱齿轮主要几何要素

序号	要素名称	概　　念	代号
1	齿顶圆	过齿轮各轮齿顶部的圆	直径 d_a
2	齿根圆	过齿轮各齿槽底部的圆	直径 d_f
3	齿厚	一个轮齿两侧端面齿廓间的分度圆弧长	s
4	齿槽宽	一个齿槽两侧端面齿廓间的分度圆弧长	e
5	分度圆	齿厚与齿槽宽相等的圆	直径 d
6	齿数	齿轮的轮齿数量	z
7	模数	计算分度圆直径的一个重要参数，已标准化，具体可查阅有关手册	m

表 5—5　　直齿圆柱齿轮主要几何要素的尺寸计算公式

名称	代号	公　　式
分度圆直径	d	$d = mz$
齿顶圆直径	d_a	$d_a = m(z+2)$

续表

名称	代号	公　　式
齿根圆直径	d_f	$d_f = m(z-2.5)$
中心距	a	$a=\frac{1}{2}d_1+\frac{1}{2}d_2=\frac{1}{2}m(z_1+z_2)$

2．单个直齿圆柱齿轮的画法

单个直齿圆柱齿轮的画法如图5—8所示。画图时应注意以下几点：

（1）齿顶圆和齿顶线用粗实线绘制。

（2）分度圆和分度线用细点画线绘制。

（3）齿根圆和外形图中的齿根线用细实线绘制，也可省略不画。

（4）在剖视图中的齿根线用粗实线绘制。

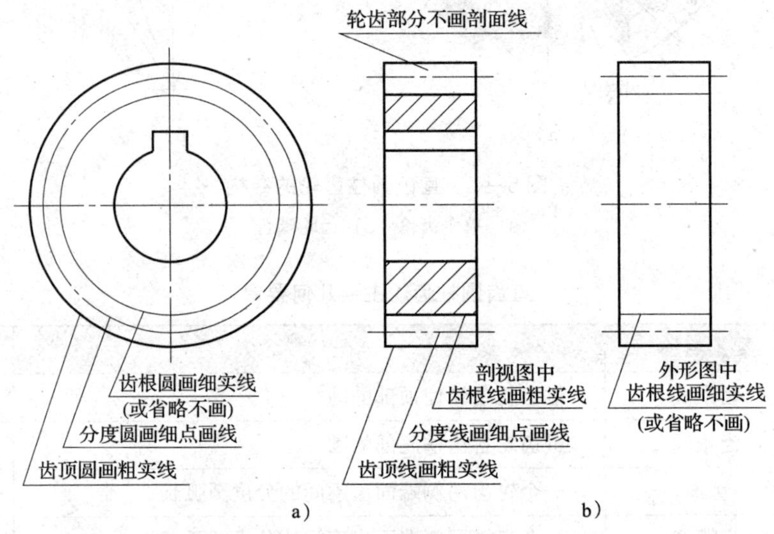

图5—8　单个直齿圆柱齿轮的画法

a）剖视图　b）外形图

3．两直齿圆柱齿轮啮合图的画法

两直齿圆柱齿轮啮合图的画法如图5—9所示。画图时应注意以下几点：

（1）两齿轮的分度圆相切。

（2）剖切平面通过两齿轮的轴线剖切时（图5—9a左视图），在啮合区将一个齿轮的轮齿用粗实线绘制，另一个齿轮的轮齿被遮挡的部分用细虚线绘制，也可省略不画。

（3）在反映齿轮轴线的外形图中（图5—9b左视图），啮合区的齿顶线不需画出，分度线用粗实线绘制。

（4）啮合区外的其余部分均按单个齿轮绘制，齿根圆和齿根线全部省略不画。

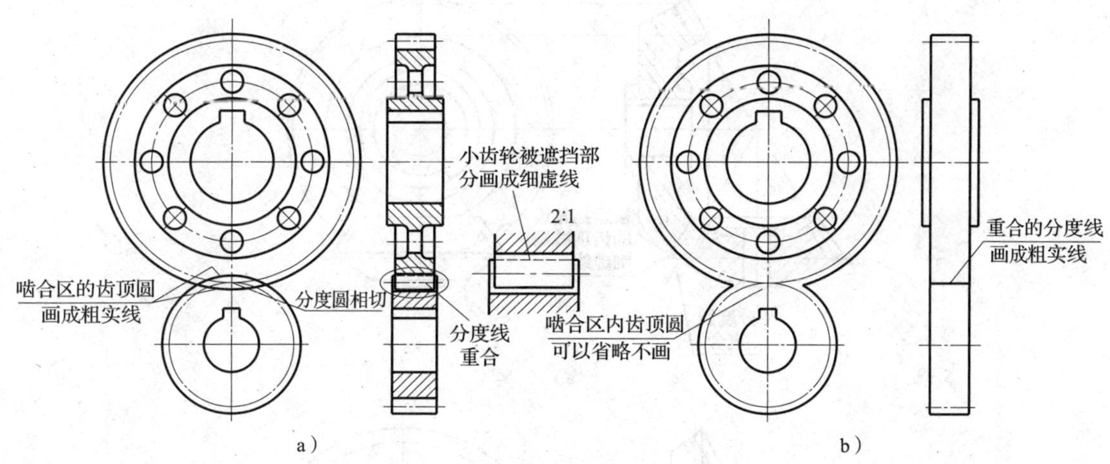

图 5—9　两直齿圆柱齿轮啮合图的画法

二、直齿锥齿轮的画法

1．单个直齿锥齿轮的画法

直齿锥齿轮的齿形是在圆锥体上加工的，所以直齿锥齿轮一端大、另一端小，它的齿厚是逐渐变化的。单个直齿锥齿轮的画法如图 5—10 所示。画图时应注意：在投影为圆的视图上用粗实线画出大端和小端的齿顶圆，用细点画线画出大端的分度圆，齿根圆及小端的分度圆不画。

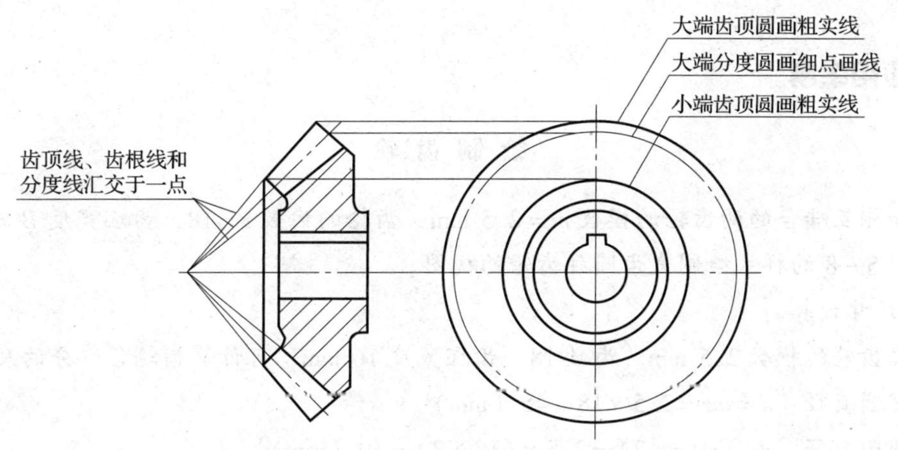

图 5—10　单个直齿锥齿轮的画法

2．两直齿锥齿轮啮合图的画法

两直齿锥齿轮啮合图的画法如图 5—11 所示，其啮合区的画法与直齿圆柱齿轮类似。

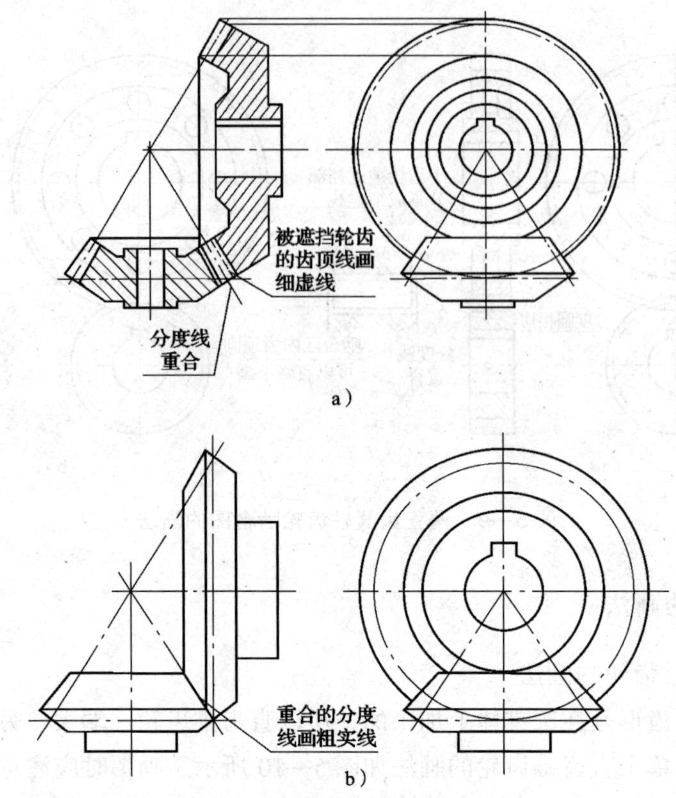

图 5—11　两直齿锥齿轮啮合图的画法

a）剖视图　b）外形图

应用举例

绘 制 齿 轮

已知相互啮合的两齿轮的模数 $m=2.5$ mm，齿轮的齿数 $z=18$，齿坯宽度 $B=16$ mm。下面以图 5—8 的样式绘制直齿圆柱齿轮的视图。

1. 尺寸计算

根据齿轮的模数 2.5 mm、齿数 18、齿坯宽度 16 mm，可计算齿轮各部分的尺寸。

分度圆直径：$d=mz=2.5\times18=45$（mm）

齿顶圆直径：$d_a=m(z+2)=2.5\times(18+2)=50$（mm）

齿根圆直径：$d_f=m(z-2.5)=2.5\times(18-2.5)=38.75$（mm）

2. 绘制视图

在视图上一般不需绘制其详细结构，而是用图形表示其齿顶、齿根及分度圆的位置等。单个直齿圆柱齿轮的作图方法和步骤见表 5—6。

表 5—6　　单个直齿圆柱齿轮的作图方法和步骤

方法和步骤	（1）画齿轮中心线、定位辅助线 （2）画分度圆、分度线	（3）画齿顶圆、齿顶线
图例	分度圆画细点画线　分度线画细点画线 ϕ45	齿顶圆画粗实线　齿顶线画粗实线 ϕ50
步骤和方法	（4）画齿根圆、齿根线	（5）画孔、键槽等 （6）检查及校核，按线型描深图线，绘制剖面线
图例	齿根圆画细实线　齿根线画粗实线 ϕ38.75	

职业能力培养

齿轮的种类非常多，查阅相关图书资料或通过互联网检索，了解还有哪些不同结构和用途的齿轮，并通过自学了解单个蜗杆、蜗轮以及蜗杆蜗轮啮合图的画法。

§5—3　键、销、滚动轴承及弹簧的画法

学习目标

了解键连接、销连接、滚动轴承、弹簧的画法。

一、键连接的画法

想一想

键主要用于轴和轴上零件（如齿轮、带轮等）之间的连接，如图 5—12 所示。想一想，键是如何起到连接作用的。

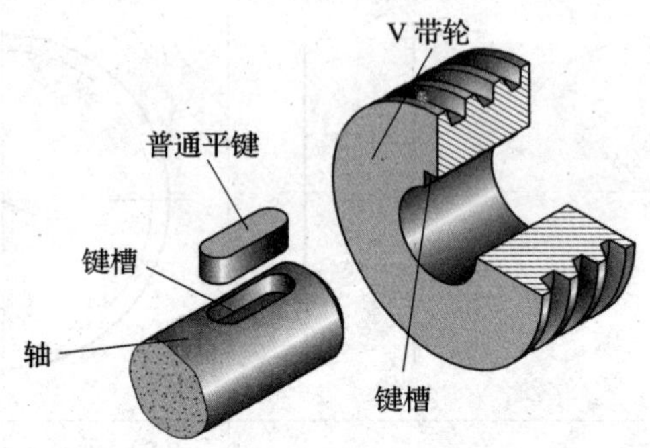

图 5—12　普通平键连接

1．平键连接的画法

键有很多种，常用的是普通平键，它分为 A 型、B 型和 C 型三种，其结构如图 5—13 所示。普通平键连接图的画法如图 5—14 所示。画图时应注意以下几点：

（1）由于普通平键的侧面是工作表面，连接时与键槽接触，接触表面应画一条线。

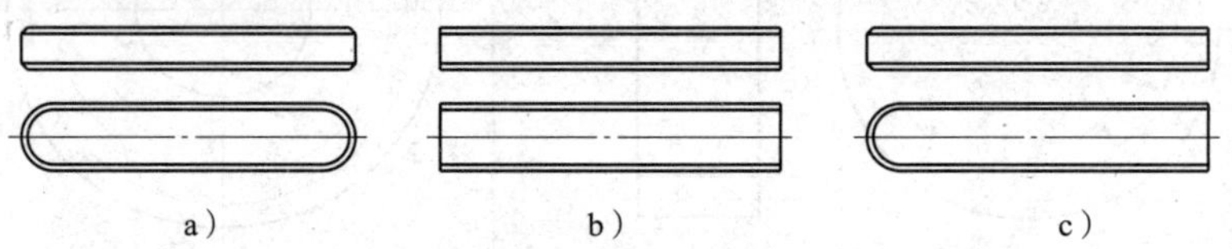

图 5—13　普通平键的类型

a）A 型　b）B 型　c）C 型

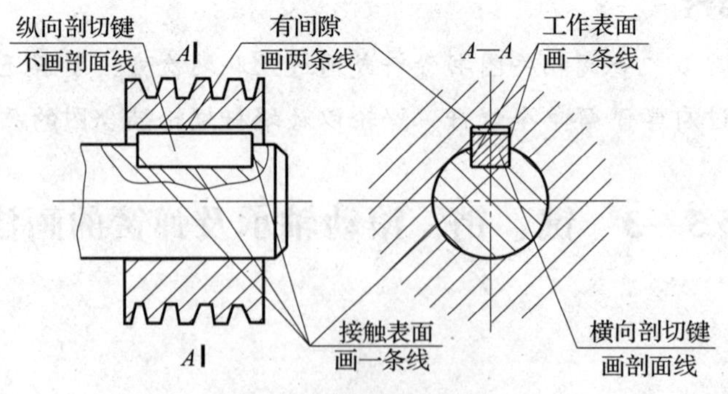

图 5—14　普通平键连接图的画法

（2）键在安装时应先嵌入轴上的键槽中，因此键与轴上键槽的底面之间也是接触表面，也应画一条线。

（3）键的顶端与孔上的键槽顶面之间有间隙，应画两条线，即分别画出它们的轮廓线。

（4）纵向剖切键时，键按不剖处理；横向剖切键时，键上应画剖面线。故在图 5—14 中，主视图上平键按不剖处理，左视图上平键按剖切到处理。

2．半圆键连接的画法

半圆键也是一种常用的连接键，半圆键的结构如图 5—15a 所示，半圆键连接图的画法如图 5—15b 所示，其画法原理与普通平键相同。

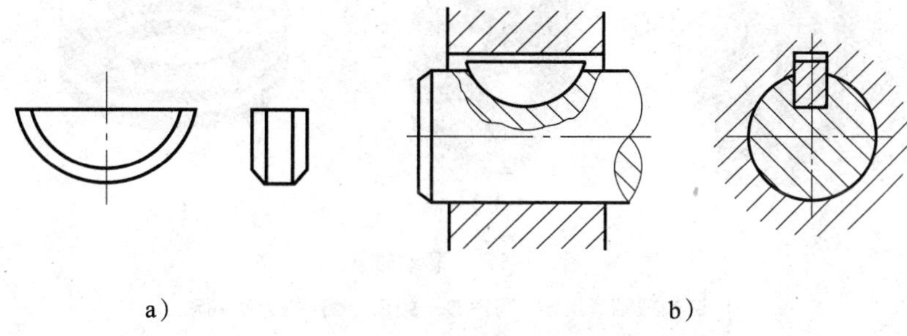

图 5—15　半圆键及其连接图的画法

a）半圆键的结构　b）半圆键连接图的画法

二、销连接的画法

销是标准件，常用的销有圆柱销和圆锥销。它们常用于零件间的连接和定位，图 5—16 所示为圆柱销和圆锥销连接图。画图时应注意：当剖切平面通过销的轴线剖切时，销按未剖切绘制。

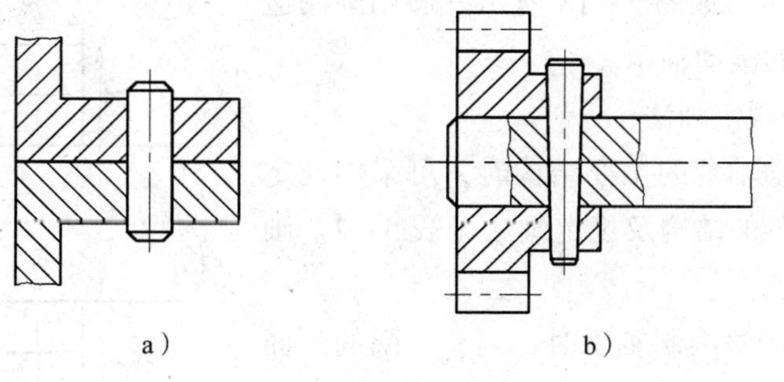

图 5—16　销连接

a）圆柱销连接图　b）圆锥销连接图

三、滚动轴承的画法

?想一想

滚动轴承是一种支承转动轴的标准件，由于它能大大减小轴与孔之间的摩擦力，从而得到广泛使用。图 5—17 所示为几种最常用的滚动轴承。想一想，它们在结构和用途上有何异同。

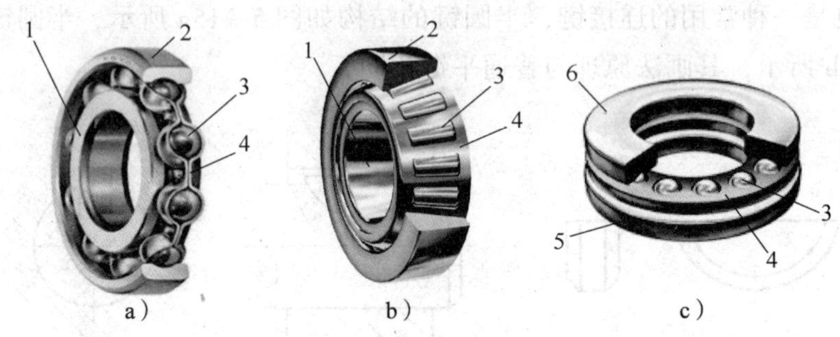

图 5—17　滚动轴承

a）深沟球轴承　b）圆锥滚子轴承　c）推力球轴承

1—内圈　2—外圈　3—滚动体　4—保持架　5—下圈　6—上圈

滚动轴承一般由内圈（下圈）、外圈（上圈）、滚动体、保持架四部分组成。在装配图中绘制滚动轴承时，不必绘制其详细结构，一般可用通用画法和规定画法进行表达。

1．滚动轴承的通用画法

在装配图中，若不必确切地表示滚动轴承的外形轮廓、载荷特性及结构特征，可采用通用画法。通用画法是在轴的两侧用矩形线框（粗实线）及位于线框中央正立的十字形符号（粗实线）表示，如图 5—18 所示。通用画法适用于表达各种类型的滚动轴承。

2．滚动轴承的规定画法

当需要表达滚动轴承的主要结构时，可采用规定画法。常用滚动轴承的结构及规定画法见表 5—7。画图时应注意以下两点：

（1）在用规定画法绘制轴承时，内、外圈的剖面线应方向一致、间隔相同。

（2）规定画法一般只用在图的一侧，在图的另一侧应按通用画法绘制。

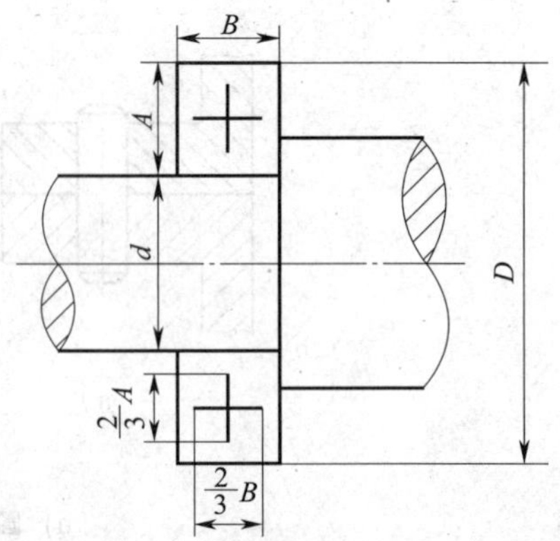

图 5—18　滚动轴承的通用画法

表 5—7 常用滚动轴承的结构及规定画法

名称和标准号	装配示意图	规定画法
深沟球轴承（GB/T 276—2013）	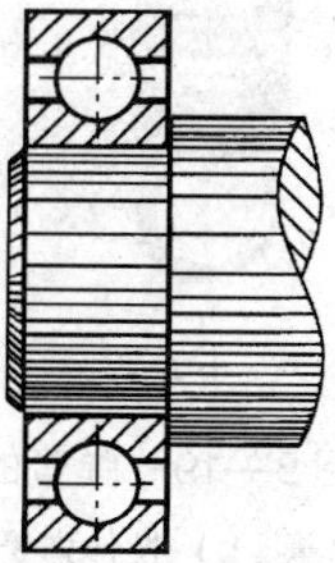	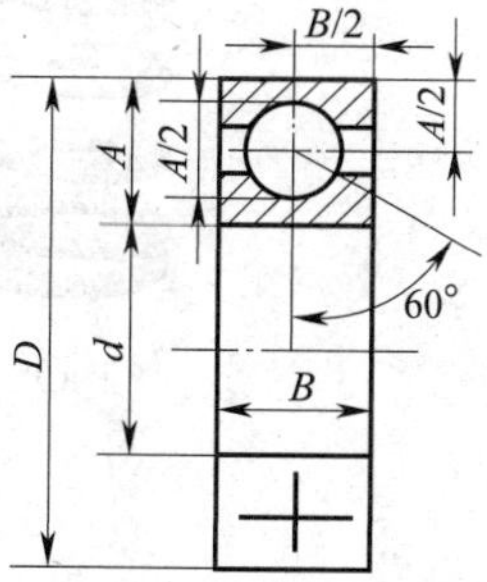
圆锥滚子轴承（GB/T 297—2015）	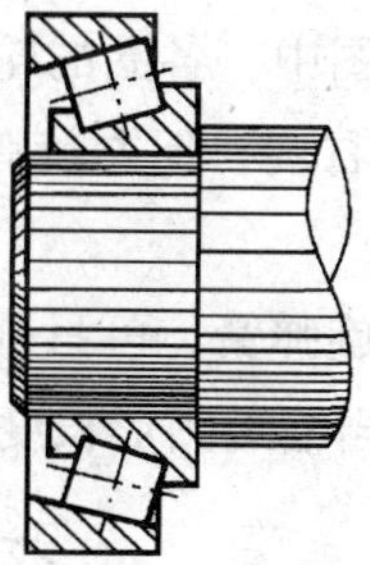	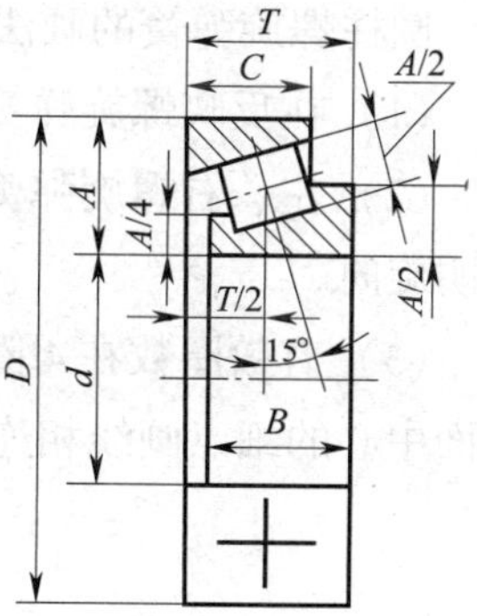
推力球轴承（GB/T 28697—2012）	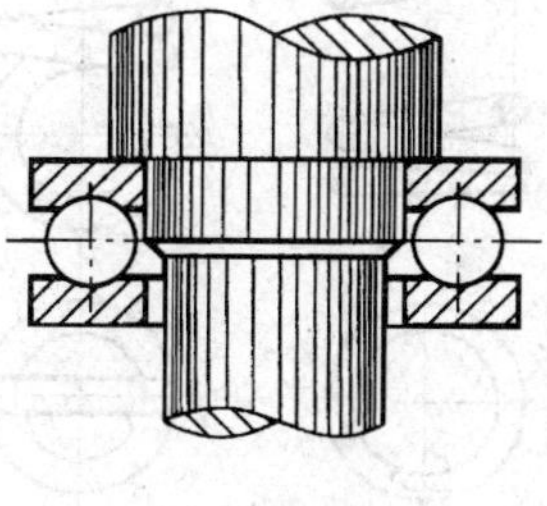	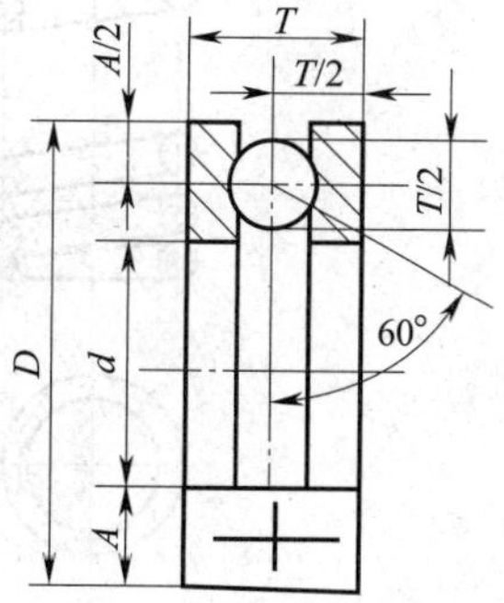

四、弹簧的画法

弹簧是用途很广的常用零件，主要用于减振、夹紧、储能和测力等。弹簧的种类很多，按其用途可分为压缩弹簧、拉伸弹簧、扭转弹簧等，如图 5—19 所示。

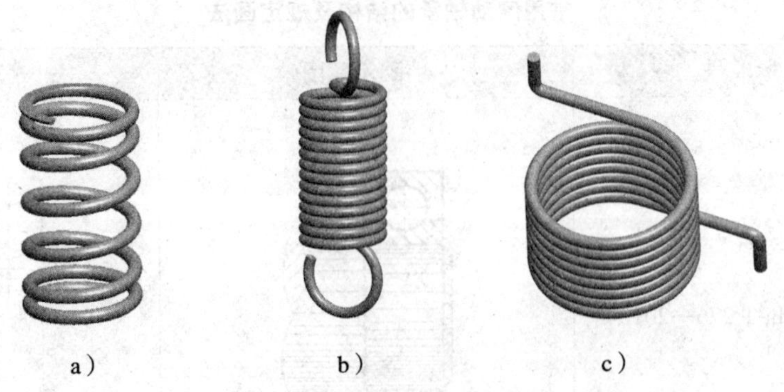

图 5—19　弹簧的分类

a）压缩弹簧　b）拉伸弹簧　c）扭转弹簧

1．圆柱螺旋弹簧的画法

圆柱螺旋弹簧的画法如图 5—20 所示。画图时应注意以下几点：

（1）在反映螺旋弹簧轴线的视图中，各圈的轮廓线画成直线。

（2）左、右螺旋弹簧均可画成右旋，但左旋弹簧无论是画成左旋还是右旋，一律要注明旋向。

（3）有效圈数在 4 圈以上的螺旋弹簧，可只画出其两端的 1 ~ 2 圈，中间用通过簧丝断面中心的细点画线相连，且可适当缩短图形长度。

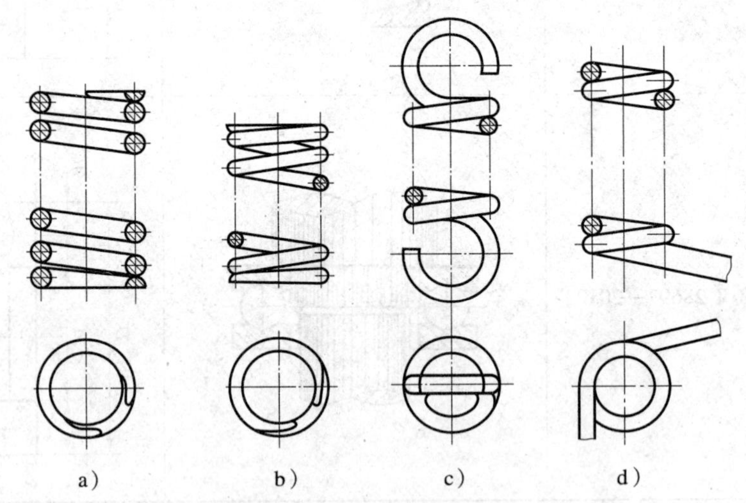

图 5—20　圆柱螺旋弹簧的画法

a）、b）压缩弹簧　c）拉伸弹簧　d）扭转弹簧

2．圆柱螺旋弹簧在装配图中的画法

圆柱螺旋弹簧在装配图中的画法如图 5—21 所示。画图时应注意以下两点：

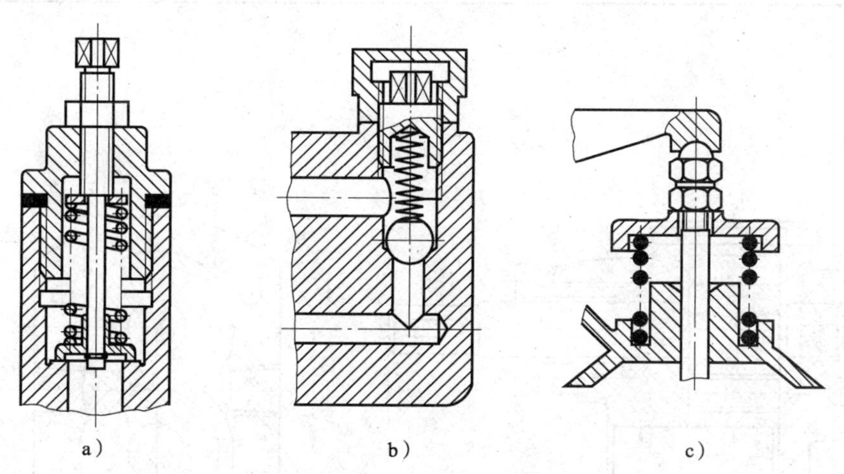

图 5—21　圆柱螺旋弹簧在装配图中的画法

a）普通画法　b）示意画法　c）涂黑表示

（1）被弹簧遮挡的结构一般不画出，可见部分的轮廓线画至弹簧外轮廓线或钢丝断面中心线。

（2）当弹簧的钢丝断面直径在图形上小于等于 2 mm 时，可用示意画法或涂黑表示。

识读装配图中的标准件与常用件

结合图 5—22a，找出图 5—22b 中的标准件、常用件和零件上的标准结构、常用结构。

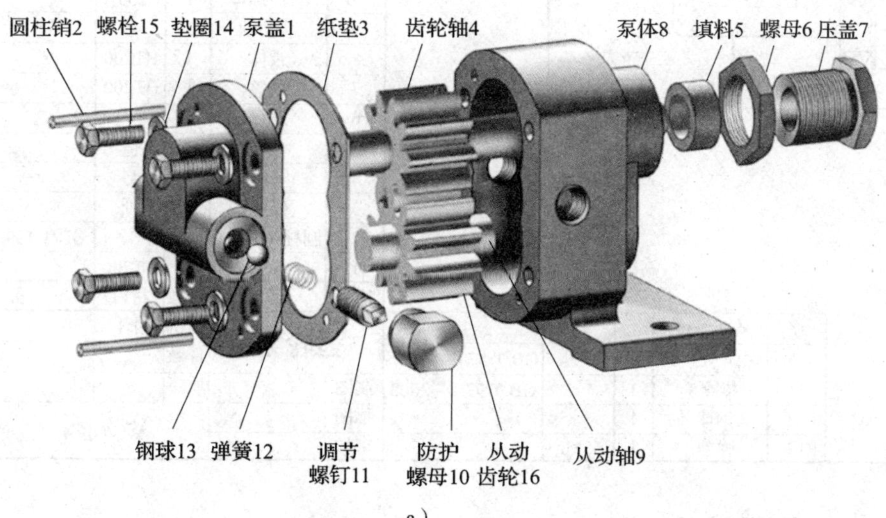

a）

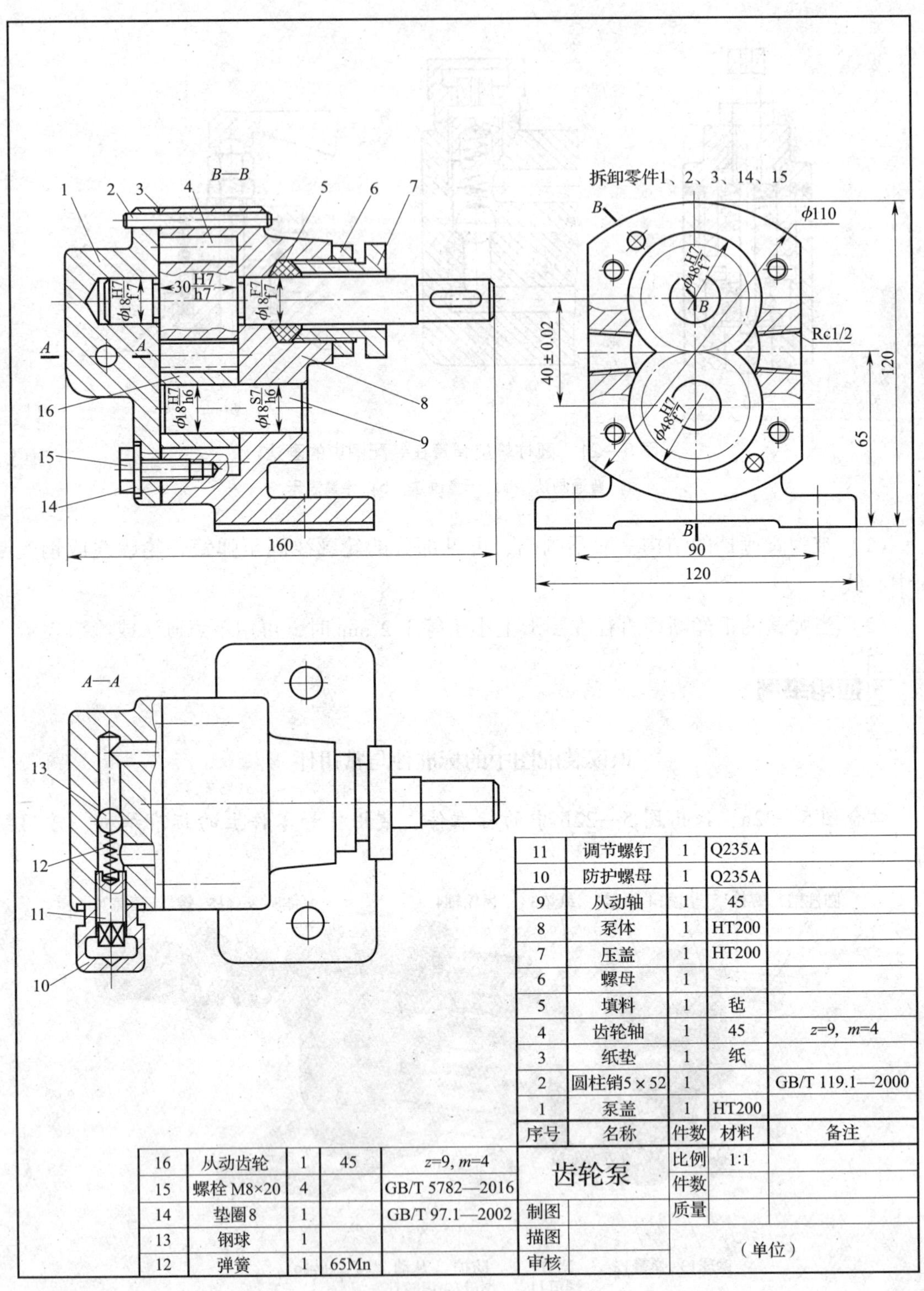

序号	名称	件数	材料	备注
16	从动齿轮	1	45	z=9，m=4
15	螺栓 M8×20	4		GB/T 5782—2016
14	垫圈8	1		GB/T 97.1—2002
13	钢球	1		
12	弹簧	1	65Mn	
11	调节螺钉	1	Q235A	
10	防护螺母	1	Q235A	
9	从动轴	1	45	
8	泵体	1	HT200	
7	压盖	1	HT200	
6	螺母	1		
5	填料	1	毡	
4	齿轮轴	1	45	z=9，m=4
3	纸垫	1	纸	
2	圆柱销5×52	1		GB/T 119.1—2000
1	泵盖	1	HT200	

齿轮泵		比例	1:1	
		件数		
制图		质量		
描图		（单位）		
审核				

b）

图5—22　齿轮泵的装配图

1. 分析齿轮泵中的标准件

在图 5—22b 中，垫圈 14、螺栓 15 是标准件，圆柱销 2 也是标准件。

2. 分析齿轮泵中的常用件

在图 5—22b 中，齿轮轴 4 上的齿轮、从动齿轮 16、弹簧 12 属于常用件。

3. 分析零件上的标准结构

在图 5—22b 中，螺母 6、压盖 7、调节螺钉 11、防护螺母 10 不是标准件，但是其上有螺纹等标准结构。泵体 8 的左侧有许多用于安装螺栓的螺孔，右侧有安装压盖的螺孔，前后有连接管路的管螺纹。在泵盖 1 上有用于安装调节螺钉 11 的螺孔。

§5—4 识读零件图

学习目标

1. 熟悉零件图的作用和内容。
2. 能识读简单零件图。

任何机器都是由各种零件装配而成的，制造机器必须先加工零件。表达零件的形状、结构、尺寸和技术要求的图样称为零件图。如图 5—23 所示为调谐轴的零件图，下面以此为例分析零件图上的主要内容。

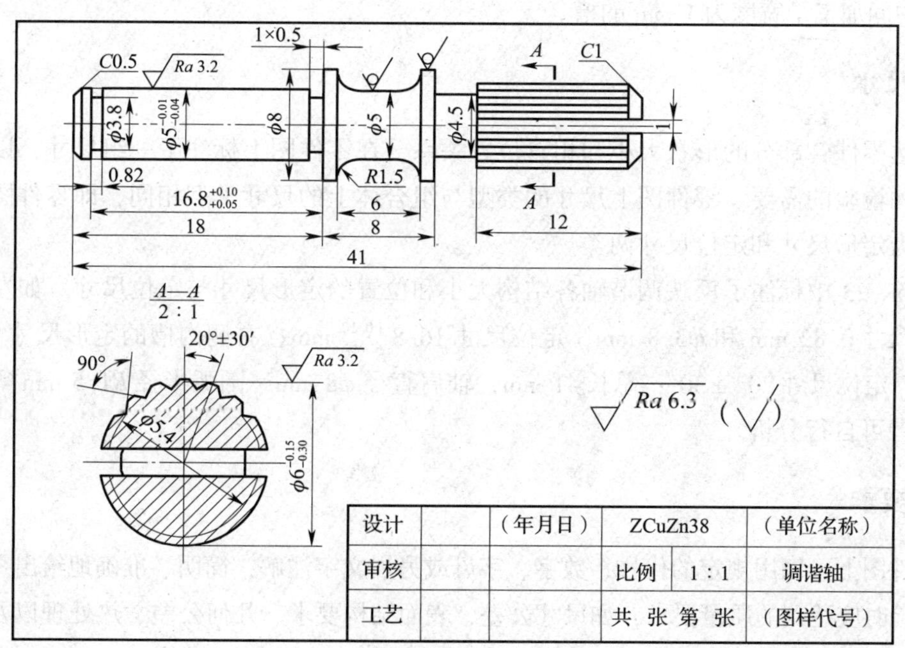

a)

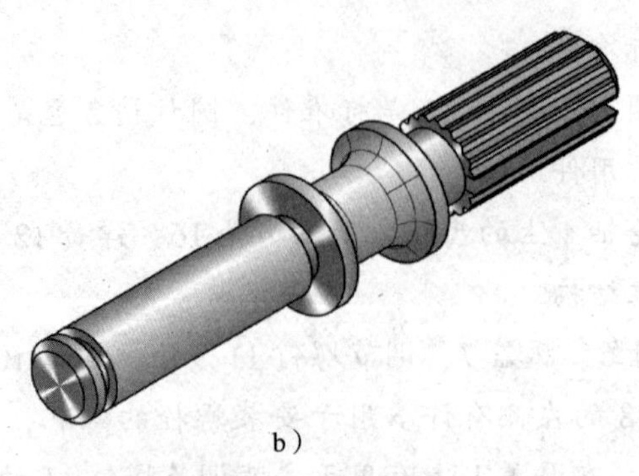

b）

图 5—23　调谐轴

a）零件图　b）立体图

一、一组图形

在零件图中，可以采用适当的视图、剖视图、断面图等表达方法，以一组图形完整、清晰地表达零件各部分的形状和结构。

零件图的视图应根据零件的结构和形状合理选择，在图 5—23 所示的零件图上有主视图和一个移出断面图，主视图采用的比例为 1∶1，移出断面图采用的比例为 2∶1。从图中可以看出，该零件为轴类零件，零件左侧为 $\phi5_{-0.04}^{-0.01}$ mm 的圆柱，该圆柱左侧有宽度为 0.82 mm 的 $\phi3.8$ mm 槽，右侧有宽度为 1 mm、深度为 0.5 mm 的槽；中间有两个 $\phi8$ mm 的轴肩，两个轴肩中间为 $\phi5$ mm 圆柱面，用 $R1.5$ mm 圆弧过渡；右侧 $\phi6_{-0.30}^{-0.15}$ mm 圆柱面上加工了许多沟槽，圆柱中间加工了宽度为 1 mm 的槽。

二、一组尺寸

为表达零件各部分的形状大小和相对位置关系，在零件图上标注了一组尺寸，以满足零件制造和检验的需要。零件图上尺寸的类型与组合体上的尺寸类型相同，即零件图上的尺寸也分为定形尺寸和定位尺寸两类。

在图 5—23 中标注了反映调谐轴各结构大小和位置的定形尺寸与定位尺寸。如左侧沟槽的定形尺寸 0.82 mm 和 $\phi3.8$ mm，定位尺寸 $16.8_{+0.05}^{+0.10}$ mm；右侧沟槽的定形尺寸 90°和 $\phi5.4$ mm，定位尺寸 20° ±30′；总长 41 mm，轴肩直径 $\phi8$ mm，圆弧半径 $R1.5$ mm 等。其他尺寸读者可自行分析。

三、技术要求

在零件图上可以用规定的代号、数字、字母或另加文字注解，简明、准确地给出零件在制造和检验时应达到的质量要求，如尺寸公差、表面结构要求、几何公差、热处理以及零件性能要求等。在图 5—23 中标注了反映尺寸公差要求的尺寸 $\phi5_{-0.04}^{-0.01}$ mm、$16.8_{+0.05}^{+0.10}$ mm、

$\phi 6^{-0.15}_{-0.30}$mm、20°±30′等，以及 $\sqrt{Ra\ 3.2}$、$\sqrt{Ra\ 6.3}$ 和 $\sqrt{}$ 等表面结构符号。有关尺寸公差、表面结构要求、几何公差、热处理的内容可查阅相关资料。

四、标题栏

在零件图的右下角绘制了标题栏。在标题栏中写明了单位名称、图样名称、图样代号、材料、比例以及设计、审核、工艺人员签名和签名时间等。由图 5—23 的标题栏可知，该零件的名称是调谐轴，制造零件所用的材料是 ZCuZn38（铸造黄铜），主视图的绘图比例为 1∶1。

应用举例

识读电容器支架零件图

识读零件图的目的是根据零件图想象零件的结构和形状，了解零件的尺寸和技术要求。识读零件图时，应尽量了解零件在机器或部件中的位置、作用及与其他零件的关系，以便理解和读懂零件图。下面识读图 5—24 所示电容器支架零件图。

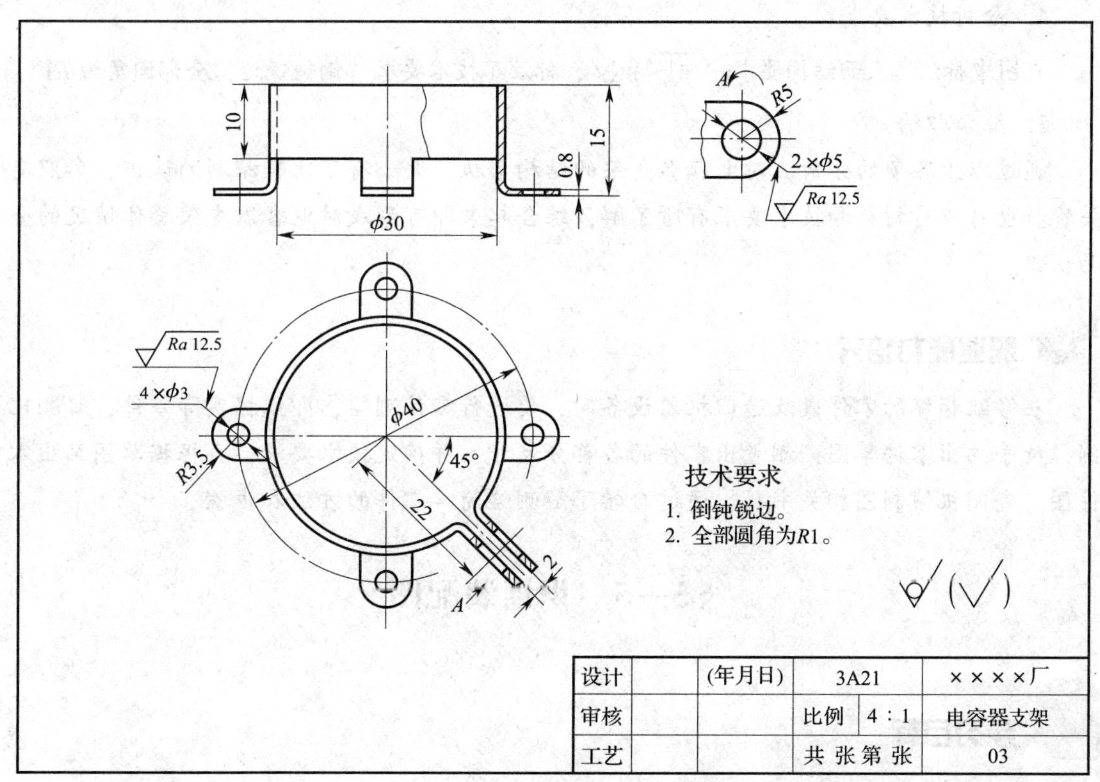

图 5—24 电容器支架零件图

1．看标题栏，初步了解零件

由标题栏可知，该零件的名称是电容器支架，材料为3A21，绘图比例为4∶1，由此形成对该零件的初步概念。

2．分析视图，想象零件形状

电容器支架零件图用主视图、俯视图和斜视图 *A* 三个视图表达其结构，主视图反映电容器支架的整体结构，对照俯视图可以看出该机件是钣金件，其主体结构是中间的圆筒。俯视图还表达了下方四个连接脚的形状及位置，同时表达了45°倾斜方向凸耳的位置，其形状由斜视图 *A* 表达。电容器支架的形状如图5—25所示。

3．分析尺寸

在图5—24中标注了电容器支架内孔的定形尺寸 ϕ30 mm，板料的厚度0.8 mm，总高15 mm；标注了四个连接脚的定形尺寸 4×ϕ3 mm 和 *R*3.5 mm，定位尺寸 ϕ40 mm；标注了两个凸耳的定形尺寸 2×ϕ5 mm、*R*5 mm、2 mm，定位尺寸22 mm和45°。其他尺寸读者可自行分析。

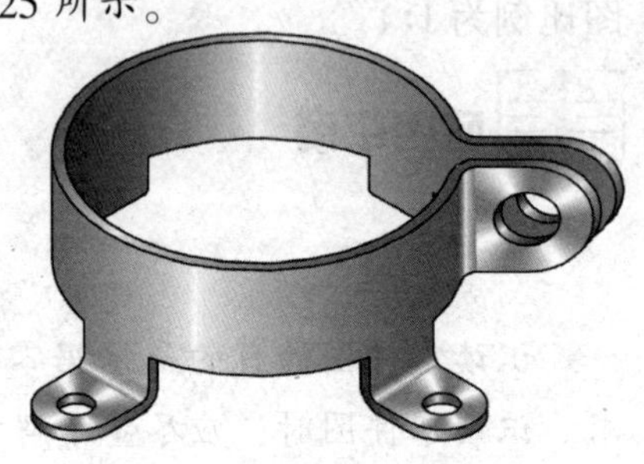

图5—25　电容器支架立体图

4．分析技术要求

在图中标注了表面结构要求 $\sqrt{Ra\ 12.5}$ 和 $\sqrt{\circ}$，标注了技术要求“倒钝锐边，全部圆角为 *R*1”。

5．综合归纳

通过以上各项的分析，对电容器支架的结构形状、大小有了比较深刻的认识，参照有关资料也可以对材料和技术要求有所了解，综合起来即可形成对电容器支架总体情况的全面认识。

职业能力培养

在修配损坏的零件或改造旧机器设备时，要进行零件测绘，即依据实际零件，目测比例，徒手画出零件草图，测量出零件的各部分尺寸，并确定技术要求，再根据草图画出零件图。查阅机械制图相关书籍，通过自学了解测绘简单零件的方法和步骤。

§5—5　识读装配图

学习目标

1．熟悉装配图的内容和画法规定。

2．能识读简单装配图。

装配图是表达机器或部件的图样，主要用来表示机器和部件的工作原理、各零件间的相对位置和装配连接关系。在安装、使用和维修机电设备时，需要通过装配图来了解机器的结构。因此，装配图在机电设备的生产和维修中具有非常重要的作用。

一、装配图的画法规定

1．接触表面和配合表面的画法

两相邻零件的接触表面（图 5—26①）和配合表面（图 5—26②）只画一条共有的轮廓线；不接触的两零件表面，即使间隙很小，也必须分别画出各自的轮廓线（图 5—26③和④）。

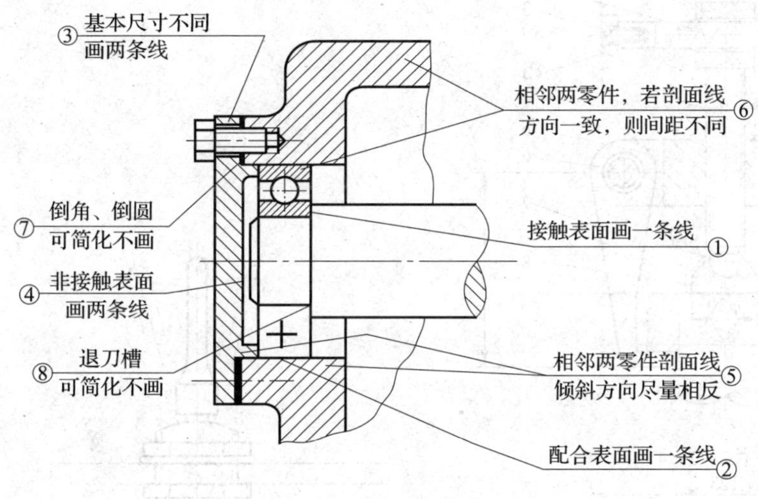

图 5—26　装配图的画法

2．剖面线的画法

为区分不同的零件，在剖视图、断面图中，相邻两零件剖面线的倾斜方向应尽量相反（图 5—26⑤）；若方向一致，则间距应不同（图 5—26⑥）。同一零件在不同视图中剖面线的方向和间距应保持一致。

3．紧固件及实心零件的画法

对于紧固件（如螺栓、螺母、垫圈、螺钉等），以及轴、连杆、球、键、销等实心零件，若纵向剖切且剖切平面通过其对称平面或轴线，则这些零件均按不剖绘制，如图 5　26 所示。但当剖切平面垂直于这些零件的轴线剖切时，则应按剖切到绘制。

4．拆卸画法

在装配图中，当某些零件遮住了所需表达的其他零件时，可假想将某些零件拆卸后再绘制视图。拆卸后需加以说明时，可以注上“拆去 × ×”等字样，如图 5—27 所示。

5．假想画法

在装配图中，为了表达运动零件的极限位置，可用细双点画线画出该零件在极限位置时的轮廓线，如图5—28中电源开关的手柄；当需要表达与本部件有关的相邻零件或部件的安装关系时，也可用细双点画线画出相邻零件或部件的轮廓，如图5—28中的下部用细双点画线绘制了电源开关的相邻零件（箱体）。

6. 简化画法

装配图上若干相同的零件组（如螺栓、螺钉等）可详细地画出一组，其余用细点画线表示其中心位置，如图5—26中螺栓的画法。倒角、倒圆、退刀槽等工艺结构可省略不画（图5—26⑦和⑧）。

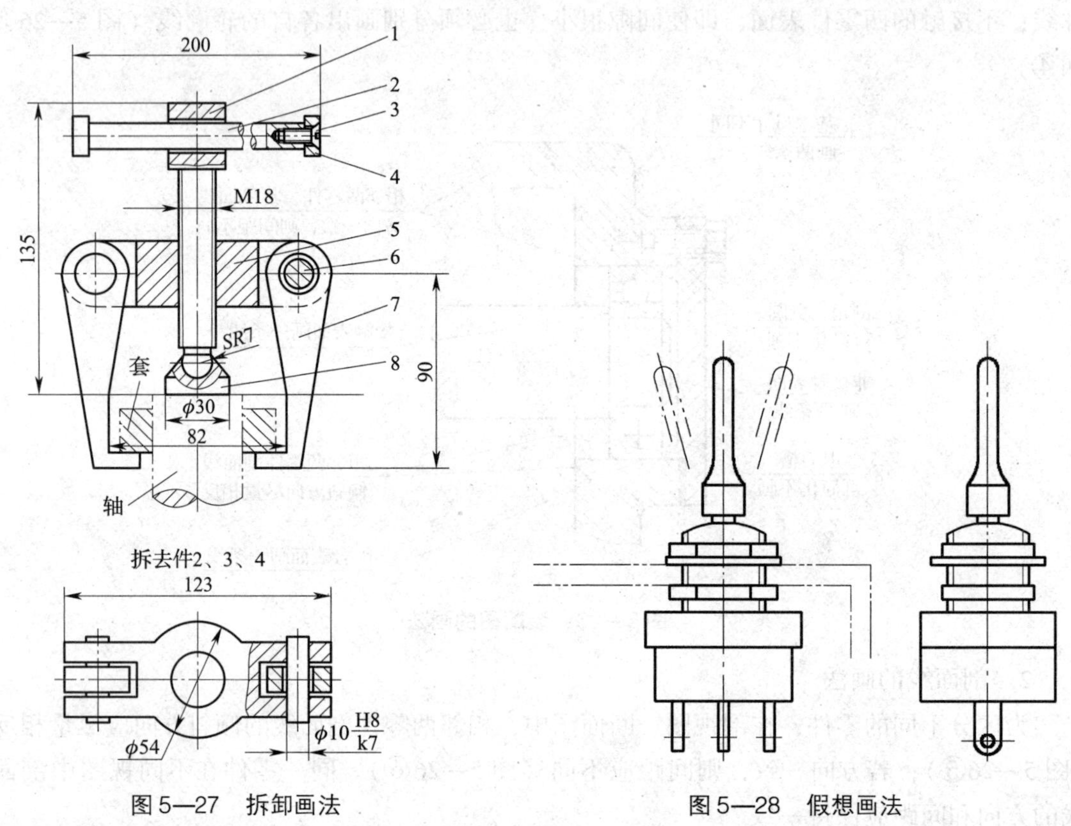

图5—27　拆卸画法

图5—28　假想画法

二、装配图的主要内容

图5—29所示为凸缘联轴器，两个凸缘式半联轴器分别用键与两轴连接，两半联轴器用螺栓连接在一起，以实现两轴间的连接，并传递转矩和运动。下面以凸缘联轴器装配图为例分析装配图的主要内容。

1. 一组图形

装配图可以运用必要的视图和各种表达方法，表达机器或部件的工作原理、零件之间的相互位置和装配连接关系，以及主要零件的基本结构和形状。图5—29所示凸缘联轴器装配图用了主、左两个基本视图，主视图采用全剖视图，左视图为外形图。

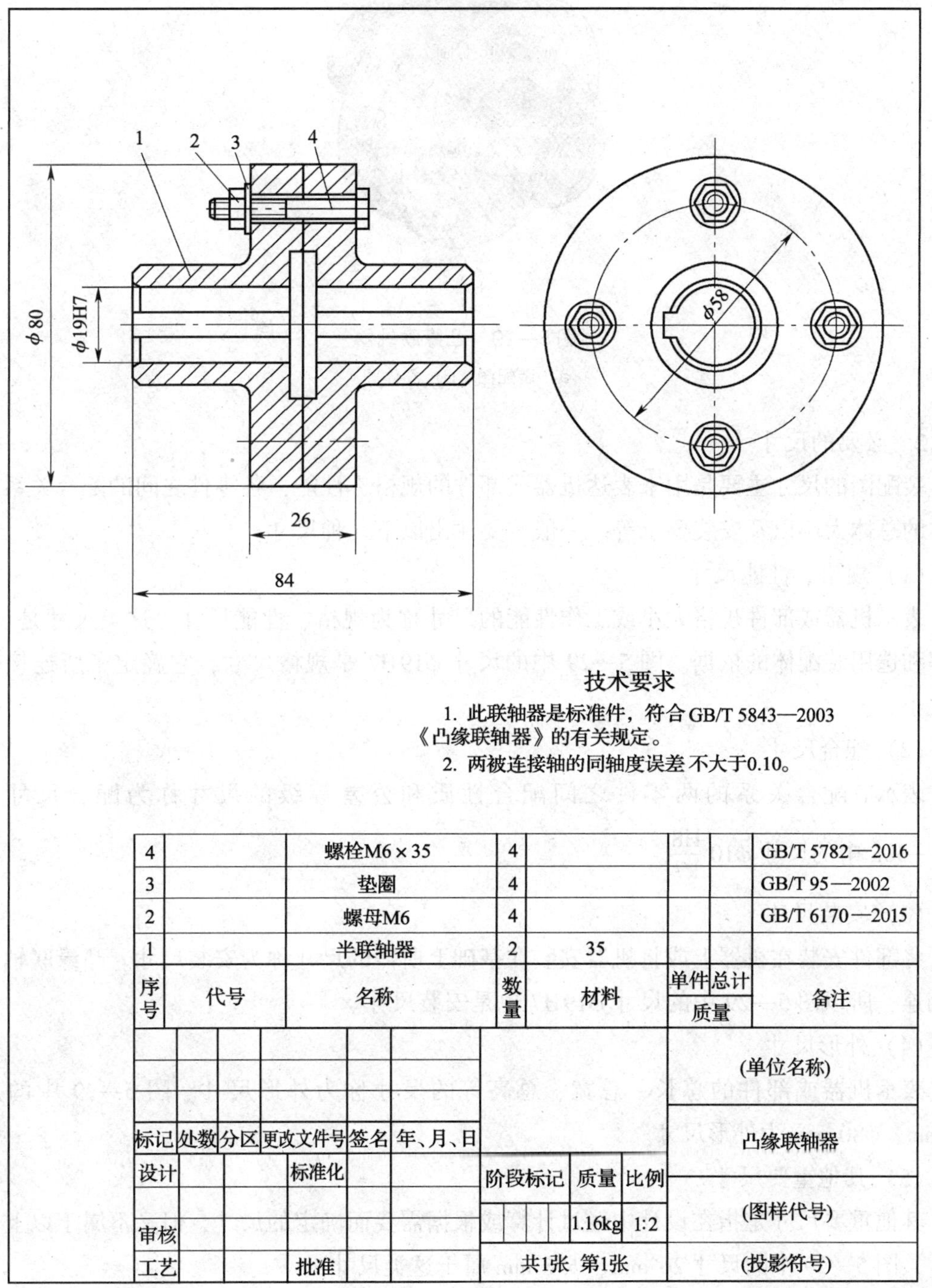

序号	代号	名称	数量	材料	单件	总计	备注
4		螺栓M6×35	4				GB/T 5782—2016
3		垫圈	4				GB/T 95—2002
2		螺母M6	4				GB/T 6170—2015
1		半联轴器	2	35			

a）

b）

图 5—29　凸缘联轴器

a）装配图　b）立体图

2．必要的尺寸

装配图的尺寸主要是用来表达机器或部件的规格、性能，各零件之间的配合关系，装配体的总体大小以及安装要求等。一般需要注出以下几种尺寸：

（1）规格、性能尺寸

表示机器或部件规格大小或工作性能的尺寸称为规格、性能尺寸。这类尺寸是设计、了解和选用装配体的依据。图 5—29 中的尺寸 ϕ19H7 是规格尺寸，它确定了所连接轴颈的大小。

（2）配合尺寸

表示有配合关系的两零件之间配合性质和公差等级的尺寸称为配合尺寸，如图 5—30a 中的尺寸 $\phi 10\,\frac{H8}{k7}$。

（3）安装尺寸

将部件安装在机器上或将机器安装在基础上所需的尺寸称为安装尺寸。凸缘联轴器与轴相连，所以图 5—29 中的尺寸 ϕ19H7 也是安装尺寸。

（4）外形尺寸

表示机器或部件的总长、总宽、总高等的尺寸称为外形尺寸。图 5—29 中的尺寸 84 mm、ϕ80 mm 为外形尺寸。

（5）其他重要尺寸

其他重要尺寸是指在设计中经过计算或根据需要而确定的尺寸，但又不属于以上四种尺寸，图 5—29 中的尺寸 26 mm、ϕ58 mm 属于这类尺寸。

3．技术要求

在装配图上需要用文字说明或标注符号指明机器或部件在装配、调试、检验、安装和使用中应遵守的技术条件和要求。由于装配体的技术性能、装配要求各不相同，因此其技术要求也不一样。

在图 5—29 中标注的技术要求包括：尺寸公差要求“ϕ19H7”，标注在主视图上；用文字叙述的技术要求，标注在装配图的左卜角。

4. 零件序号、明细栏和标题栏

为了便于看图、管理图样和组织生产，装配图必须对每种零件编写零件序号。同时在标题栏上方编制相应的明细栏，并按零件序号将零件一一列出，注明零件的名称、材料、数量等。装配图上标题栏的形式与零件图上的标题栏基本一样。

职业能力培养

装配图在机电设备生产制造中的应用非常广泛，深入电子产品加工车间或通过互联网检索，了解电子产品的装配过程，并以小组为单位讨论装配图在电子产品装配和维修过程中所起的作用。

识读拆卸器装配图

拆卸器装配图如图 5—30 所示，下面识读该装配图。

1. 概括了解

从标题栏中了解产品的名称，由此可略知其主要用途和性能。从明细栏中了解零件的种类，由此可略知装配体的大致组成情况及复杂程度。从视图的配置、尺寸和技术要求可知该装配体的大小、结构特点及大致的工作原理。

图 5—30a 中，由标题栏可知装配体的名称是拆卸器，用以拆卸轴上的套类零件。装配体由八种零件组成，属于较简单的装配体。

2. 分析视图

根据视图配置，找出它们之间的投影关系。对于剖视图，要找出剖切位置，分析所采用的表达方法及其表达的主要内容。

图 5—30a 中共有两个视图，在主视图上采用了局部剖视，剖切平面过装配体的前后对称面，主要表达拆卸器的结构和各零件之间的连接关系。实心零件都没有剖切，压紧螺杆 1、把手 2 和压紧垫 8 等轴类零件上的内部结构采用局部剖视，因剖切平面垂直于销轴 6 的轴线，故要按剖切到绘制剖面线。俯视图采用了拆卸画法，并采用局部剖视表达销轴 6 的连接情况。

3. 分析尺寸

该装配图的规格尺寸是 82 mm，它表示能拆卸套类零件的最大尺寸。配合尺寸是 $\phi 10\,\frac{H8}{k7}$。外形尺寸是 200 mm、135 mm、ϕ54 mm。该装配体不需要安装，故没有安装尺寸。

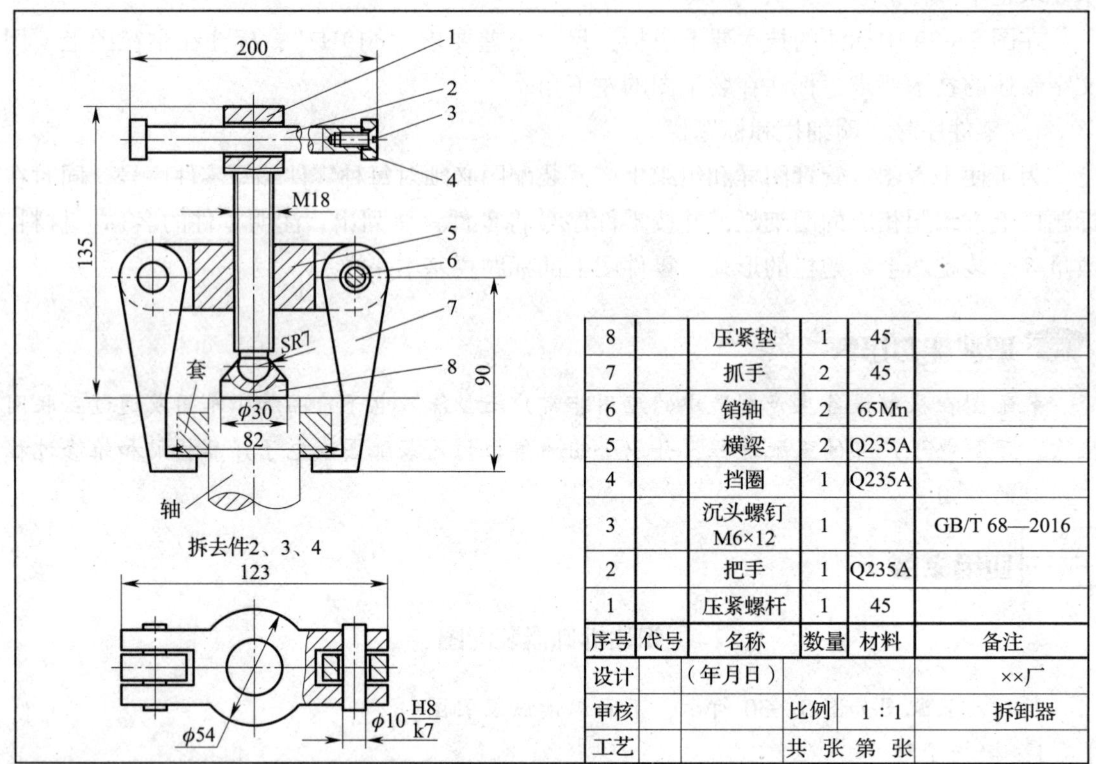

序号	代号	名称	数量	材料	备注
8		压紧垫	1	45	
7		抓手	2	45	
6		销轴	2	65Mn	
5		横梁	2	Q235A	
4		挡圈	1	Q235A	
3		沉头螺钉 M6×12	1		GB/T 68—2016
2		把手	1	Q235A	
1		压紧螺杆	1	45	

设计		（年月日）			××厂
审核			比例	1∶1	拆卸器
工艺			共 张 第 张		

a）

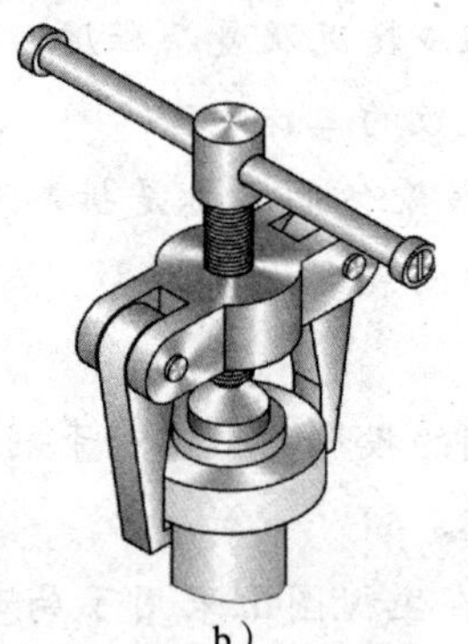

b）

图 5—30　拆卸器

a）装配图　b）立体图

4．归纳总结

从图中可以看出：旋转把手 2，可使压紧螺杆 1 旋转，并向下运动，从而使压紧垫 8 压紧套中的轴，并使轴和套脱离。

第六章　电气图用基本电气符号

§6—1　图 形 符 号

1. 掌握图形符号的基本形式及应用规则。

2. 能识读和使用常见的图形符号。

?想一想

分析图6—1中实物图与电路图之间的内在关系，想一想，用图形符号制图有什么好处。

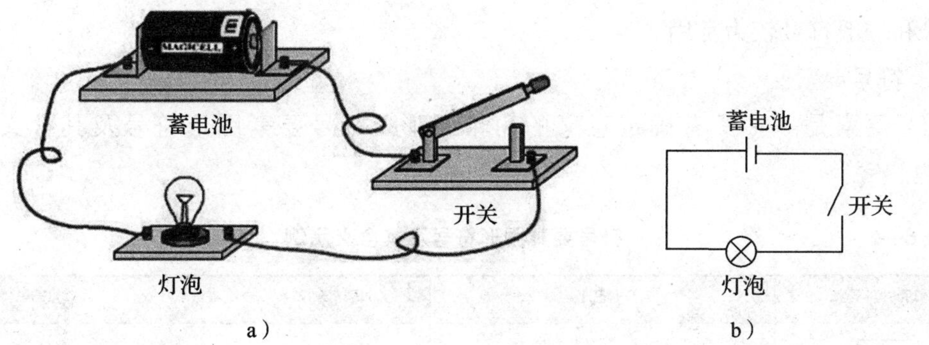

图6—1　电灯泡控制电路

a）实物图　b）电路图

一、图形符号的基本概念

在电气图中，图形符号是指用于图样或其他文件以表达一个设备或概念的图形、标记或字符。也就是说，图形符号既可以代表实物，又可以代表概念；既可以是图形，也可以是标记或字符。电气简图用图形符号及其含义示例见表6—1。

为了规范各类电气产品所对应的图形符号，走国际通用化道路，在国际电工委员会（IEC）标准的基础上，我国制定了标准 GB/T 4728—2005～2008《电气简图用图形符号》，其中部分常用电气简图用图形符号示例参见附录1。

表 6—1　　电气简图用图形符号及其含义示例

<table>
<tr><th>图形符号</th><th>说明</th><th>备注</th></tr>
<tr><td></td><td>电阻器</td><td rowspan="3">用简单图形表示电气元器件</td></tr>
<tr><td></td><td>电容器</td></tr>
<tr><td></td><td>开关</td></tr>
<tr><td>DC</td><td>直流</td><td rowspan="5">用字符、标记表示功能及特征</td></tr>
<tr><td>AC</td><td>交流</td></tr>
<tr><td>N</td><td>中性（中性线）</td></tr>
<tr><td>+</td><td>正极性</td></tr>
<tr><td>–</td><td>负极性</td></tr>
</table>

二、图形符号的基本形式

图形符号一般有符号要素、限定符号、一般符号和方框符号四种基本形式。其中，限定符号和一般符号较为常用。

1．符号要素

符号要素是一种具有确定意义的简单图形。符号要素图形符号及其含义示例见表 6—2。

表 6—2　　符号要素图形符号及其含义示例

<table>
<tr><th>图形符号</th><th colspan="2">说明</th><th>图形符号</th><th colspan="2">说明</th></tr>
<tr><td></td><td>形式 1</td><td rowspan="3">物件</td><td>○</td><td>形式 1</td><td rowspan="2">外壳</td></tr>
<tr><td></td><td>形式 2</td><td></td><td>形式 2</td></tr>
<tr><td></td><td>形式 3</td><td></td><td colspan="2">边界线</td></tr>
<tr><td></td><td colspan="2">屏蔽、护罩</td><td></td><td colspan="2"></td></tr>
</table>

符号要素是图形符号的组成部分，不能单独使用，必须同其他图形组合后才能构成一个设备或概念的完整符号。符号要素的组合示例见表 6—3，符号要素与一般符号的组合示例见表 6—4。

表 6—3　　符号要素的组合示例

符号要素		示例	
图形符号	说明	图形符号	说明
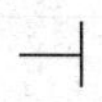 ┤	具有一处欧姆接触的半导体区		PNP 半导体三极管
	N 区上的 P 型发射极		
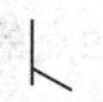	不同导电型区上的集电极		

表 6—4　　符号要素与一般符号的组合示例

符号要素		一般符号		示例	
图形符号	说明	图形符号	说明	图形符号	说明
○	物件		接地		保护接地
	屏蔽		同轴对	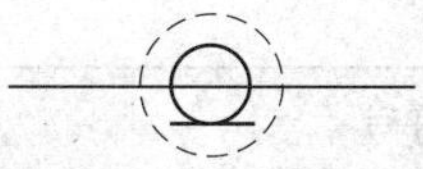	屏蔽同轴对

2. 限定符号

限定符号是一种加在其他符号上的，用以提供附加信息的符号。限定符号图形符号及其含义示例见表 6—5。

表 6—5　　限定符号图形符号及其含义示例

图形符号	说明		图形符号	说明
⎓	形式 1	直流	+	正极性
DC	形式 2		−	负极性
～	形式 1	交流		动触点
AC	形式 2		ᗡ	接触器功能

限定符号通常不能单独使用，但它可与一般符号组合，派生出若干具有附加功能的图形符号。限定符号与一般符号的组合示例见表 6—6。

表 6—6　　限定符号与一般符号的组合示例

限定符号		一般符号		示例	
图形符号	说明	图形符号	说明	图形符号	说明
+	正极性	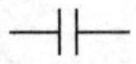	电容器	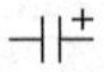	极性电容器
	动触点		电阻器	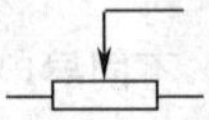	带滑动触点的电位器
	接触器功能		开关（动合触点）		接触器的主动合触点

注：限定符号要缩小绘制。

3. 一般符号

一般符号是指用以表示一类事物或其特征，或作为成组符号中各图形符号的组成基础的较简明的图形符号。一般符号图形符号及其含义示例见表 6—7。

表 6—7　　一般符号图形符号及其含义示例

图形符号	说明	图形符号	说明	
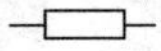	电阻器		半导体二极管	
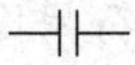	电容器		发光二极管（LED）	
	开关		熔断器	
	连线	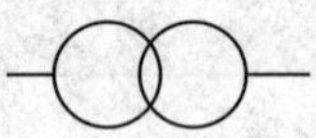	形式 1	双绕组变压器
⊗	灯	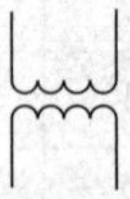	形式 2	

一般符号是同一类产品中各种产品的通用符号，可单独使用（表 6—7），也可加限定符号组成一特定产品的图形符号（表 6—6），还可用作限定符号，见表 6—8。

表 6—8　　一般符号用作限定符号的组合示例

一般符号（用作限定符号）		图形符号（主）		示例	
图形符号	说明	图形符号	说明	图形符号	说明
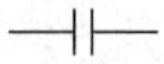	电容器	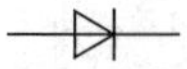	半导体二极管	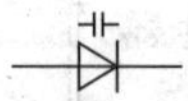	变容二极管
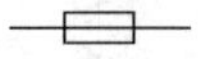	熔断器		开关（动合触点）	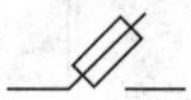	熔断器式开关

注：用作限定符号的一般符号要缩小绘制。

一般符号是设计整组更专业符号的基础。表 6—9 所列为电阻器的一般符号和对应的更专业符号。一般符号通常在不需要使用专业符号或专业符号不能准确表达设计思想时使用。

表 6—9　　电阻器示例

一般符号		更专业符号	
图形符号	说明	图形符号	说明
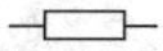	电阻器	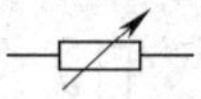	可调电阻器
		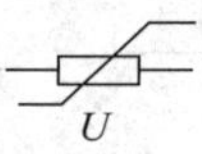 U	压敏电阻器
		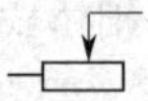	带滑动触点的电阻器
		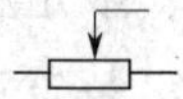	带滑动触点的电位器

4. 方框符号

方框符号是在方框内加上一般符号或限定符号构成的一种简单符号。方框符号主要用以表示某一元件、设备或功能单元等的组合及其功能。它既不给出元件、设备的细节，也不考虑所有连接。方框符号示例见表 6—10。方框符号的外轮廓一般为正方形、长方形、圆形等。

表 6—10　　方框符号示例

<table>
<tr><th>图形符号</th><th>说明</th><th>图形符号</th><th>说明</th><th>图形符号</th><th colspan="2">说明</th></tr>
<tr><td>G</td><td>信号
发生器</td><td></td><td>桥式全波整流器</td><td></td><td>形式 1</td><td rowspan="2">放大器</td></tr>
<tr><td>~
==</td><td>整流器</td><td></td><td>调制器、
解调器、鉴别器</td><td></td><td>形式 2</td></tr>
</table>

方框符号通常只用于单线表示法的概略图中，也可用在表示全部输入和输出连接线的图中，还可用在按单线表示法画成的电路图中。除此之外，电路图中的外购件、不可修理件也可用方框符号表示。

如图 6—2 所示为单相桥式全波整流电路图，其中，图 6—2b 所示整流部分用方框符号绘制，并画出了桥式全波整流器的全部输入和输出连接线。

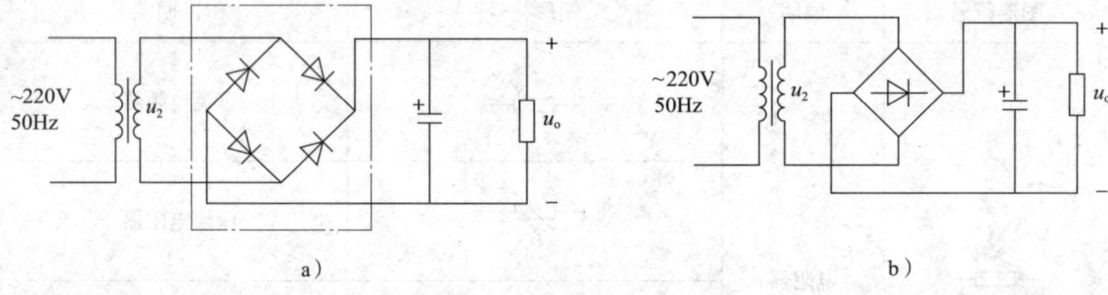

图 6—2　单相桥式全波整流电路图

5．组合符号

组合符号是由标准规定的一般符号、限定符号、符号要素、方框符号以及物理符号、文字符号等组合而成，用以表示某些特定装置或概念的图形符号。例如，表 6—3 所列为 PNP 半导体三极管的组合示例，表 6—4 所列为符号要素与一般符号的组合示例，表 6—6 所列为限定符号与一般符号的组合示例，表 6—8 所列为一般符号用作限定符号的组合示例。

在 GB/T 4728—2005 ~ 2008《电气简图用图形符号》中所列的大部分图形符号都属于组合符号。为适应不同图样或用途的要求，组合时可以改变彼此有关的符号尺寸。三相笼型感应电动机图形符号组合示例见表 6—11。

表 6—11　　三相笼型感应电动机图形符号组合示例

图形符号	说明	组合图形符号	说明	备注
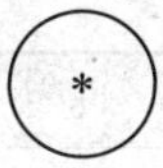 *	电机，一般符号	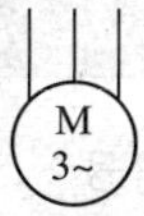 M 3~	三相笼型感应电动机	"3~"表示三相交流电
M	电动机			
～	交流			

三、图形符号的应用规则

1. 图形符号的选用规则

在图形符号中，用于表示某些设备、元件的图形符号可以有多个。例如，表 6—12 中双绕组变压器的图形符号有"形式 1"和"形式 2"两种。

表 6—12　　双绕组变压器图形符号的选用示例

图形符号		说明	应用图例	备注
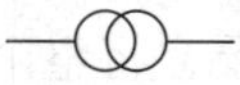	形式1	双绕组变压器	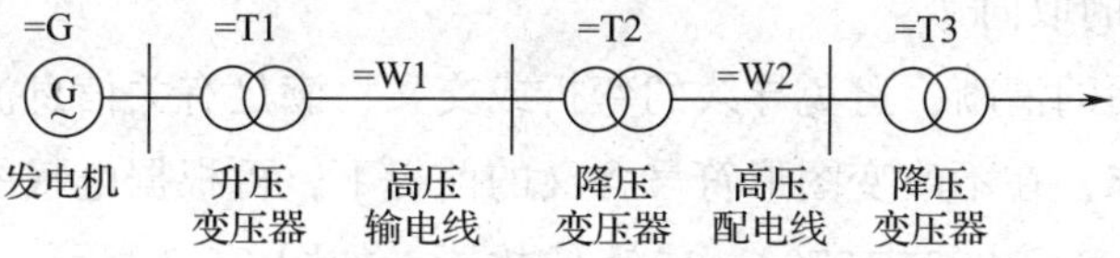 =G 发电机，=T1 升压变压器，=W1 高压输电线，=T2 降压变压器，=W2 高压配电线，=T3 降压变压器，电力用户 发电、供电、用电系统概略图	用于左图所示用单线表示法绘制的概略图中
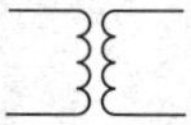	形式2		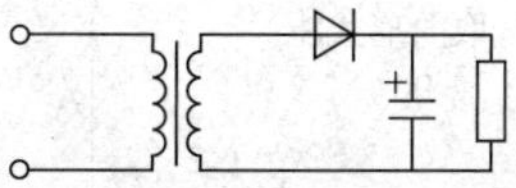 单相半波整流电源电路图	用于左图所示用多线表示法绘制的电路图中

当某些设备、元件在国家标准中给定的图形符号有几种形式时，可根据简图的需要选择合适的形式。在同一图中表示同一对象应采用同一种形式。图形符号的一般选用规则如下：首先要选择优选形式；其次在满足需要的前提下，尽量选用最简单的形式。

2. 新图形符号的派生

在 GB/T 4728—2005 ~ 2008《电气简图用图形符号》中，虽然比较完整地列出了符号要素、限定符号和一般符号，但其给出的组合符号却是有限的。当某些特定装置或概念的图形符号在标准中未被列出时，允许通过标准中已规定的图形符号进行适当组合，派生出新的图形符号。例如，在国家标准中没有低压断路器的图形符号，但它可通过国家标准中规定的图形符号组合生成，见表 6—13。

表 6—13　　　　低压断路器图形符号

图形符号	说明	组合图形符号	说明
	开关，一般符号		低压断路器的图形符号是一个未被标准化的图形符号，是由标准中规定的图形符号组合而成的
	机械连接，限定符号		
×	断路器功能，限定符号		
	手动控制操作件，一般符号		
	自由脱扣机构，限定符号		

3. 图形符号的取向

为了保持图面的清晰，避免导线的弯折或交叉，满足有关信息流、能量流等流向和阅读方向的不同需求，在不改变图形符号含义的前提下，可根据电气图的布线需要，将整个图形符号旋转（90°、180°或 270°）或镜像放置。如图 6—3 所示，发光二极管的图形符号按 0°、90°、180°、270°布置。

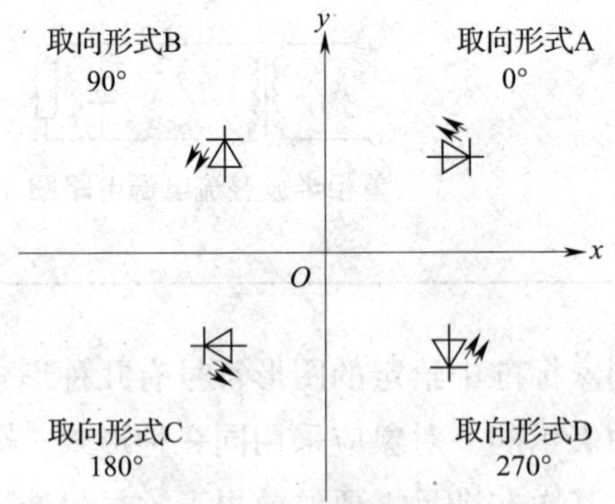

图 6—3　发光二极管图形符号的取向示例

在实际应用中，图形符号一般为水平或垂直布置。当图形符号旋转或镜像放置时，作为图形符号一部分的文字符号、指示方向的符号和某些限定符号的位置应遵循规定要求，不能随之旋转。文字符号、指示方向的符号不能随之旋转示例见表 6—14。

表 6—14　　　文字符号、指示方向的符号不能随之旋转示例

示例	正确			错误	备注
发光二极管（LED），一般符号					发光二极管图形符号中指示方向的符号改变后，就变成了光电二极管的图形符号
压敏电阻器	U	U	U		压敏电阻器图形符号中的文字符号不能旋转

4．图形符号的尺寸

图形符号的含义由其形状和内容确定，符号大小和图线宽度不影响其含义。因此，图形符号可以被任意画成一种与全图尺寸相匹配的图形，但在放大或缩小时，图形本身各部分应按比例放大或缩小，即图形符号的基本形状应保持不变。如图 6—4 所示为电阻器图形符号的变化示例。

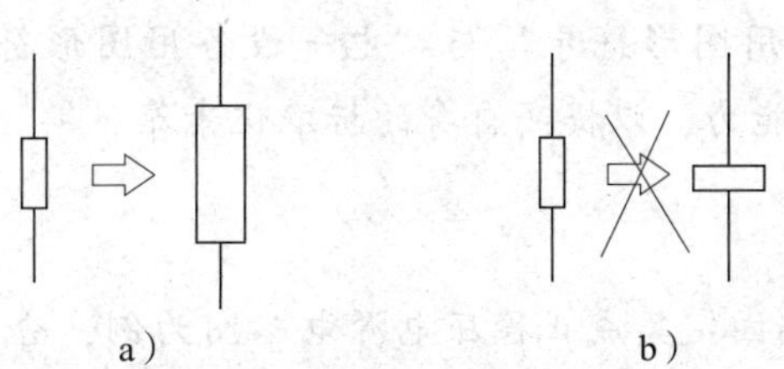

图 6—4　电阻器图形符号的变化示例

a）按比例变化（允许）　b）未按比例变化（不允许）

5．图形符号的引线

电气元件的图形符号一般都画有引线，但图形符号所带的引线并不是图形符号的组成部分，在大多数情况下引线位置仅用作示例。在不改变符号含义的原则下，引线可取不同的方向。如图 6—5 所示，图中变压器和扬声器的引线取向不同。

当改变引线的位置会导致影响符号本身含义时，引线位置就不能改变。如图 6—6a 所示，电阻器图形符号的引线是从矩形两短边引出的，若改变引线位置为从矩形两长边引出，如图 6—6b 所示，则图形符号就变成了表示操作器件（如继电器、接触器的线圈等）的图形符号。

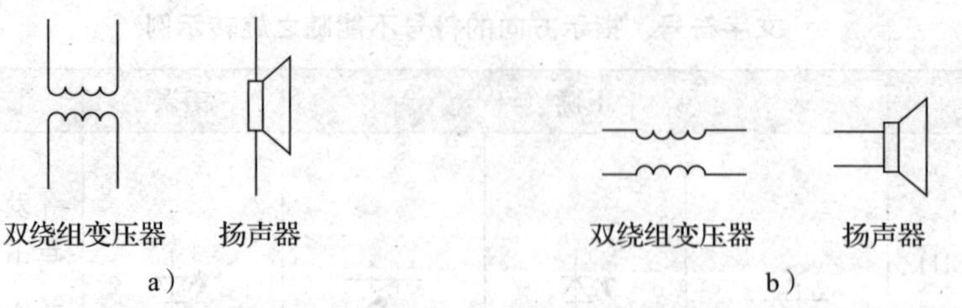

图 6—5　变压器和扬声器的引线取向不同示例

a）引线垂直绘制　b）引线水平绘制

图 6—6　引线位置影响图形符号含义的示例

职业能力培养

电气图中使用的图形符号，除 GB/T 4728—2005～2008《电气简图用图形符号》中规定的之外，还可查阅 GB/T 24340—2009《工业机械电气图用图形符号》、GB/T 5465. 2—2008《电气设备用图形符号　第 2 部分：图形符号》等相关标准。试查询相关书籍或通过互联网检索，了解“电气简图用图形符号”与“电气设备用图形符号”之间的区别与联系，培养精准使用国家标准的能力，以提高自身的标准化素养。

应用举例

以图 6—7 所示的三端固定集成正稳压电源电路图为例，分析图中的图形符号与电气元器件之间的内在联系，并识读图形符号。

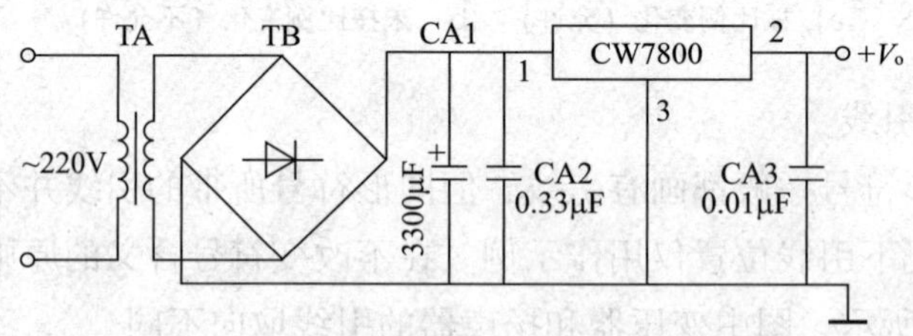

图 6—7　三端固定集成正稳压电源电路图

1. 识读图形符号及其含义

图 6—7 中的每个图形符号均表示一个对应的电气元器件，各图形符号的含义见表 6—15。

表 6—15　　　　　　　　图 6—7 中的图形符号及其含义

图形符号	说明	备注
	带磁芯的双绕组变压器	未标准化
	半导体二极管，一般符号	
	桥式全波整流器	框形符号
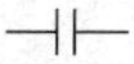	电容器，一般符号	
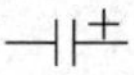	极性电容器	
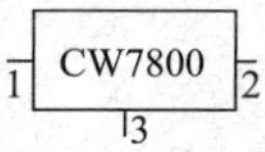 CW7800 1 2 3	三端集成稳压器	框形符号，未标准化
	T 形连接	增加连接符号
	功能等电位联结简化形式	
	端子	

2. 分析图形符号的组合图形关系

表 6—16 所列为图 6—7 中组合图形符号的组合关系示例。

表 6—16　　　　　　　　组合图形符号的组合关系示例

图形符号	说明	组合图形符号	说明
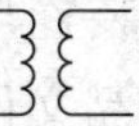	双绕组变压器	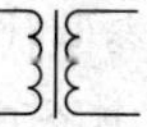	带磁芯的双绕组变压器
	磁芯（未标准化，用作限定符号）		
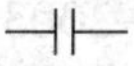	电容器，一般符号	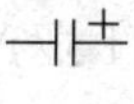	极性电容器
+	正极性（用作限定符号）		

续表

图形符号	说明	组合图形符号	说明
	物件，符号要素		桥式全波整流器
	半导体二极管，一般符号 （用作限定符号）		

§6—2　字 母 代 码

1. 掌握字母代码的基本形式及其作用。
2. 能识读和使用常见的字母代码。

想一想

分析图6—8所示电灯控制电路图中字母与图形符号、电气元器件实物之间的内在关系，想一想，为什么要给每个图形符号标注与之相对应的字母代码。

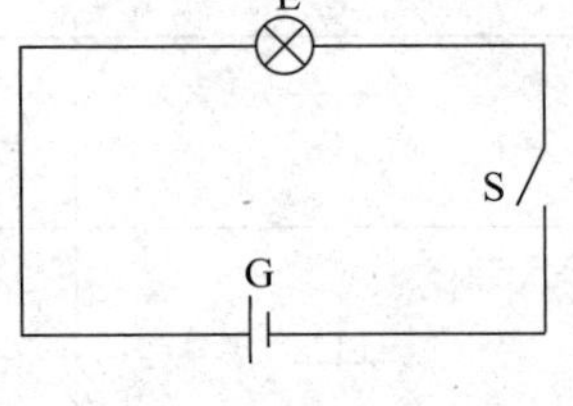

图6—8　电灯控制电路图

一、字母代码的概念

字母代码是指标注在图形符号旁用于表明电气设备和元件的用途或任务的一个字母或字母组合。在电气图中，字母代码可在图形符号与实物之间建立起较为明确的对应关系，以方便查找、区分图形符号所表示的元器件、装置和设备。在图6—8中，字母代码“G”表示蓄电池、“S”表示控制开关、“E”表示白炽灯。

为规范字母代码，国家制定了标准GB/T 5094—2002～2005《工业系统、装置与设备以及工业产品结构原则与参照代号》和GB/T 20939—2007《技术产品及技术产品文件结构原则　字母代码　按项目用途和任务划分的主类和子类》。在国家标准GB/T 20939—2007《技术产品及技术产品文件结构原则　字母代码　按项目用途和任务划分的主类和子类》中规定了按用途和任务划分的项目类别及字母代码。它扩展了GB/T 5094. 2—2003《工业系统、装置与设备以及工业产品结构原则与参照代号　第2部分：项目的分类与分类码》中“按用途和任务划分的项目类别及字母代码”内容，并增加了子类（第二字母代码）。

二、字母代码的基本形式

电气图中的字母代码主要有单字母代码（主类）和双字母代码（主类加子类）两种基本形式。

1．单字母代码（主类）

在电气系统中，电气设备、装置、元器件等项目的种类繁多，国家标准将其按用途或任务（即项目的功能）进行分类，每一类用一个大写的专用拉丁字母代码表示，这个专用拉丁字母称为第一位（主类）字母代码，习惯上又称为单字母代码。例如，在图6—9所示的单相半波整流电路图中，字母“T”表示变压器，字母“R”表示电阻器、电感器和二极管，字母“C“表示电容器。字母后面的数字为细分序号。

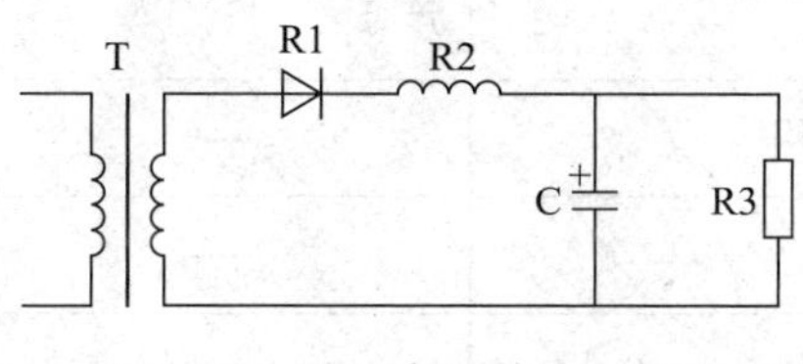

图6—9　单相半波整流电路图

国家标准GB/T 20939—2007中规定的项目类别和第一位（主类）字母代码见表6—17。

表6—17　常用项目类别和第一位（主类）字母代码

字母代码	项目的用途或任务（项目类别）	描述项目类别术语举例	典型的电气产品举例
A	两种或两种以上的用途或任务（此类别仅供不能鉴别主要用途或任务的项目使用）	—	触摸屏
B	把某一输入变量（物理性质、条件或事件）转换为供进一步处理的信号	探测、测量（值的采集）、监控、感知	行程开关、接近开关、保护继电器、热过载继电器
C	材料、能量或信息的存储	记录、存储	电容器、存储器、蓄电池
D	为将来标准化备用	—	—
E	提供辐射能或热能	冷却、加热、发光、辐射	荧光灯、电热器、白炽灯、激光器、发光设备

续表

字母代码	项目的用途或任务（项目类别）	描述项目类别术语举例	典型的电气产品举例
F	直接防止（自动）能量流、信号流、人身或设备发生危险或意外的情况，包括用于防护的系统和设备	吸收、防护、防止、保安、隔离	阴极保护阳极、熔断器、小型断路器、热过载释放器
G	启动能量流或材料流，产生用作信息载体或参考源的信号，生产一种新能量、材料或产品	装配、破碎、拆卸、生成、分馏、材料移动、磨碎、混合、生产	蓄电池组、燃料电池、发电机、信号发生器、太阳能电池
H	为将来标准化备用	—	—
I	不用	—	—
J	为将来标准化备用	—	—
K	处理（接收、加工和提供）信号或信息（用于防护的物体除外，见F类）	闭合（控制电路）、开断（控制电路）	接触—继电器、时间继电器、晶体管
L	为将来标准化备用	—	—
M	提供驱动用机械能（旋转或线性机械运动）	激励、驱动	执行器、励磁线圈、电动机、直线电动机
N	为将来标准化备用	—	—
O	不用	—	—
P	提供信息	警告、显示、指示、通知、测量（量的显示）	安培表、发光二极管、信号灯、伏特表、瓦特表、电能表
Q	受控切换或改变能量流、信号流或材料流（对于控制电路中的信号，参见K类和S类）	断开（能量、信号和材料流）、闭合（能量、信号和材料流）、切换（能量、信号和材料流）、连接	断路器、电力接触器、隔离开关、功率晶体管、开关、晶闸管（若主要用途为防护，参见F类）

续表

字母代码	项目的用途或任务（项目类别）	描述项目类别术语举例	典型的电气产品举例
R	限制或稳定能量、信息或材料的运动或流动	阻断、阻尼、限制、限定、稳定	二极管、电感器、限定器、电阻器
S	把手动操作转变为进一步处理的信号	影响、手动控制、选择	控制开关、差值开关、按钮、选择开关
T	保持能量性质不变的能量变换；已建立的信号保持信息内容不变的变换，材料形态或形状的变换	放大、调制、变换	AC/DC 变换器、放大器、天线、解调器、变频器、调制器、电力变压器、整流器、变换器
U	保持物体在一定的位置	承载、保持、支持	绝缘子
V	材料或产品的处理（包括预处理和后处理）	清洗、干燥、过滤	过滤器
W	从一地到另一地导引或输送能量、信号、材料或产品	传导、分配、导引、导向、安置、输送	汇流排、电缆、导体、信息总线、光纤
X	连接物	连接、啮合	连接器、插头、端子、端子板
Y	为将来标准化备用	—	—
Z	为将来标准化备用	—	—

2．双字母代码（主类加子类）

在电气系统中，电气设备、装置、元器件等每个项目类别又可进行层次分类，即每个项目大类可细分为很多的项目小类。例如，单字母代码 B 表示的“把某一输入变量（物理性质、条件或事件）转换为供进一步处理的信号”这个项目类别就包含了“输入变量转换用于保护目的，电气元器件，距离、长度、位置、延伸、振幅，时间，辐射值、中子流测量”等几个小类别。其中，输入变量转换用于保护目的，如保护继电器、（热）过载继电器等；电气元器件，如测量继电器、电流互感器、电压互感器等；距离、长度、位置、延伸、振幅，如位置开关、接近开关等；时间，如时钟、计时器等；辐射值、中子流测量，如光电池等。为了更详细、更具体地表示某个项目大类中的小类别，就引入了双字母代码，如“BB”表示保护继电器、（热）过载继电器等，“BE”表示测量继电器、电流互感器、电压互感器等，“BG”表示位置开关、接近开关等，“BK”表示时钟、计时器等，“BR”表示光电池等。

双字母代码的第一位字母代码代表主类，即表6—17中规定的字母代码；第二位字母代码代表子类。子类字母代码的划分见表6—18，电气领域一般用A、B、C、D、E五个字母代表子类代码。如“RA”表示电阻器、二极管和电感器等，而RB、RC、RD、RE备用，没有代表任何功能和产品。各行业可根据本行业的专业特点做出补充规定，作为行业的统一规定执行。如有需要，可以规定更细分类的附加字母代码。电气产品中常用的双字母代码见表6—19。

表6—18　　子类字母代码的划分

序号	项目（用途或任务）	子类字母代码
1	电能	A、B、C、D、E
2	信息、信号	F、G、H、J、K
3	非电工程（机械工程、结构工程）	L、M、N、P、Q、R、S、T、U、V、W、X、Y
4	组合任务	Z

表6—19　　电气产品中常用的双字母代码

项目（用途或任务）	双字母代码	项目（用途或任务）	双字母代码
保护继电器、（热）过载继电器	BB	断路器、接触器、闸流晶体管	QA
测量继电器、电流互感器、电压互感器	BE	隔离开关、负载断路开关	QB
位置开关、接近开关	BG	接地开关	QC
光电池	BR	二极管、电阻器、电感器	RA
电容器	CA	滤波器	RF
超导体、线圈	CB	控制开关、按钮开关、选择开关	SF
荧光灯、白炽灯	EA	变压器、AC/DC变换器、频率变换器	TA
电热丝	EB	整流器、变换器	TB
过载保护器	FA	电缆架、电缆槽	UB
发电机、直流发电机	GA	不小于1 kV的母线	WA
蓄电池、干电池	GB	不小于1 kV的电缆	WB
二进制元件	KF	接线盒（不小于1 kV的连接）	XB
电动机、直线电动机	MA	接线盒（小于1 kV的连接）、插座	XD
告警灯、检波器、电压表	PG	接地端子	XE

三、字母代码的特点和作用

1. 字母代码的特点

字母代码一般采用英文词汇含义，国际通用性较强，容易被计算机识别，便于操作和使用。字母代码可以单独使用，也可以组合使用，但组合的方式必须遵守一定的规则，从而构成单字母代码（主类）和双字母代码。

2. 字母代码的作用

字母代码是构成参照代号的主要组成部分，也是构成标识代号系统的主要组成部分。在特定的情况下，单个字母代码也表示具体的项目或物体。

四、文字符号

GB/T 5094—2002～2005《工业系统、装置与设备以及工业产品结构原则与参照代号》的执行需要有一个过程，目前人们仍习惯性地使用 GB/T 5094—1985《电气技术中的项目代号》中规定的文字符号，即 GB/T 7159—1987《电气技术中的文字符号制订通则》中规定的电气设备常用基本文字符号。

1. 基本文字符号

基本文字符号是指用以表示电气设备、装置、元器件的基本名称和特性的文字符号，它分为单字母文字符号和双字母文字符号两种。

(1) 单字母文字符号

在电气系统中，把各种电气设备、装置和元器件等项目划分为 23 个大类，每一大类用一个专用的拉丁字母表示，这个专用的拉丁字母就是单字母文字符号。常用单字母文字符号见表 6—20。

表 6—20　常用单字母文字符号

单字母文字符号	项目种类	举例
A	组件、部件	分立元件放大器、印制电路板
B	变换器（从非电量到电量或相反）	热电传感器、麦克风、扬声器
C	电容器	电容器
D	二进制单元、存储器件	数字集成电路和器件、寄存器
E	其他器件	本表其他地方未规定的器件、照明灯、发热器件
F	保护器件	熔断器
G	发生器、发电机、电源	发生器、振荡器、旋转发电机、电池
H	信号器件	光指示器、声指示器、指示灯

续表

单字母文字符号	项目种类	举例
K	继电器、接触器	交流继电器、接触器、簧片继电器
L	电感器、电抗器	感应线圈、电抗器
M	电动机	同步电动机、电动机
N	模拟集成电路	运算放大器、混合模拟/数字器件
P	测量设备、试验设备	电流表、电压表、信号发生器、时钟
Q	电力电路的开关器件	断路器、隔离开关
R	电阻器	电阻器、可变电阻器、热敏电阻器
S	控制、记忆、信号电路的开关器件选择器	控制开关、按钮开关、选择开关、压力传感器、位置传感器
T	变压器	变压器、电压互感器、电流互感器
U	调制器、变换器	变频器、编码器、逆变器、整流器
V	电子管、晶体管	晶体管、晶闸管、电子管、二极管
W	传输通道、天线	导线、电缆、天线
X	端子、插头、插座	插头和插座、端子板
Y	电气操作的机械器件	电磁制动器、电磁离合器、电磁铁
Z	终端设备、滤波器、限幅器	网络、晶体滤波器

注：拉丁字母中的“I”和“O”容易同阿拉伯数字“1”和“0”相混淆，故未被采用；另外，字母“J”也未被采用。

(2) 双字母文字符号

双字母文字符号由一个表示种类的单字母文字符号与另一个字母组合而成。单字母文字符号在前，另一个字母在后。双字母文字符号中的第二个字母通常选用该类设备、装置和元器件英文名称的首位字母，或常用缩略语以及约定俗成的习惯用字母。如表示蓄电池的双字母文字符号“GB”中字母“B”选用英文“battery（电池）”的第一个字母。

双字母文字符号常用于表述比较详细、具体的电气设备、装置和元器件的名称。例如，“S”表示“控制电路的开关”，而“SB”则表示“按钮开关”、“SA”表示“控制开关”等。部分常用双字母文字符号见表6—21。

2. 辅助文字符号

辅助文字符号是指用以表示电气设备、装置、元器件以及线路的功能、状态和特征的文字符号。辅助文字符号一般放在基本文字符号的后边，构成组合文字符号，如“MS”表示同步电动机。“MS”由表示电动机的基本文字符号“M”和表示同步的辅助文字符号“SYN”的第一个字母“S”组合而成。辅助文字符号可以单独使用，如“ON”表示接通，“OFF”表示关闭等。部分常用辅助文字符号见表6—22。

表 6—21　　部分常用双字母文字符号

名称	双字母文字符号	名称	双字母文字符号	名称	双字母文字符号
直流电动机	MD	整流变压器	TR	电压继电器	KV
交流电动机	MA	电流互感器	TA	接触器	KM
同步电动机	MS	电压互感器	TV	电位器	RP
隔离开关	QS	熔断器	FU	晶体管放大器	AD
刀开关	QK	照明灯	EL	连接片	XB
控制开关	SA	指示灯	HL	插头	XP
按钮开关	SB	蓄电池	GB	插座	XS

表 6—22　　部分常用辅助文字符号

名称	符号	名称	符号	名称	符号	名称	符号
高	H	电压	V	黄	YE	反	R
低	L	电流	A	白	WH	红	RD
升	U	闭合	ON	蓝	BL	绿	GN
降	D	断开	OFF	直流	DC	压力	P
主	M	同步	SYN	交流	AC	信号	S
中	M	异步	ASY	停止	STP	时间	T

3. 文字符号的作用

（1）为项目代号提供电气设备、装置和元器件种类字母代码和功能字母代码。

（2）作为限定符号与一般图形符号组合使用，以派生新的图形符号。

（3）在技术文件或电气设备中表示电气设备及线路的功能、状态和特征。

4. GB/T 20939—2007 与 GB/T 7159—1987 中字母代码不同示例简介

在 GB/T 20939—2007 中，项目的用途和任务主要体现在功能上，每一项目都用项目输入或输出的用途和任务来表征，与项目的内部构成无关。因此，标准中的项目基本按项目的功能分类。例如，在 GB/T 7159—1987 中，字母代码 R 代表电阻器，V 代表半导体器件，L 代表电感器，如图 6—10 所示。但在 GB/T 20939—2007 中，由于从功能原理出发，R 代表限制或稳定能量、信息或材料的运动或流动，它不仅代表电阻器，也代表电感器和二极管，也就是说，这些产品的分类代码都是 R，如图 6—9 所示。因为电阻器、电感器的性质和作用都是限制和稳定能量，二极管的功能是限制电流的流向，它们在限制或稳定能量的运动或流动功能方面是相同的。

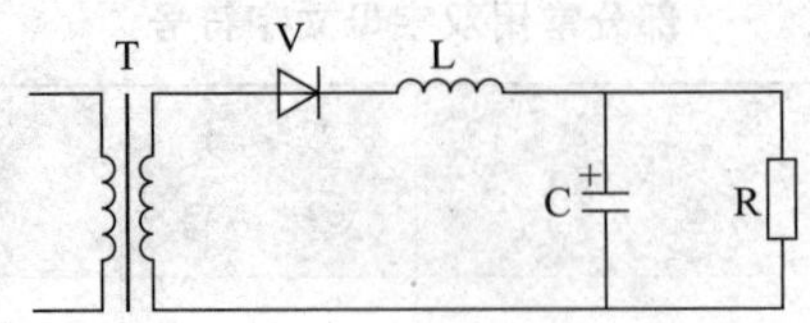

图 6—10　单相半波整流电路图

GB/T 20939—2007 和 GB/T 7159—1987 中常用字母代码对应表见附录 2。

应用举例

以图 6—11 所示单回路调谐放大电路图为例，分析图中用于表示电气元器件的字母代码与图形符号之间的内在联系，并识读字母代码。

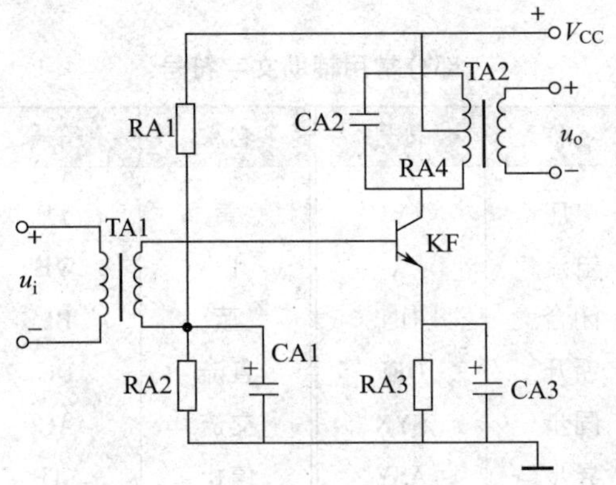

图 6—11　单回路调谐放大电路图

1. 分析字母代码与图形符号之间的内在联系

在图 6—11 中的图形符号旁边均分别标注了表明各电气元器件用途的字母代码，其对应关系见表 6—23。

表 6—23　　图 6—11 中字母代码与图形符号之间的对应关系

图形符号	说明	字母代码
	双绕组变压器	TA
	自耦变压器	
	电阻器	RA
	电感器	

续表

图形符号	说明	字母代码
	电容器	CA
	极性电容器	
	NPN 型晶体管（未标准化）	KF

2. 识读字母代码

在图 6—11 中，各电气元器件图形符号旁标注的字母 TA、RA、CA、KF 是双字母代码，其中第一位字母代码 T、R、C、K 代表主类，第二位字母代码 A、F 代表子类。

§6—3　参照代号

学习目标

1. 掌握参照代号的格式及其作用。
2. 能识读和使用常见的参照代号。

？想一想

分析图 6—12 所示单相半波整流电源电路图中字母代号与图形符号之间的内在关系，想一想，为什么要给每个图形符号标注这种与之相对应的代号。

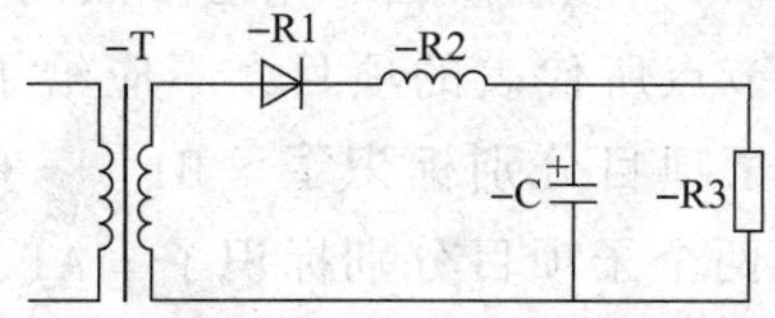

图 6—12　单相半波整流电源电路图

一、参照代号的概念

参照代号是一种作为系统组成部分的特定项目按该系统的一个面或多个面相对于系统的标识符。用参照代号标识项目，可在图形符号与实物之间建立起明确的对应关系，从而方便查找、区分各种图形符号所表示的电气元件和设备。例如，在图 6—12 中，“－T”

为变压器的参照代号，“－R1”为半导体二极管的参照代号，“－R3”为电阻器的参照代号，“－C”为极性电容器的参照代号。

为规范参照代号，国家制定了标准 GB/T 5094—2002～2005《工业系统、装置与设备以及工业产品结构原则与参照代号》。

二、参照代号的格式

电气工程中的参照代号分为单层参照代号和多层参照代号两种标识方法。

1．单层参照代号

单层参照代号是指对直接组成系统的特定项目给定的相对于系统的参照代号。如图 6—12 中的－T、－C、－R1、－R3 等都属于单层参照代号的范畴。在某一项目内，单层参照代号的标识是唯一的。在图 6—13 所示 A 型项目的树状结构示例中，A 型项目（顶端节点所代表的项目）有三个分支，分别与两个 B 型项目和一个 C 型项目相连，B 型项目又与 D 型项目和 E 型项目相连，其余类推。图中用节点代表这些项目，用分支代表这些项目分为其他项目（即子项目）的分解。

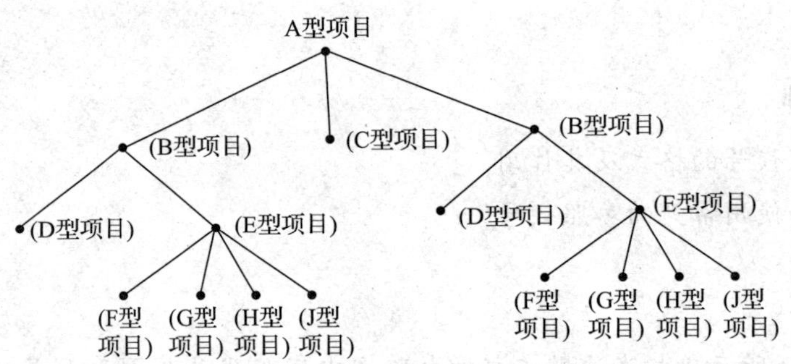

图 6—13　A 型项目的树状结构示例

对事件在另一项目内的每一个项目应给予单层参照代号，此单层参照代号对其内事件项目是唯一的。对顶端节点所代表的项目，不应给予单层参照代号。例如，在图 6—14 中，A 项目的三个子项目分别标识了＝B1、＝C1、＝B2 三个单层参照代号；A 项目的子项目＝B1 中两个子项目分别标识了＝A1、＝F1 两个单层参照代号；A 项目的子项目＝B1 的子项目＝F1 的四个子项目分别标识了＝F1、＝U1、＝U2、＝F2 四个单层参照代号。除 A 项目未标注参照代号外，其他的子项目均标识一个唯一的单层参照代号。

单层参照代号由前缀符号和代码构成。前缀符号的三种形式见表 6—24。代码的三种表示形式见表 6—25。参照代号常见格式包括：由前缀符号和字母代码组成，如＝A、－TB、＋RM；由前缀符号和字母代码加数字组成，如＝A2、－KF2、＋G10；由前缀符号和数字组成，如＝11、－3、＋10。

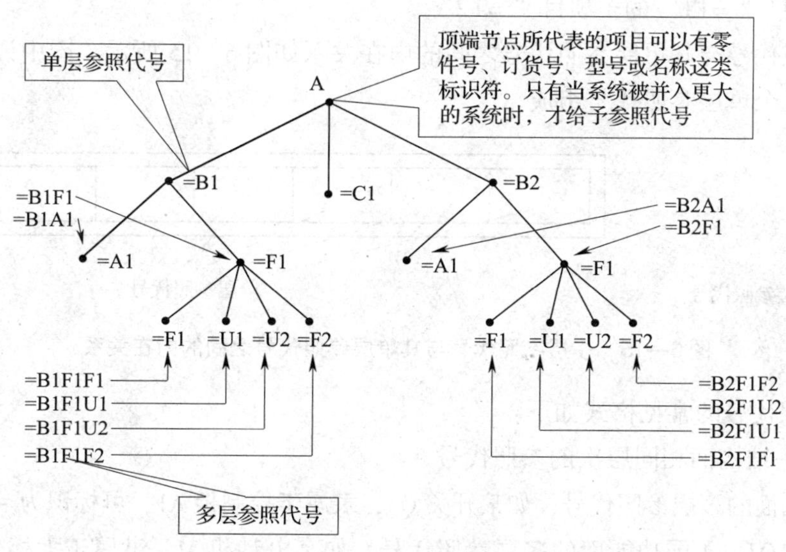

图 6—14　A 项目功能面结构树示例

表 6—24　　前缀符号的三种形式

前缀符号	说明	前缀符号	说明	前缀符号	说明
=	项目的功能面	–	项目的产品面	+	项目的位置面

表 6—25　　代码的三种表示形式

代码	示例	说明
字母代码	T、C	用大写拉丁字母表示，字母取自单字母代码（主类）或双字母代码（主类加子类）
字母代码加数字	R1、R2	字母在前，数字在后。一般对相同字母代码同一类项目的各组成项目，应以数字来区分
数字	1、2、3	如果数字本身具有重要意义，则应在文件或支持文件中说明

2. 多层参照代号

当项目的构成比较复杂，采用单层参照代号不能完整地表达信息时，便要引用项目的多层参照代号。多层参照代号是从项目的上至结构树顶端，下至所关注子项目所经路径的一种代码表示法。这一路径将包含若干个节点，通过连接从最高点开始的路径上代表每个项目的单层参照代号，便构成多层参照代号。路径中的节点数可根据研究系统的实际需要和复杂性来确定。如图 6—14 所示，多层参照代号“=B2F1F2”是多层参照代号“=B2=F1=F2”的缩写，它表示“‘A’项目的子项目‘=B2’的子项目‘=F1’的子项目‘=F2’”。其路径可简述为“A”项目→“A”项目的子项目“=B2”→项目“=B2”的子项目

“=F1”→项目“=F1”的子项目“=F2”。

多层参照代号与其单层参照代号之间的内在关系如图6—15所示。图中说明这个多层参照代号由6个单层参照代号组成。

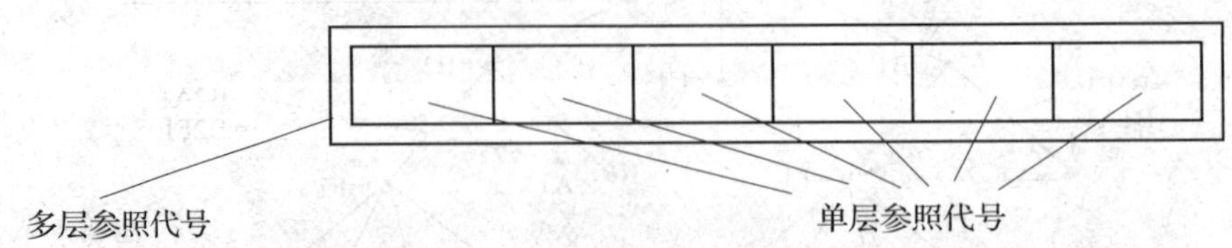

图6—15 多层参照代号与其单层参照代号之间的内在关系

多层参照代号的常见格式如下：

（1）同一结构面相同层次的参照代号

不同产品面的多层参照代号，如某开关Q3，隶属于控制柜A1，可标识为-A1-Q3，也可表示为-A1Q3；不同功能面的多层参照代号，如某电动机M，隶属于大楼供水系统W1中的一个子系统WS3，可标识为=W1=WS3，也可表示为=W1WS3；不同位置面的多层参照代号，如某设备位于204房间A6列柜，可标识为+204+A6，也可表示为+204A6。

（2）同一结构面不同层次的参照代号

例如，A1装置中的继电器K1，位置在C8区间，S1列控制柜，M4柜中，可标识为=A1-K1+C8S1M4；P1系统中的开关Q1，位置在C13室，S2间隔，M11开关柜中，可标识为=P1-Q1+C13S2M11。

（3）前后单层参照代号前缀符号相同的多层参照代号

在多层参照代号中，当单层参照代号的前缀符号与前面的单层参照代号的前缀符号相同时，多层参照代号的书写方式示例见表6—26。

表6—26 前后单层参照代号前缀符号相同的多层参照代号的书写方式

<table>
<tr><th rowspan="2">类型</th><th colspan="2">示例</th><th rowspan="2">说明</th></tr>
<tr><th>完整表示</th><th>简化表示</th></tr>
<tr><td>前一单层参照代号以数字结尾，相邻的后一个单层参照代号以字母代码开始</td><td>=A1=B2</td><td>=A1B2
=A1.B2</td><td rowspan="3">如果单层参照代号以数字结尾，并且下一单层参照代号以字母代码开始，则前缀符号可以省略，而其他类型不能省略
前缀符号可用“.”（下脚点）代替</td></tr>
<tr><td>前一单层参照代号以数字结尾，相邻的后一个单层参照代号以数字开始</td><td>-A1-1</td><td>-A1.1</td></tr>
<tr><td>前一单层参照代号以字母结尾，相邻的后一个单层参照代号以字母代码开始</td><td>-C-D4</td><td>-C.D4</td></tr>
</table>

3. 参照代号应用实例

图6—16表示出了三个项目，其中：LED（发光二极管）信号灯P3，位置位于“+C1”，属于功能件“=P1”；电阻R1，属于产品“-A3”，位于“+C4”，属于功能件“=B2”；NPN型晶体管K2，与R1相同，属于产品“-A3”，位于“+C4”，属于功能件“=B2”中的功能件“=K1”。这三个项目又共同属于产品“-B3”，位于“+S1”，属于功能件“=A1”。其参照代号见表6—27。

项目	参照代号
电阻	+S1C4/=A1B2/–B3A3R1
NPN型晶体管	+S1C4/=A1B2K1/–B3A3K2
LED信号灯	+S1C1/=A1P1/–B3P3
“边界线”	+S1C4/=A1B2/–B3A3
“页内容区”	+S1/=A1/–B3

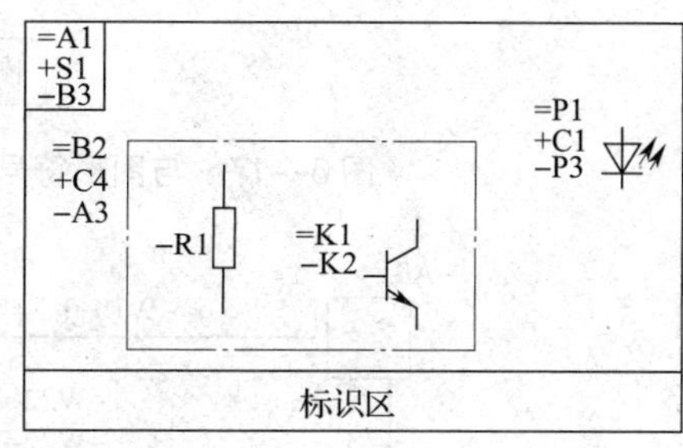

图6—16　参照代号的应用

表6—27　　与图6—16对应的参照代号

序号	项目名称	单层产品面参照代号	多层参照代号
1	LED信号灯	-P3	+S1C1/=A1P1/-B3P3
2	电阻	-R1	+S1C4/=A1B2/-B3A3R1
3	NPN型晶体管	-K2	+S1C4/=A1B2K1/-B3A3K2

三、参照代号的标注位置

1. 图形符号的参照代号标注位置

与图形符号相对应的参照代号应标注在图形符号的近旁。如图6—17所示，在单管延时释放继电器电路图中，与图形符号相对应的参照代号均标注在图形符号的近旁。当图形符号垂直布置时，即图形符号的引线垂直布置时，与图形符号相关的参照代号常置于符号的左边；当图形符号水平布置时，即图形符号的引线水平布置时，与图形符号相关的参照代号常置于符号的上方。

2. 连接线的参照代号标注位置

连接线的参照代号一般标注到连接线的近旁，不应碰到或跨越连接线。对水平布置的连接线，参照代号一般是顺着连接线的方向标注在图线的上方；对垂直布置的连接线，参照代号一般顺着连接线的方向标注在图线的左边。例如，图6—18中的参照代号-W10-1、-W11-1标注在水平连接线的上方，参照代号-W12-1、-W12-2、-W22-2、-W22-4标注在垂直连接线左边。

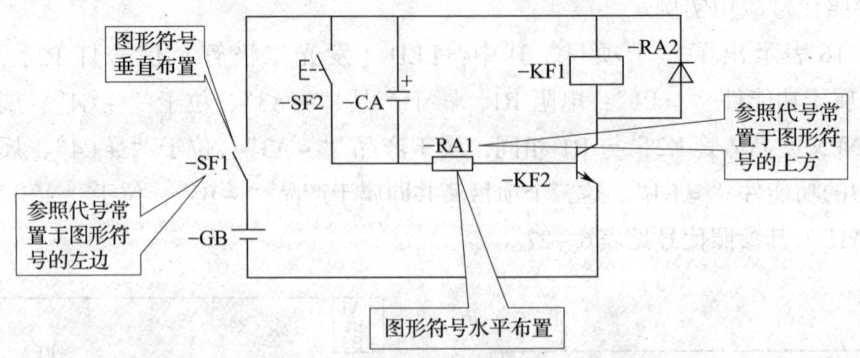

图 6—17　与图形符号相对应的参照代号标注位置

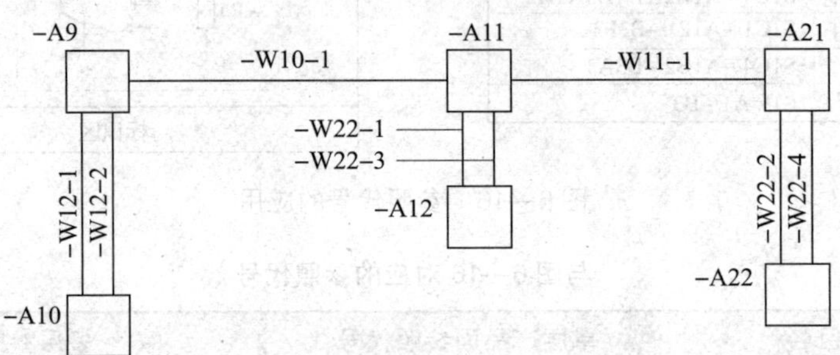

图 6—18　与连接线相对应的参照代号标注位置

如果不可能将参照代号置于毗邻连接线的地方，应将其置于内容区的其他地方，并用一条指引线（或一条基准线）引到那条连接线上。例如，图 6—18 中的参照代号 - W22 - 1 和 - W22 - 3 通过指引线对连接线进行标识。

3. 边界线的参照代号标注位置

与边界线相关的参照代号应置于边界线上面左边缘，如图 6—19a 所示；或边界线左方和上面边缘，如图 6—19b 所示。

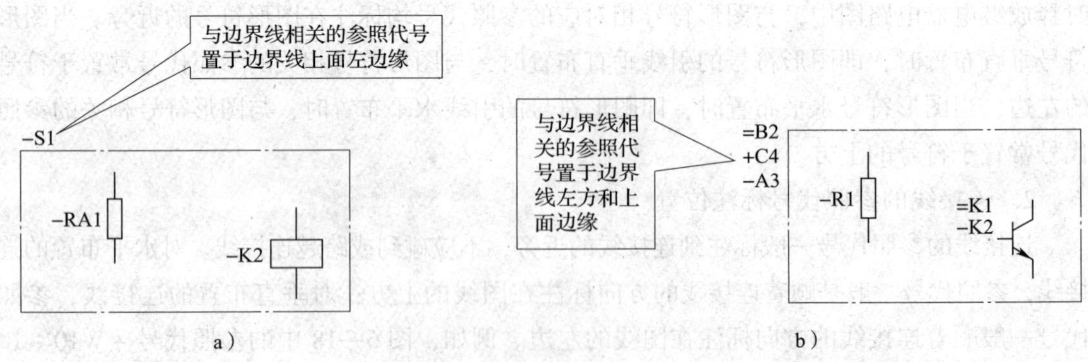

图 6—19　边界线的参照代号标注位置

对于边界线内所表示的项目，其参照代号对应的边界线的参照代号不应用单独的项目表示，如图6—20所示。

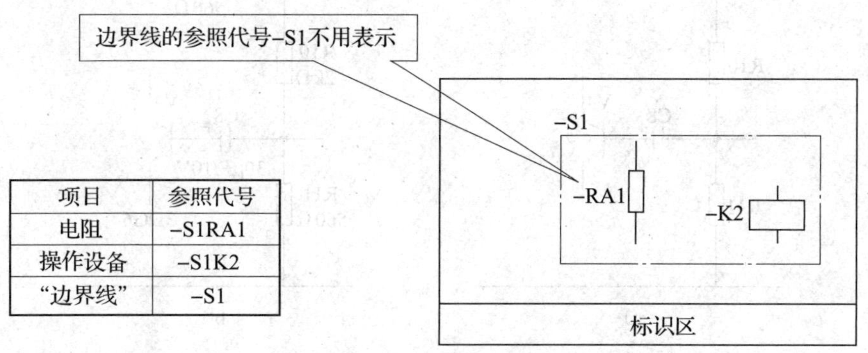

项目	参照代号
电阻	-S1RA1
操作设备	-S1K2
“边界线”	-S1

图6—20　边界线内的参照代号

四、参照代号的作用

用参照代号标识项目，可把不同种类的文件中项目的信息和构成系统的产品关联起来。参照代号具有以下作用：

1. 参照代号应唯一地标识所研究系统内的项目。

2. 便于了解系统、装置、设备总体功能和结构层次，充分识别文件内的项目。

3. 便于查找、区分、联系各种图形符号所表示的元件、器件、装置和设备。

4. 标注在电气技术文件的相关图形符号旁，使图形符号和实物、实体建立起明确的对应关系。

五、项目代号

虽然在国家标准GB/T 5094—2002～2005《工业系统、装置与设备以及工业产品结构原则与参照代号》中规定用“参照代号”替代旧标准GB/T 5094—1985《电气技术中的项目代号》中的“项目代号”，但目前项目代号在电气工程中仍普遍使用。

1. 项目代号的概念

项目代号是指为了识别项目的种类，并提供项目的层次关系、实际位置等信息，给每个项目编制的一个特定代码。如图6—21所示，图中代码“R10”“R11”“R12”“C8”“V4”均是项目代号。

2. 项目代号的组成

完整的项目代号包括四个部分，每一部分称为代号段，每个代号段都具有相关的信息，各代号段用特定的前缀符号加以区分。四个代号段的名称、含义及前缀符号见表6—28。

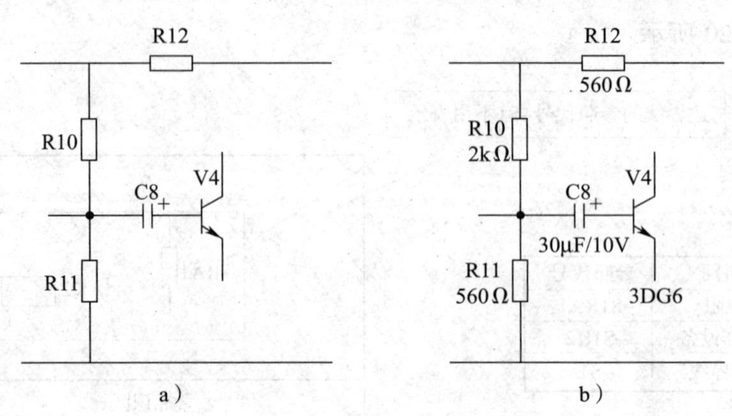

图 6—21　项目代号的标注

a）标注项目代号　b）标注项目代号和主要参数

表 6—28　　代号段的名称、含义及前缀符号

代号段	名称及含义	前缀符号	示例
第一段	高层代号：系统或设备中任何较高层次（对给予代号的项目而言）项目的代号	=	= W2
第二段	种类代号：用以识别项目种类的代号	−	− G1
第三段	位置代号：项目在组件、设备、系统或建筑物中实际位置的代号	+	+ B3
第四段	端子代号：用以同外电路进行电气连接的电器导电件的代号	:	:1

一个完整的项目代号的形式如下：

=（高层代号）−（种类代号）+（位置代号）：（端子代号）

如表 6—28 中示例，其完整的项目代号为 = W2 − G1 + B3 :1。

项目代号中各代号段的字符都包括拉丁字母或阿拉伯数字，或者由字母和数字构成。在实际使用中，每个项目并不一定都编制出四个代号段，具体示例见表 6—29，可以用种类代号单独表示一个项目，也可以用高层代号、位置代号、端子代号与种类代号组合表示一个项目。为了避免图面不必要的拥挤，图形符号附近的项目代号应适当简化，只要能识别这些项目即可。在电气图中，如不致引起混淆，前缀符号可以省略，如图 6—21 所示。

表 6—29　　项目代号的组合形式示例

组合形式	示例	说明	特点
种类代号	-G1	第一个电源	只表明项目的种类
种类代号与高层代号	=W2-G1	第二个W系统（W2）中的第一个电源（G1）	只提供项目之间的功能隶属关系，不能反映项目的安装位置
种类代号与位置代号	-G1+B3	第一个电源（G1），处于“B3”位置	明确地给出了项目的位置，但不提供功能隶属关系
种类代号与端子代号	-G1：1	第一个电源（G1）的“1”号端子	只表明端子的隶属关系
种类代号与高层代号、位置代号	=W2-G1+B3	第二个W系统（W2）中的第一个电源（G1），处于“B3”位置	不仅能提供项目之间的功能隶属关系，而且还能同时反映项目的安装位置
种类代号与高层代号、位置代号、端子代号	=W2-G1 B3：1	第二个W系统（W2）中的第一个电源（G1）的“1”号端子，处于“B3”位置	不仅能提供项目之间的功能隶属关系、安装位置，而且还能同时反映端子的隶属关系

3．项目代号的使用

在电气图中，图形符号旁的项目代号可在图中项目与设备的实际项目之间建立起对应关系。在实际使用中，可根据系统、设备、整机等规模的大小，以及所要表示的项目在系统、设备、整机中的层次关系、具体位置等情况，确定项目代号的内容。例如，在大型复杂系统或成套设备中，对于基层的具体项目，其项目代号的内容要涉及多个代号段，通过层层分解可确定该项目的代号内容；对于较为简单的设备、整机或部件，在能识别各项目的前提下，可简化项目代号的内容，同时前缀符号也可省略。除种类代号外，其他内容均可根据情况进行省略，被省略的情况可在图中或其他文件中加以说明。

在一般的电子产品（如音像设备等家电产品）所使用的电路图、逻辑图、接线图等图中，经常在图形符号旁标注种类代号，即采用项目种类字母代码后加注数字的形式表示图中的具体项目，如图 6—21a 所示。项目种类字母代码后面的数字是用于区别同类项目中的每一个具体项目，此数字按该项目在图中的位置以自上而下、从左至右的顺序编排。

4．项目代号的标注

项目代号应靠近图形符号标注。当图形符号的连接线是水平布置时，项目代号一般标注在图形符号上方；当图形符号的连接线垂直布置时，项目代号应标注在图形符号左边。必要时可在项目代号旁（一般在下方或对方）加注该项目的主要性能参数、型号等，如电阻值、电容量、电感量、耐压值、晶体管型号等，如图 6—21b 所示。

5. 参照代号与项目代号的区别

（1）名称的改变。参照代号包括单层参照代号和多层参照代号。

（2）参照代号不完全用于项目，而是扩大到了系统。

（3）项目代号通常包括高层、种类、位置、端子四个代号段，而参照代号只从产品、功能、位置三个方面构成，取消了端子代号段。这里的产品面类似于种类，功能面类似于高层，位置面类似于位置。端子代号作为一种特殊代号单独进行描述。

应用举例

以图 6—17 所示的单管延时释放继电器电路图为例，分析图中各电气元器件的参照代号与字母代码、图形符号之间的内在联系，并识读参照代号。

1. 分析参照代号与字母代码、图形符号之间的内在联系

在图 6—17 中，每个图形符号旁均标注了一个用以标识该具体电气元器件的参照代号。该参照代号与字母代码、图形符号之间的对应关系见表 6—30。

表 6—30　　图 6—17 中参照代号与字母代码、图形符号之间的对应关系

名称	图形符号	参照代号	字母代码	
			主类	子类
控制开关		– SF1	S	F
电池	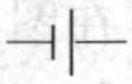	– GB	G	B
按钮开关	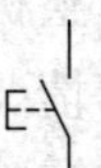	– SF2	S	F
极性电容器	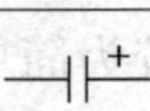	– CA	C	A
电阻器	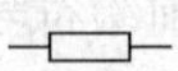	– RA1	R	A
操作件（继电器线圈）	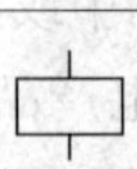	– KF1	K	F
NPN 型晶体管（未标准化）		– KF2	K	F
半导体二极管		– RA2	R	A

2. 识读参照代号

在图 6—17 中，参照代号均属单层参照代号，且都标注了该项目产品面的前缀符号“－”。当图形符号垂直布置时，与图形符号相关的参照代号置于符号的左边，如“－SF1”“－SF2”“－GB”“－KF1”等；当图形符号水平布置时，与图形符号相关的参照代号置于符号的上方，如“－RA1”。

§6—4　端 子 代 号

1. 掌握端子代号的标识方法及编制规则。
2. 能识读和使用常见的端子代号。

想一想

分析图 6—22 所示单相半波整流电路图中数字代号与图形符号、参照代号之间的内在联系，想一想，为什么要给每个接线端子标注这种与之相对应的数字代号。

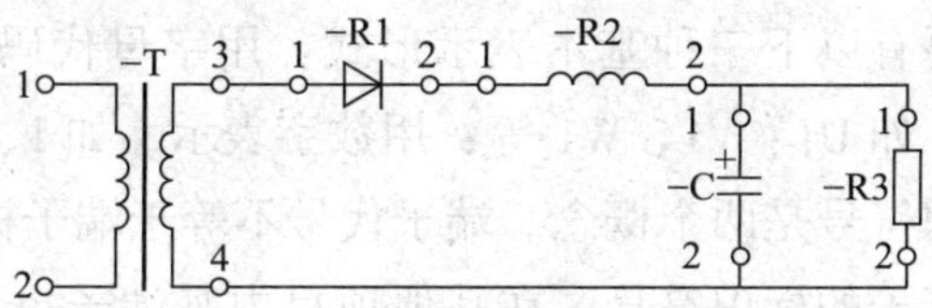

图 6—22　单相半波整流电路图

一、端子代号的概念

端子代号是一种根据项目的一个方面确定的项目端子的标识符号。根据需要，端子的标识符号可以从产品面、功能面或位置面的其中之一进行命名或确定。如图 6—22 所示，在变压器“－T”的四个端子旁标注的数字 1、2、3、4 就是变压器“－T”四个端子的端子代号。

电气图中的端子可以用端子的图形符号和端子代号共同表示，如图 6—22 所示。但当端子表达清晰时，端子的图形符号也可省略不画（注意：要求给出的特殊情况除外），如图 6—23 所示。图 6—23 与图 6—22 相比，图中并没有画出端子的图形符号，但都标注了相应的端子代号。

为规范端子代号，国家制定了标准 GB/T 18656—2002《工业系统、装置与设备以及工业产品系统内端子的标识》。

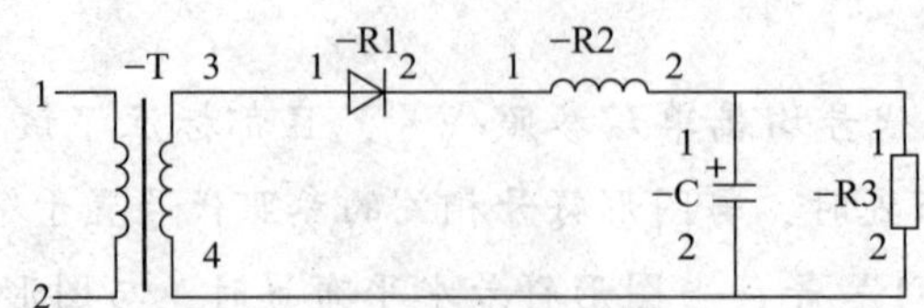

图 6—23　单相半波整流电路图（端子的图形符号未画出）

二、端子代号的基本构成

1．端子标识符号的基本表达形式

在一个系统内，某一端子的标识应该是唯一的。它包括：项目的唯一标识端子的端子代号；端子代号前的前缀符号“：”（冒号）；冒号前的代号，即端子所在项目的参照代号。端子标识的基本表达形式如图 6—24 所示。图中的端子代号为该项目端子的唯一标识符号，参照代号为端子所在项目的标识符号。

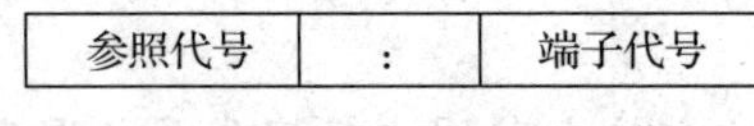

参照代号	：	端子代号

图 6—24　端子标识的基本表达形式

2．端子代号的代码

端子代号的代码主要有以下三种基本表示形式：用字母代码表示，如 U、V、W 等；用字母代码加数字表示，如 U1、V1、W1 等；用数字表示，如 1、2、3 等。

端子代号和端子标识符号是两个概念。端子代号不等于端子标识符号。端子代号是指在一个具体项目内某一端子的标识符号，在其他项目内某端子也可能有相同的标识符号，但端子标识符号（即端子代号之前应有所在项目的参照代号）是唯一的。

三、端子代号的标识方法

1．产品面端子代号的标识

产品面的端子代号（即产品端子代号）应由实际的端子代号组成。例如，标在双列或单列直插组件、电子管等产品上的代号，制造厂商给定的代号或根据惯例熟知的代号等。图 6—25 所示为三相笼型感应电动机的接线盒。其中，图 6—25a 所示绕组为Y形接法，图 6—25b 所示绕组为△形接法。图中 U1、V1、W1 和 U2、V2、W2 分别为接线端子标识，这是制造厂商标在产品上的标识代号。

如果不存在制造厂商对装置实际端子给定的代号或由于某些原因给定的代号不全时，则应给予任意的端子代号，并应在文件中或支持文件中说明。如图 6—26a 所示，当提供的标识不足以标识每个端子时，就要给定端子代号，并在文件或支持文件中说明。通常是一边为 1，另一边为 2；或一边为 A，另一边为 B。这样端子的标识可定为“－X1：1.1”

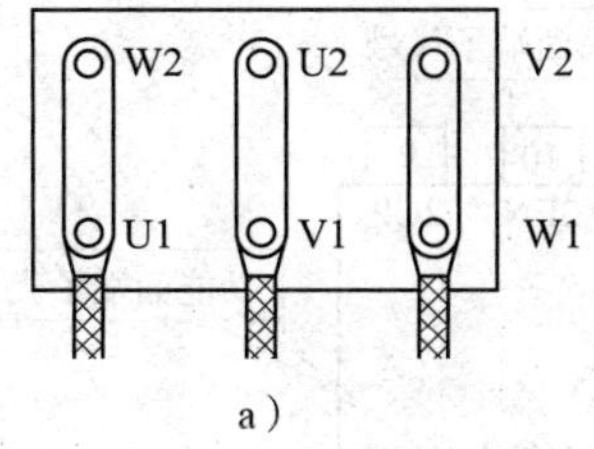

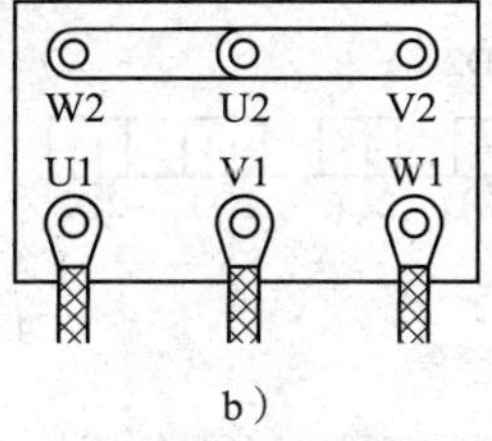

图 6—25　三相笼型感应电动机的接线盒

a）绕组为Y形接法　b）绕组为△形接法

“-X1：1.2”等，或“-X1：1.A”“-X1：1.B”等。当端子有足够的标识时，就应使用提供的标识，如图 6—26b 所示。此时的端子标识为“-X1：11”“-X1：12”“-X1：21”“-X1：22”等。

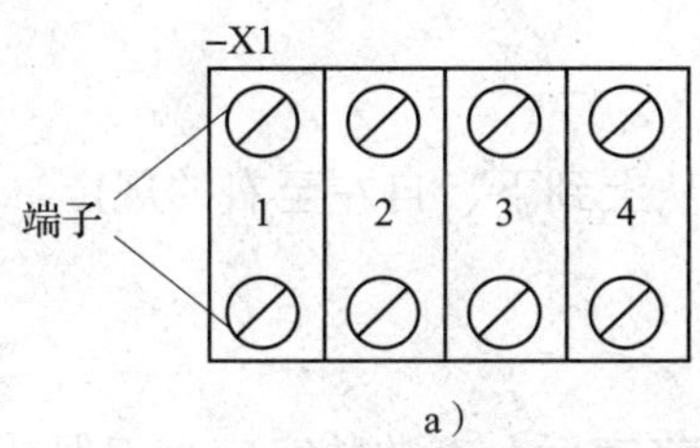

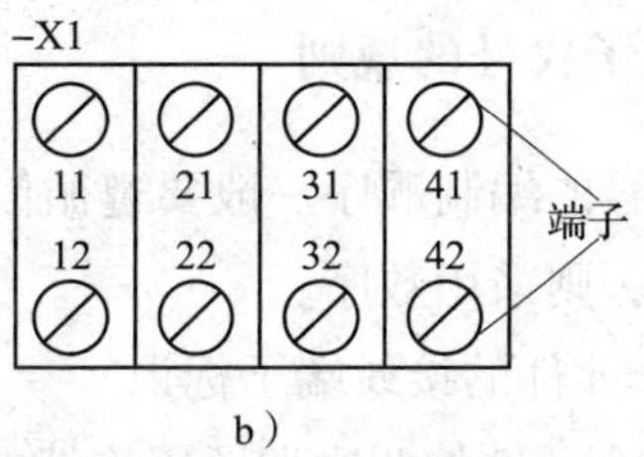

图 6—26　有八个端子的一件端子板（图中整个组件为一个项目）

a）未标识每个端子　b）端子有足够的标识

“-”是产品面端子代号的标识。在图 6—27 中，-A1-M1 是作为系统组成部分的电动机的参照代号；U、V、W 是与电动机上的标识相同的端子代号，表示电动机的三相接线端子；PE 端子代号表示保护接地。这四个端子标识分别是“-A1-M1：U”“-A1-M1：V”“-A1-M1：W”“-A1-M1：PE”。

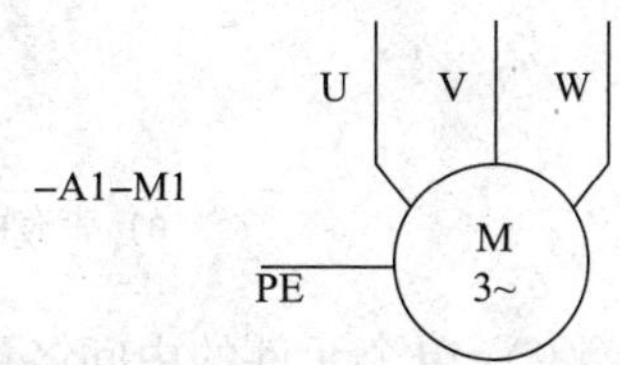

图 6—27　三相笼型感应电动机的端子代号

2. 功能面端子代号的标识

功能面的端子代号应以端子功能或内部与端子有关功能的信号名为依据。在图 6—28 中，1CP、2CP 为计数脉冲输入端，1EN、2EN 为计数允许控制端，1CR、2CR 为清零端，1Q0、1Q1、1Q2、1Q3 和 2Q0、2Q1、2Q2、2Q3 为计数状态输出端，VDD 为电源输入端，VSS 为公共端，它们均是表示端子功能的功能标识，属于功能面端子代号，而1~16 均是产品面端子代号。

“=”是功能面端子代号的标识。在图 6—28 中，VDD 是表示电源接入功能的端子代号，其端子标识为“=A1D2：VDD”；1CP 是时钟脉冲接入功能的端子代号，其端子标识为“=A1D2：1CP”。

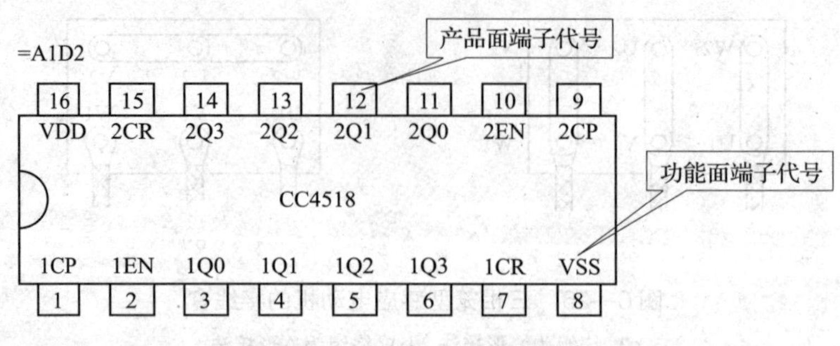

图 6—28　CC4158 计数器端子图

3. 位置面端子代号的标识

位置面的端子代号用于表示端子的位置，在电气技术文件中应用很少。“+”是位置面端子代号的标识。

四、编制端子代号的规则

端子代号的编制顺序一般要遵循信息流流向从上到下、自左至右的规定。当端子组用数字标记时，则采用数序。

1. 单个元件的接线端子标识

（1）单个元件的两边端子用连续的两个数字来表示，奇数数字应小于偶数数字，如 1 和 2。图 6—29a 所示为带有两个端子的单个元件。

图 6—29　单个元件的接线端子标识

a）带有两个端子的单个元件　b）带有四个端子的单个元件

（2）单个元件的中间各端子最好用连续数字来区别。其中，中间各端子的数字应选用大于两边端子的数字，并应从靠近数字较小的那个两边端子开始标识。图 6—29b 所示为带有四个端子的单个元件，图中有两个两边端子和两个中间端子，两边端子用 1 和 2 标识，中间各端子用数字 3 和 4 标识。

2. 相同元件组的接线端子标识

几个相同元件组合成一个组时，各元件的接线端子可按下列方式标识：

（1）在数字前冠以字母。如图 6—30a 所示，用 U、V、W 标识三相交流电系统中相应设备的各相端子。

（2）当不需要区分或不可能识别电源相线类别时，用数字前冠以数字的方法来区分。如图 6—30b 所示，用数字 1.1、2.1、3.1 标识，为避免混淆，在这些数字中间用一个圆点分开。

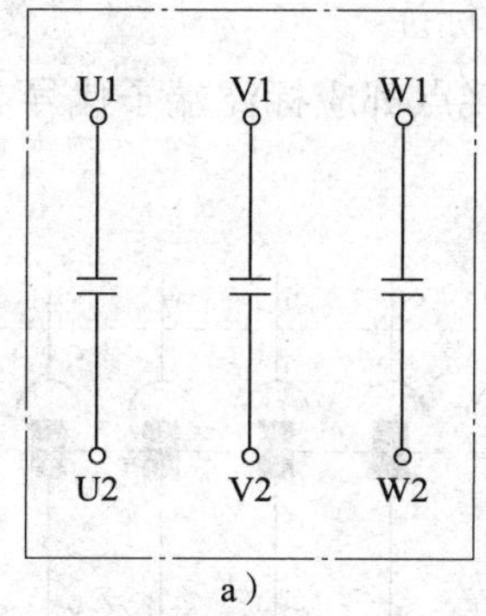

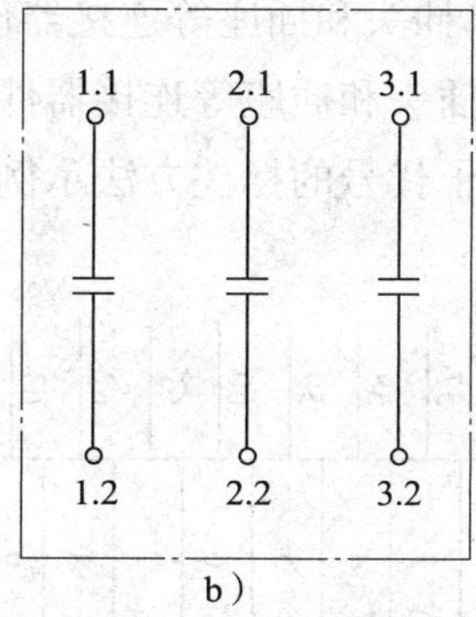

图 6—30　相同元件组接线端子标识示例

a）数字前冠以字母　b）数字前冠以数字

3．同类元件组的接线端子标识

同类元件组用相同字母标识时，可在字母前冠以数字来区别。如图 6—31 中两组三相绕组的接线端子用 1U1、2U1 等来标识。

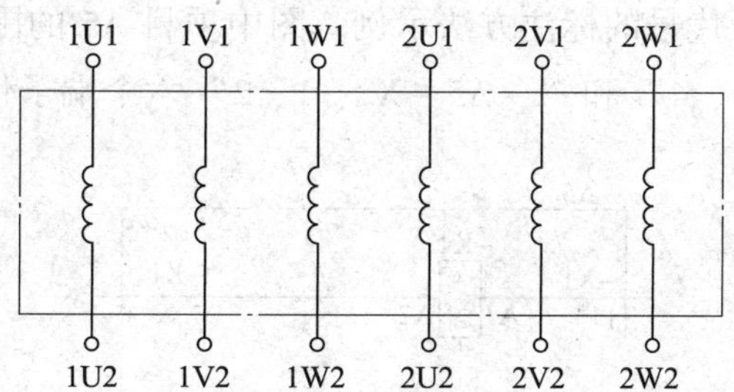

图 6—31　同类元件组接线端子标识示例

五、端子代号的标注方法

1．电阻器、继电器、模拟和数字硬件等电气元器件端子代号的标注

电阻器、继电器、模拟和数字硬件等电气元器件的端子代号应标在其图形符号的轮廓线外。如图 6—32 所示，电阻器、R－S 触发器、与非门逻辑单元的端子代号标注在图形符号的轮廓线外。

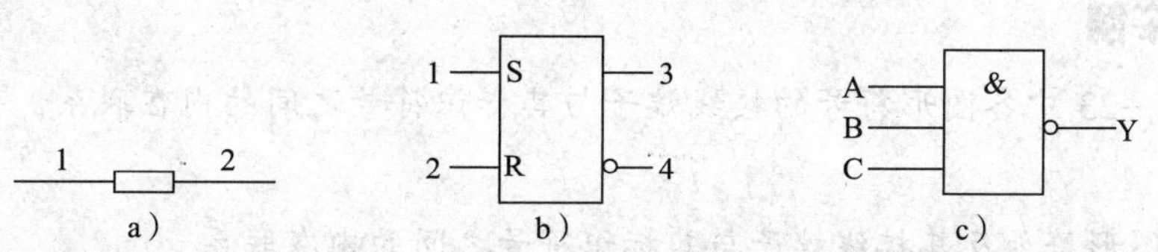

图 6—32　端子代号标注在图形符号的轮廓线外示例

a）电阻器　b）R－S 触发器　c）与非门逻辑单元

2．端子板、插头和插座等连接器件端子代号的标注

对端子板、插头和插座等连接器件的每一个连接点都应标注端子代号。如图 6—33 所示为连接器件端子代号的标注方法示例。

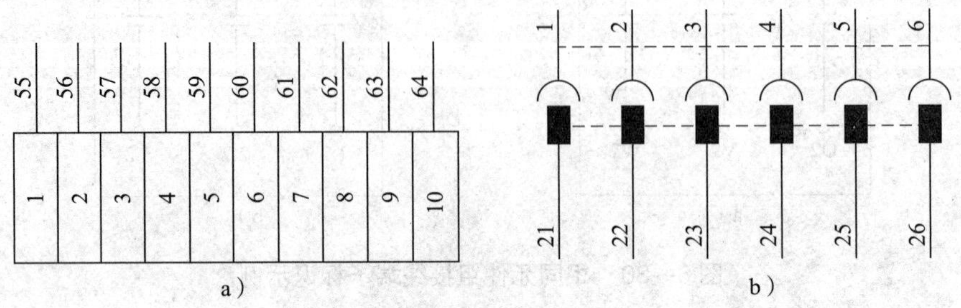

图 6—33　连接器件端子代号的标注方法示例

a）端子板　b）多极插头、插座

3．画有围框的功能单元或结构单元端子代号的标注

在画有围框的功能单元或结构单元中，端子代号必须标注在围框内，以免被误解。如图 6—34 所示为围框端子代号的标注方法示例。图中项目 A5 的围框共引出六根线，标注了“－A5－X1：1、2、3、4”和“－A5－X2：1、2”六个端子代号。

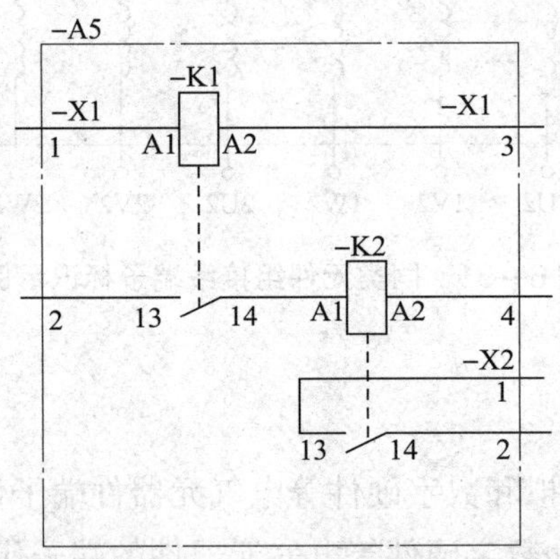

图 6—34　围框端子代号的标注方法示例

应用举例

分析图 6—23 中各图形符号的接线端子与其标识符号之间的内在联系，并识读端子代号。

1．分析图形符号及其接线端子与其标识符号之间的内在联系

在图 6—23 中，每个图形符号的端子旁均标注一个用来识别项目端子的端子代号，见表 6—31。

表 6—31　　　　　　　图 6—23 中的端子代号

图形符号	名称	参照代号	端子代号
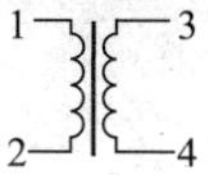 1 3 2 4	带磁芯的双绕组变压器	－T	1、2、3、4
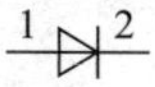 1 2	半导体二极管	－R1	1、2
 1 2	电感器	－R2	1、2
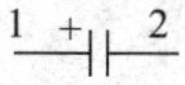 1 + 2	极性电容器	－C	1、2
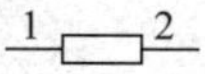 1 2	电阻器	－R3	1、2

2. 识读端子代号

(1) 分析端子代号的构成

以双绕组变压器“－T”的端子代号为例分析端子标识符号的形式。在图 6—23 中，“－T”为双绕组变压器的参照代号，一次绕组的两个端子代号为 1、2，二次绕组的两个端子代号为 3、4，其端子标识符号分别为－T：1、－T：2 和－T：3、－T：4。图中端子代号的代码均用数字代码表示。

(2) 分析端子代号的标识方法

图 6—23 中的端子标识是根据产品面标识的，用数字表示的端子标识是任意给予的端子代号。

(3) 分析编制端子标识符号的顺序

图 6—23 中端子代号的编制顺序遵循信息流向。图形符号水平布置的自左至右编排，如半导体二极管“－T”、电感器“－R2”等；图形符号垂直布置的从上到下编排，如极性电容器“－C”、电阻器“－R3”等。

第七章 电气制图的一般规则和基本表示方法

§7—1 电气制图的一般规则

学习目标

1. 掌握图线、箭头与指引线以及围框的画法规定和应用。
2. 掌握图线的布置方式以及电路或元器件的布局方法。
3. 能分析电气图中图线的布置方式和电气元器件的布局方法。

?想一想

电气图的绘制为什么必须遵守国家颁布的《技术制图》系列标准?

电气制图的图纸幅面、标题栏、字体、比例、尺寸标注等应符合《技术制图》标准中的相关规则，而这部分内容在第一章中已做过详细的介绍，在此不再重复讲述。这里只简要介绍有关电气制图方面的特有规则和标准。

一、图线

在电气制图中，一般只使用四种形式的图线，它们分别为实线、虚线、点画线和双点画线。其绘制形式和一般应用见表7—1。

表7—1 电气图中图线的形式和一般应用

图线名称	一般应用
实线	基本线、简图主要内容用线、可见导线
虚线	辅助线、屏蔽线、机械连接线、不可见导线、计划扩展内容用线
点画线	分界线、结构围框线、功能围框线、分组围框线
双点画线	辅助围框线

二、箭头与指引线

1. 箭头

电气简图中的箭头有开口箭头和实心箭头两种形式。开口箭头如图7—1a所示，主要用于表示电气能量、电气信号的传播方向，如能量流、信息流等。实心箭头如图 7—1b 所示，主要用于表示可变性、力和运动方向，以及指引线方向。

图 7—1　电气图中的箭头

a）开口箭头　b）实心箭头

2. 指引线

指引线主要用于指示注释的对象，采用细实线绘制，其末端指向被注释处，并加注标记。例如，指向轮廓线内，用一黑点表示，如图 7—2a 所示；指向轮廓线上，用一实心箭头表示，如图 7—2b 所示；指向电气连接线上，在连接线和指引线交点上画一短斜线或箭头表示终止，并允许有多个末端，如图 7—2c 所示。

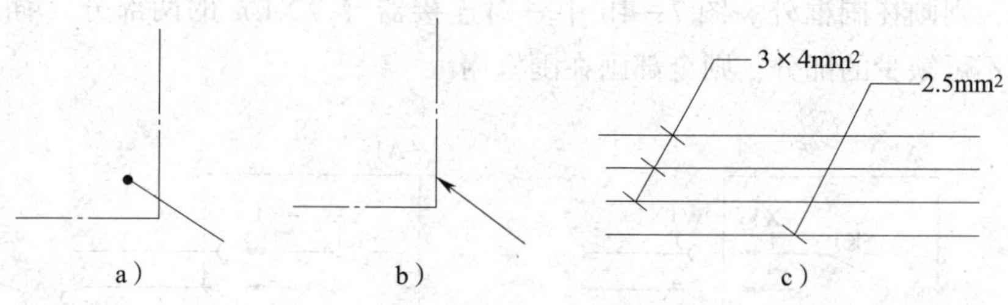

图 7—2　指引线末端指示标记

三、围框

当需要在图上显示出图的某一部分表示的是功能单元、结构单元或项目组（如电器组、继电器装置等）时，可用点画线围框表示。为了使图面清晰，围框的形状可以是不规则的，如图 7—3a 所示。从图上可以看出，接触器的线圈及其触点用围框标出后，其组成关系就非常明显了，触点的端子代号注写在围框内。

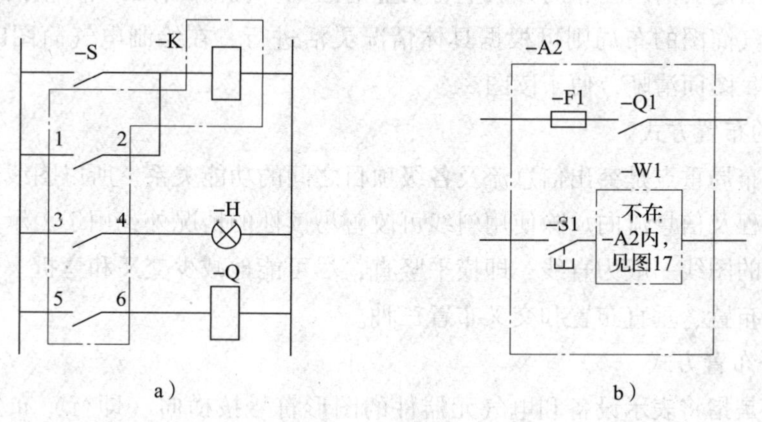

图 7—3　围框

a）点画线围框　b）双点画线围框

用围框表示的单元，若在其他文件上给出了可供查阅其功能的资料，则该单元的电路等可简化或省略。如果在图上含有安装在别处而功能与本图相关的部分，这部分可用双点画线围框表示。例如，在图 7—3b 中，－A2 单元内包括熔断器 F1、按钮 S1、开关 Q1 及功能单元－W1 等，它们在一个围框内。其中，－W1 单元是功能上与之相关的项目，不装在－A2 单元内，用双点画线围框表示。由于－W1 单元在围框内已经标明“不在－A2 内，见图 17”（围框内的文字说明），因此，这里将其内部连接省略。

对于端子板和连接器，如果端子板和连接器是某一功能单元或结构单元不可少的符号，则应将端子板和连接器符号放在围框内，否则应分别放在围框外。在图 7—4a 中，一对连接器的其中一部分（插头－X1）属于该单元，这部分画在围框内，插座－W1X1 不属于该单元，则画在围框外。图 7—4b 中一对连接器（－X1）的两部分（插头和插座）均为单元内不可缺少的部分，则全部画在围框内。

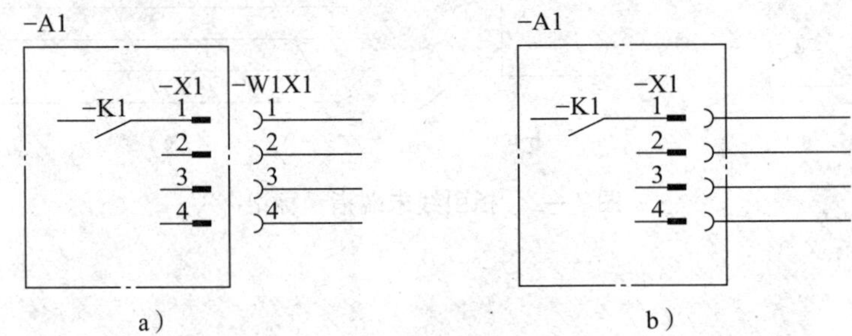

图 7—4　连接器与围框的应用

四、电气简图的布局方法

机械图样与电气简图在布局方法上有明显的区别：机械图样必须严格按机件的位置进行布局，而电气简图的布局则可根据具体情况灵活进行。在绘制电气简图时，原则上要求：布局合理，图面清晰，便于读图。

1. 图线的布置方式

电气图的布局重点是突出信息流及各级项目之间的功能关系，所以图线的布置应有利于识别各种过程及信息流向。除使用斜线可改善易读性的情况外，用于表示导线、信号通路、连接线等的图线一般为直线，即横平竖直，尽可能地减少交叉和弯折。常见的图线布置方式有水平布置、垂直布置和交叉布置三种。

（1）水平布置方式

水平布置是指将表示设备和电气元器件的图形符号按横向（即行）布置，连接线呈水平方向，各类似项目纵向对齐。如图 7—5a 所示为图线的水平布置示例。图中各电气元器件按行排列，连接线基本上都是水平线，电阻 R721 和 R778 纵向对齐。

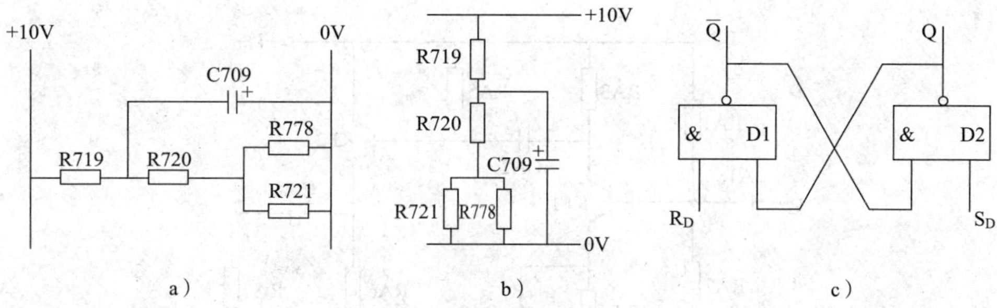

图 7—5　图线的布置方式示例

a）图线的水平布置示例　b）图线的垂直布置示例　c）图线的交叉布置示例

（2）垂直布置方式

垂直布置是指将表示设备或电气元器件的图形符号按纵向（即列）排列，连接线呈垂直方向，各类似项目横向对齐。如图 7—5b 所示为图线的垂直布置示例。图中各电气元器件按列排列，连接线基本上都是垂直线，电阻 R721 和 R778 横向对齐。

（3）交叉布置方式

为了把相应的元件连接成对称的布局，也可以采用斜交叉线的方式布置。如图 7—5c 所示为图线的交叉布置示例。

就电气图整体而言，可以既有水平布置，也有垂直布置，尤其是较复杂的电气图。例如，在图 7—6 所示的直接耦合放大电路图中，图线既有水平布置，如 CA1、CA2、RA3 所在图线；也有垂直布置，如 RA1、RA2、RA4、KF1、KF2 所在图线。

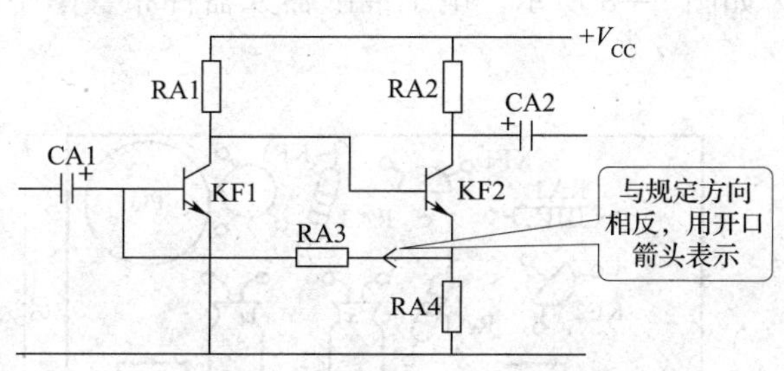

图 7—6　直接耦合放大电路图

2. 电路或电气元器件的布局方法

在电气图中，电路或电气元器件的布局方法有功能布局法和位置布局法两种。

（1）功能布局法

功能布局法是指简图中表示电路或电气元器件的图形符号的布置，只考虑便于看出它们所表示的电路或电气元器件的功能关系，而不考虑其实际安装位置的一种布局方法。功能布局法广泛用于概略图、电路图、功能图等功能性简图，如图 7—7 所示的两级阻容耦合放大电路图即采用功能布局法。

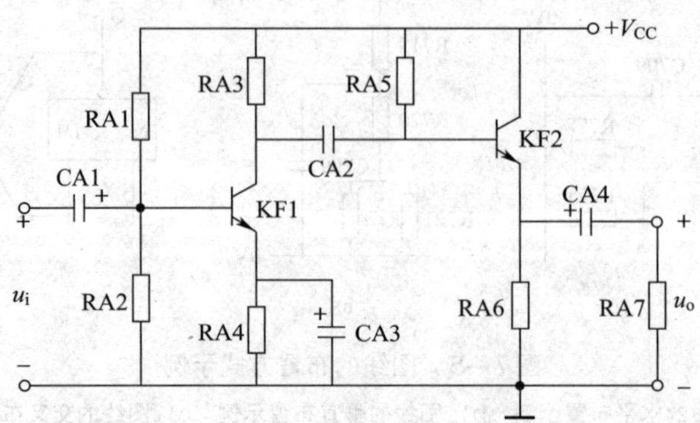

图 7—7　两级阻容耦合放大电路图

在功能布局法中，将表示对象划分为若干功能组，按照因果关系、动作顺序、功能联系等从左到右或从上到下布置。为了强调并便于看清其中的功能关系，每个功能组的电气元器件应集中布置在一起，并尽可能按工作顺序排列。如果信息流或能量流从右到左或从下到上，以及流向对看图都不明显时，应在连接线上画开口箭头，开口箭头不应与其他符号相邻近。在闭合电路中，前向通路上的信息流方向应该是从左到右或从上到下，反馈通路的方向则相反。如图 7—6 所示，图中反馈通路画出开口箭头，用以表明信号从右到左。

（2）位置布局法

位置布局法是指简图中表示电路或电气元器件的图形符号的布置与其实际安装位置基本一致的布局方法。在接线图、电气布置图中采用这种方法，可以清楚地看出元器件的相对位置和导线的走向。如图 7—8 所示，电子催眠器元器件布置图中清楚地阐述了元器件的相对位置。

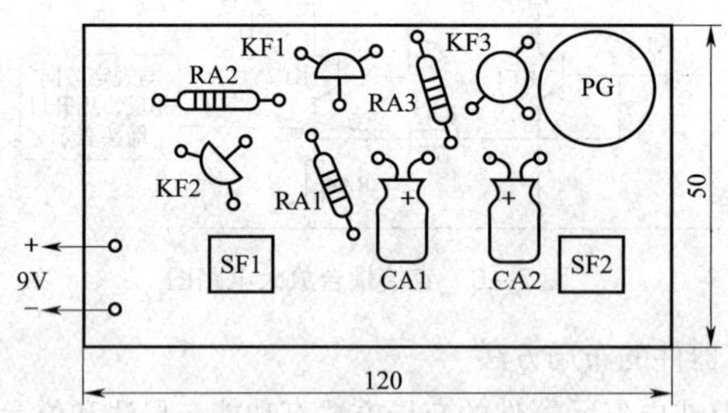

图 7—8　电子催眠器元器件布置图

应用举例

以图 7—7 所示的两级阻容耦合放大电路图为例，分析图中图线的布置方式和电气元器件的布局方法。

1. 分析图线的布置方式

在图7—7中，图线按横平竖直绘制。其中，电容器CA1、CA2、CA4的图形符号及其引线按水平布置方式绘制，电路中的其他电气元器件及其引线按垂直布置方式绘制。

2. 分析电气元器件的布局方式

图7—7是由一个分压偏置式共射放大电路和一个射极输出器组成的两级阻容耦合放大电路。图中元器件和导线的图形符号是按功能布局法绘制的，依照功能联系从左到右布置，按工作顺序（信息流流向）排列。

每个功能组的电气元器件集中布置在一起：由电阻器（RA1、RA2、RA3、RA4）、电容器（CA1、CA3）、晶体管（KF1）构成分压偏置式共射放大电路，集中布置在一起；由电阻器（RA5、RA6）、电容器（CA2）、晶体管（KF2）构成射极输出器，也集中布置在一起。

§7—2　电气元器件的表示方法

学习目标

1. 掌握电气元器件的基本表示方法和其在图上位置的表示方法。

2. 能分析图中电气元器件的表示方法和其在图上位置的表示方法。

一、电气元器件的基本表示方法

想一想

分析图7—9所示表示继电器图形符号的两种不同方法，想一想，这两种绘制方式的特点是什么，分别适用于什么场合。

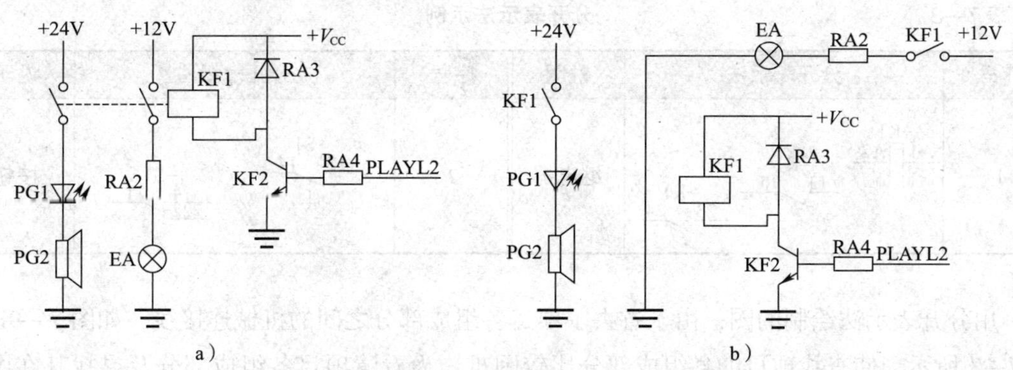

图7—9　单片机继电器控制电路图

a）集中表示法示例　b）分开表示法示例

1．电路图中元器件的表示方法

（1）元器件中功能相关部分的表示方法

对于驱动部分和被驱动部分之间具有机械连接功能关系的元器件，特别是被驱动部分有多组触点的器件，如复合按钮、多组触点的继电器等，在电气图中的表示方法主要有集中表示法、半集中表示法和分开表示法三种。本书仅简要介绍常见的集中表示法和分开表示法，半集中表示法可根据需要参阅相关材料自学。

1）集中表示法。集中表示法是指在简图中把表示一个项目的各组成部分的图形符号绘制在一起的方法。集中表示法示例见表 7—2。表中的继电器有一个驱动线圈（A1 - A2）和两对触点（13 - 14、23 - 24），按钮有两对触点（13 - 14、21 - 22/24），它们分别用机械连接线联系起来，从而构成一个整体。

表 7—2　　集中表示法示例

序号	集中表示法	说明	序号	集中表示法	说明
1	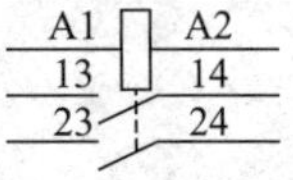 A1 A2 13 14 23 24	继电器	2	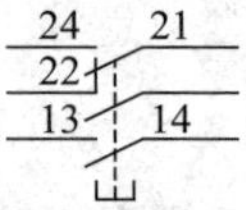 24 21 22 13 14	按钮

集中表示法只适用于绘制简单的图。在集中表示法中，各组成部分用机械连接线（虚线）互相连接起来。机械连接线（虚线）必须是一条直线，如图 7—9a 和表 7—2 所示。

2）分开表示法。分开表示法是指把一个项目中某些部分的图形符号在简图上分开布置，并用参照代号表示它们之间关系的方法。分开表示法示例见表 7—3。表 7—3 中继电器和按钮的各组成部分分别画在不同的电路中，其触点和线圈还可画在不同张次的图上。由于分开表示法既没有机械连接线，又可避免或减少图线交叉，因而图面更为清晰。

表 7—3　　分开表示法示例

序号	分开表示法	说明	序号	分开表示法	说明
1	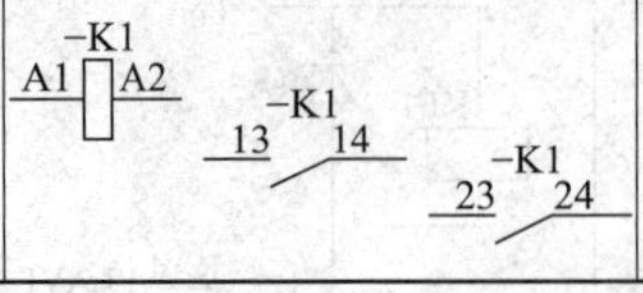 −K1 A1 A2 −K1 13 14 −K1 23 24	继电器	2	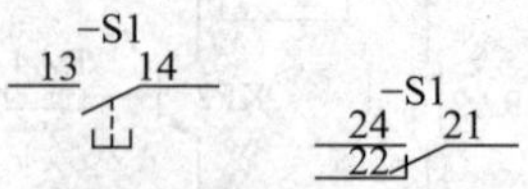 −S1 13 14 −S1 24 21 22	按钮

用分开表示法绘制的图，由于省去了项目各组成部分之间的机械连接线，如图 7—9b 和表 7—3 所示，使查找项目的各组成部分比较困难。为看清项目各组成部分及寻找其在图中的位置，除用重复标注参照代号的方法外，还可用插图或表格来说明元器件各部分的位置。

用分开表示法和集中表示法绘制的图，给出的信息量是相等的，如图 7—9 所示。由于用分开表示法和集中表示法绘制的图各有特点，所以可根据图面的繁简情况选择使用。

（2）元器件中功能无关部分的表示方法

1）组合表示法。组合表示法是将图形符号的各部分画在围框线内，或将图形符号的各部分连在一起，如二进制逻辑元件或模拟元件等。如图 7—10 所示为组合表示法示例。其中，图 7—10a 所示为集成电路四 2 输入与非门，图 7—10b 所示为双功放集成电路。

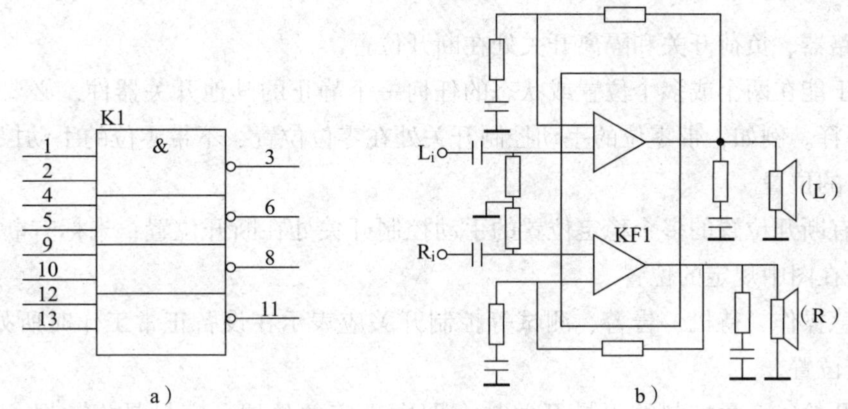

图 7—10　组合表示法示例

a）集成电路四 2 输入与非门　b）双功放集成电路

2）分立表示法。分立表示法是将功能上独立的符号各部分分开示于图上的表示方法。功能上独立的符号在结构上是一体关系，通过其参照代号加以清晰表示。如图 7—11 所示为分立表示法的示例。其中，图 7—11a 所示为集成电路四 2 输入与非门，与图 7—10a 相对应；图 7—11b 所示为双功放集成电路，与图 7—10b 相对应。

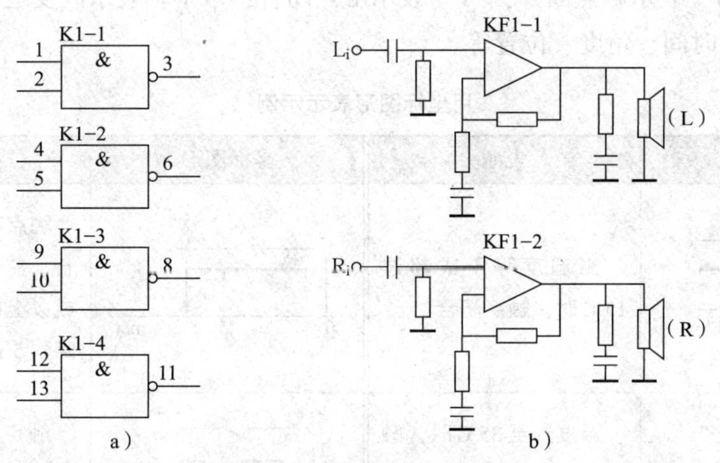

图 7—11　分立表示法示例

a）集成电路四 2 输入与非门　b）双功放集成电路

2．组成部分可动元器件的表示方法

（1）元器件工作状态的表示方法

除非图或支持文件中另有规定，组成部分可动（如触点）的元器件符号应按照以下规定的位置或状态绘制：

1）单一稳定状态的手动或机电元器件，如继电器、接触器、制动器等，处在非激励或断电状态。

2）断路器、负荷开关和隔离开关处在断开位置。

3）对于能在两个或多个位置或状态的任何一个静止的其他开关器件，必要时，应在图中给出解释。例如，带零位的手动控制开关处在零位位置，不带零位的手动控制开关处在图中规定的位置。

4）标有断开位置的多个稳定位置的手动控制开关处在断开位置；未标有断开位置的控制开关处在图中规定的位置。

5）应急操作、待机、告警、测试等控制开关应表示在设备正常工作时所处的位置，或其他规定位置。

6）由凸轮、变量控制的引导开关处在图中规定的位置。变量是指位置、高度、速度、压力、温度等。

（2）功能说明

对于功能复杂的手动控制开关，如需要理解功能，应在简图中增加图示。对于监控开关，图中应在邻近符号处有操作说明，如用坐标图形表示，用操作器件的符号表示，用注释、标记和表格表示等。

1）用坐标图形表示。触点的运行方式用坐标图形表示示例见表7—4。在表中各坐标的垂直轴上，“0”表示触点断开，“1”表示触点闭合；水平轴表示改变运行方式的条件，如温度、速度、时间、角度、位置等。

表7—4　　用坐标图形表示示例

坐标图形	说明	坐标图形	说明
1　0　15　℃	当温度等于或超过15℃时，触点闭合	1　0　5　5.2　m/s	触点在速度为0时闭合，在速度为5.2 m/s或以上时断开，当速度降到5 m/s时闭合
1　0　20　35　℃	温度升至35℃时，触点闭合；然后降到20℃时，触点断开	1　0°　60°　180°　240°　330°	触点在60°～180°和240°～330°时闭合，在其他位置断开

2）用操作器件的符号表示。如图 7—12 所示，图中凸轮推动圆球，触点便闭合，其余为断开。凸轮自 0°开始，转到 60°～180°和 240°～330°时闭合，在其他位置均断开。

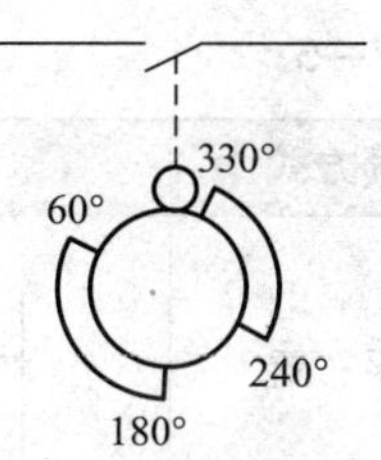

图 7—12　用操作器件符号表示某位置开关触点位置

3）用注释、标记和表格表示。如图 7—13 所示为有注释补充的开关或触点符号示例。图中文字说明置于图的右侧。

(3) 用触点符号表示半导体开关的方法

半导体开关应按其初始状态绘制。半导体开关的初始状态是指辅助电源已闭合的时刻。如图 7—14 所示为半导体开关电路示例，电源 V_{CC}已供电。

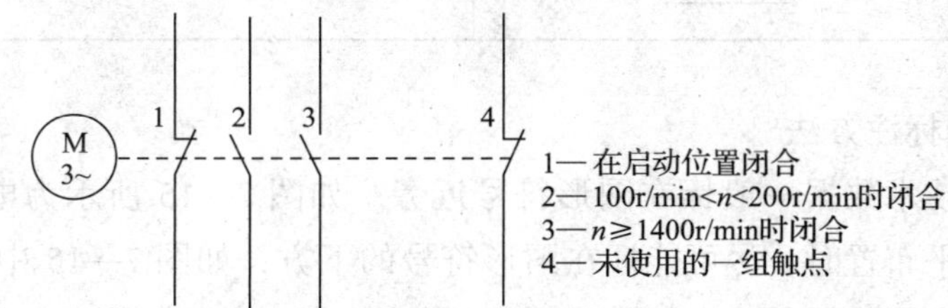

图 7—13　有注释补充的开关或触点符号示例

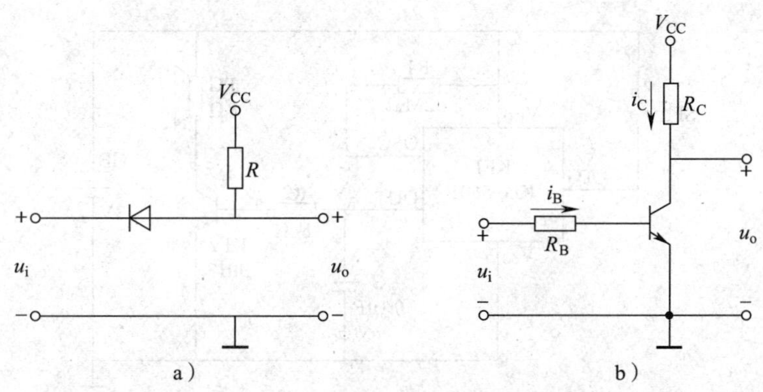

图 7—14　半导体开关电路

a）二极管开关电路示例　b）晶体管开关电路示例

(4) 元器件触点的取向

为了与设定的动作方向一致，触点符号的取向规定如下：当操作元器件时，水平连接线的触点动作向上；垂直连接线的触点动作向右。触点符号的取向示例见表 7—5。

在分开表示法表示的电路中，当触点排列复杂且没有保持、闭锁和延时等功能的情况时，为了避免电路连接线的交叉，使图面布局清晰，在加电和受力后，触点符号的动作方向可不用强调一致。

表 7—5　　　　　　　　触点符号的取向示例

布局方式	图例	说明
水平布置	S1　Q1　K1	水平连接线的触点符号，在加电或受力后，动作方向一致向上，即：动合触点在静触点的下侧，动断触点在静触点的上侧
垂直布置	S1　Q1　K1	垂直连接线的触点符号，在加电或受力后，动作方向一致向右，即：动合触点在静触点的左侧，动断触点在静触点的右侧

3．技术数据的标注方法

电气元器件的技术数据一般标在图形符号近旁。如图 7—15 所示为电子“爆竹”电路图。当连接线水平布置时，尽可能标在图形符号的下方，如图 7—15 中的 R1、R2；垂直布置时，则标在参照代号的下方，如图 7—15 中的 C、PG、KF2 等。还可以标在方框符号或简化外形符号内，如图 7—15 中的 KF1。

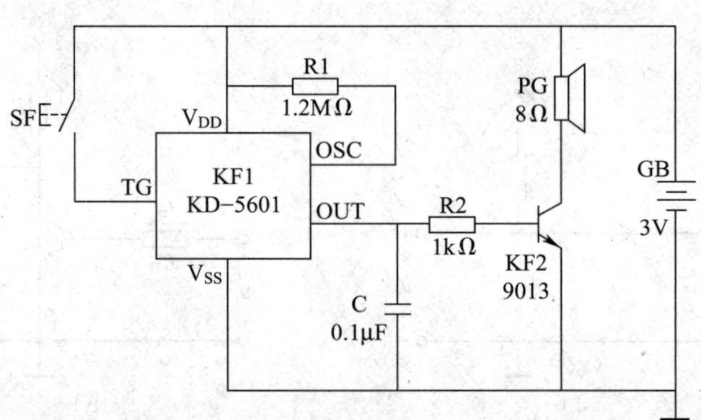

图 7—15　电子“爆竹”电路图

4．注释的表示方法

在电气图中，当电气元件或设备的内容不便用图示形式表达时，可采用注释表示。注释一般标在说明对象的附近，或在其附近加注标记，而将注释置于图中其他位置。

二、电气元器件在图上位置的表示方法

在电路图中，用以表示电气元器件在图上位置的常用方法主要有图幅分区法、表格法和电路编号法三种。本书仅简要介绍图幅分区法和表格法，电路编号法可根据需要参阅相

关材料自学。

1. 图幅分区法

图幅分区法也称坐标法，如图 1—4 所示。分区位置代号及标记方法示例见表 7—6。

表 7—6　　分区位置代号及标记方法示例

图中符号或元器件的位置		标记方法
有关联的符号在同一张图内	本图中的 B 行	B
	本图中的 3 列	3
	本图中的 B 行 3 列	B3
有关联的符号不在同一张图内	具有相同图号的第 2 张图中的 B3 区	2/B3
	图号为 1235 的单张图中的 B3 区	图 1235/B3
	图号为 1235 的第 2 张图中的 B3 区	图 1235/2/B3
按参照代号确定位置的方式（如项目为 = P1 系统）	= P1 系统的单张图中的 B3 区	= P1/B3
	= P1 系统的第 2 张图中的 B3 区	= P1/2/B3

用图幅分区法表示电气元器件在图上的位置，其示例如下：

（1）表示导线的去向

1）在同一张图上表示导线的去向，如图 7—16 所示。在同一张图上连接线中断，在中断处标出另一端的位置，表明 B1 区的 Y 信号线与 A5 区的 Y 信号线相连接，B3 区的 X 信号线与 A4 区的 X 信号线相连接。

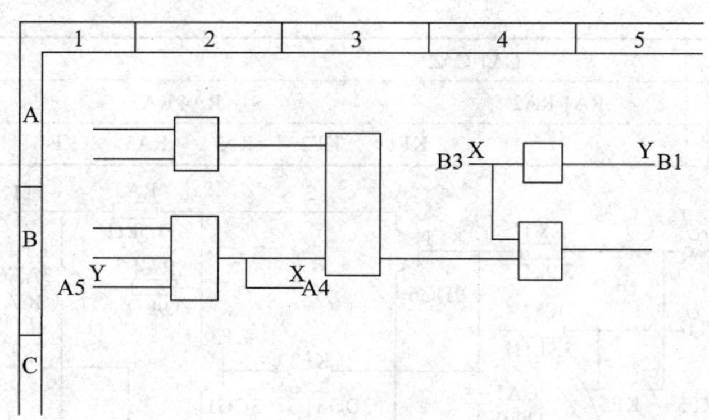

图 7—16　在同一张图上连接线中断标注位置标记示例

2）不在同一张图上表示导线的去向，如图 7—17 所示。图 7—17a 中 32 号图 A3 区的导线连接到 15 号图的 B4 区，图 7—17b 中 15 号图 B4 区的导线与 32 号图 A3 区的导线相连接。这样通过导线的标记就可以知道导线另一端所在的位置，便于查找。

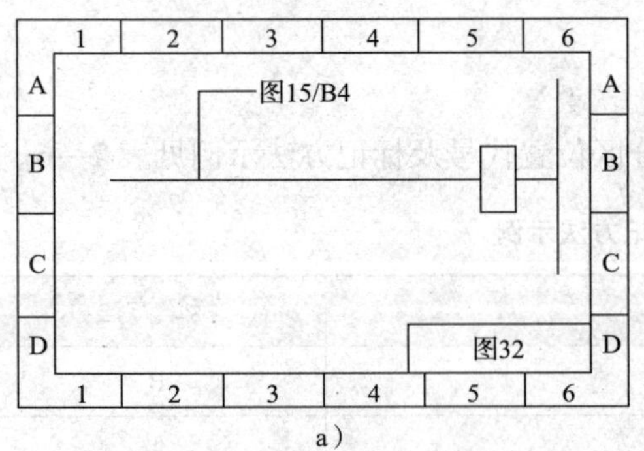

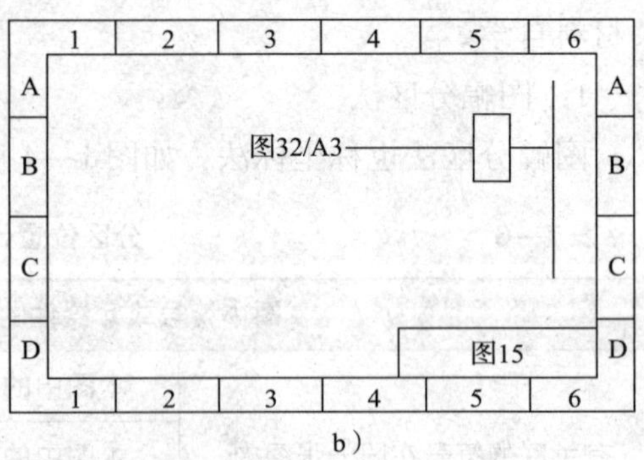

图 7—17　接到另一张图上的连接线中断标注位置标记示例

（2）表示符号或元器件的位置

图 7—18 中给出了项目在图上的位置，动合触点 K1 的驱动线圈在本张图的 D4 区，动合触点 K2 的驱动线圈在第 3 张图的 C3 区。分区位置代号可以标注在触点旁边，也可标注在种类代号的下方，但全图的形式要统一。

图 7—18　项目在图上的位置标记示例

2．表格法

表格法是指在图的边缘部分绘制一个按参照代号进行分类的表格。如图 7—19 所示为表格法示例。表格中的参照代号和图中相应的图形符号在垂直或水平方向对齐，图形符号旁仍需标注参照代号。图中项目与表格中的项目一一对应，但继电器 KF5 和扬声器 PG1、PG2 未被列出。表格法便于读者对元器件进行归类和统计，主要用于项目种类较少而同类项目数量较多的电路图。

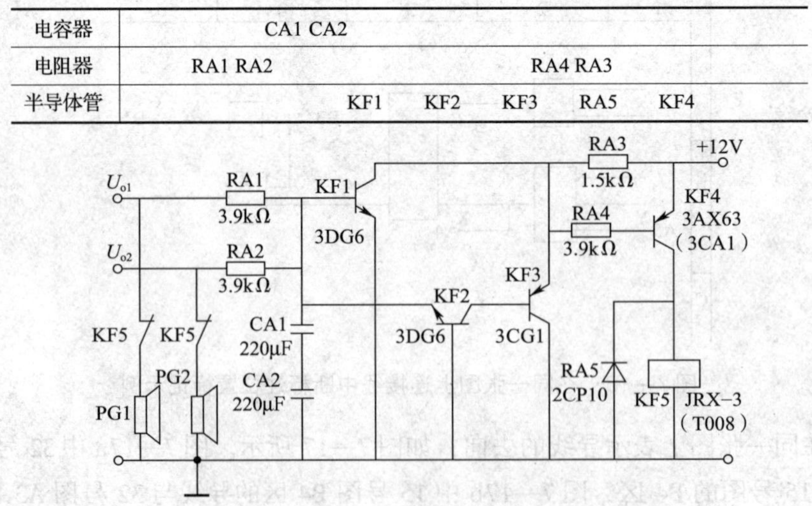

电容器	CA1 CA2
电阻器	RA1 RA2　　RA4 RA3
半导体管	KF1　KF2　KF3　RA5　KF4

图 7—19　表格法示例

应用举例

以图 7—19 所示的互补检拾型扬声器保护电路图为例，分析图中电气元器件的表示方法和图上位置的表示方法。

1. 分析电气元器件的表示方法

在图 7—19 中，继电器（KF5）用分开表示法表示。其图形符号（驱动线圈、动断触点）被分开绘制在不同回路中，并用参照代号在继电器每一部分的图形符号旁重复标注，以表明它们之间的内在关系。继电器处在非激励状态，触点符号垂直布置，加电后，其动作方向一致向右。

在图 7—19 中，当连接线水平布置时，元器件的技术数据标在图形符号的下方，如图中的 RA1、RA2、RA3、RA4 和 KF2；当连接线垂直布置时，元器件的技术数据标在参照代号的下方，如图中的 CA1、CA2、KF4、KF5 和 RA5 等。

2. 分析图上位置的表示方法

在图 7—19 中，电气元器件在图上的位置用表格法表示，但扬声器（PG1、PG2）和继电器（KF5）并未在表格中给出。

§7—3 连接线的表示方法

学习目标

1. 掌握连接线的表示方法。
2. 能分析图中常见连接线的表示方法。

?想一想

分析图 7—20 所示带放大环节的串联型稳压电路，想一想，框图中的连接线与电路图中的连接线在表达形式上有什么不同。

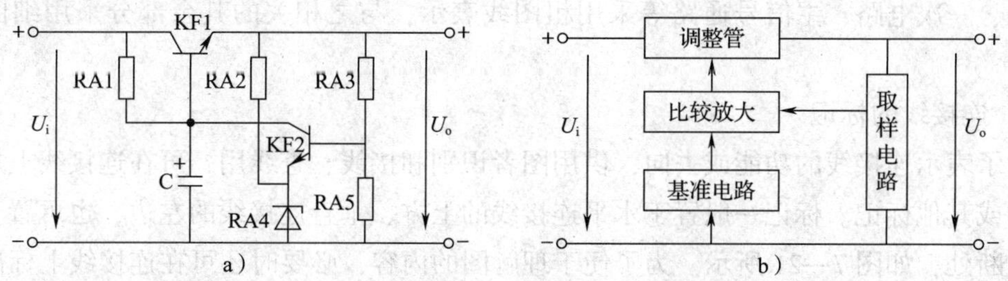

图 7—20 带放大环节的串联型稳压电路

a）电路图 b）框图

一、连接线的概念

在电气图中，各种图形符号之间的连线统称为连接线。根据图的种类和图面情况，连接线可以是表示传输能量流、信息流的导线，也可以是表示逻辑流、功能流的图线，并有多种表示形式。

二、连接线的一般表示方法

1. 导线的一般表示方法

导线的一般表示方法见表 7—7。表中给出了用于表示导线的常见图形符号及其含义示例。

表 7—7　　表示导线的常见图形符号及其含义

图形符号	含义	说明
——	连线、连接；连接组；导线；电缆；电线；传输通路	导线的一般符号，主要用于表示导线、导线组、电缆、传输通路、母线、总线等
—///—	导线组（示出导线数），图中示出三根导线	（1）用一条图线表示一组导线 （2）若需示出导线根数，用在图线上加画小短斜线条数的方法表示导线根数
—/—（3）	导线组（示出导线数），图中示出三根导线	（1）用一条图线表示一组导线 （2）若需示出导线根数，用短斜线加注数字的方法表示导线根数

2. 连接线（即图线）的粗细

为突出或区分某些重要的电路，连接线可采用不同宽度的图线表示。一般而言，电源主电路、一次电路、主信号通路等采用粗图线表示，与之相关的其余部分采用细图线表示。

3. 连接线的标记

为了表示连接线的功能或去向，供用图者识别和接线、查线用，可在连接线上加注信号名称或其他标记。标记一般置于水平连接线的上方、垂直连接线的左边，也可置于连接线的中断处，如图 7—21 所示。为了便于理解图的内容，必要时还可在连接线上标出含有信号特性的信息，如波形、传输速度等内容。例如，图 7—20a 中加注了用于表示功能的标记“TV”，用于表示电流的标记“*I*”，用于表示传输波形为矩形波的标记“⎽⎍⎽”等。

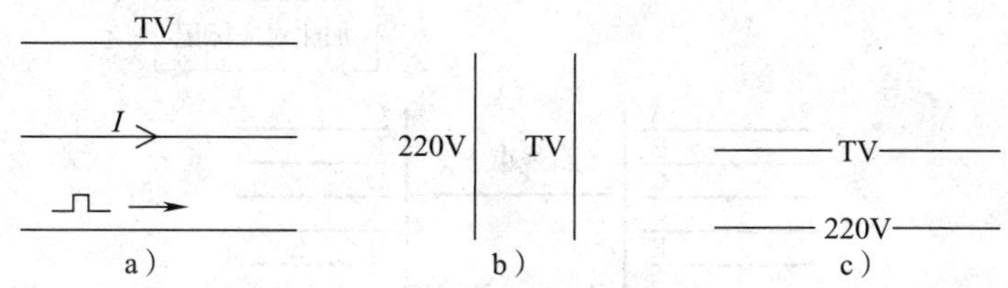

图 7—21　连接线的标记示例

a）置于水平连接线的上方　b）置于垂直连接线的左边　c）置于连接线中断处

4．连接线接点的表示方法

如图 7—22 所示为连接线接点的表示方法示例。连接线的连接点有“T”形连接点和多线连接的“十”字形连接点。对“T”形连接点可加实心圆点（连接符号“•”），也可以不加实心圆点。对“十”字形连接点，必须加实心圆点（连接符号“•”）。

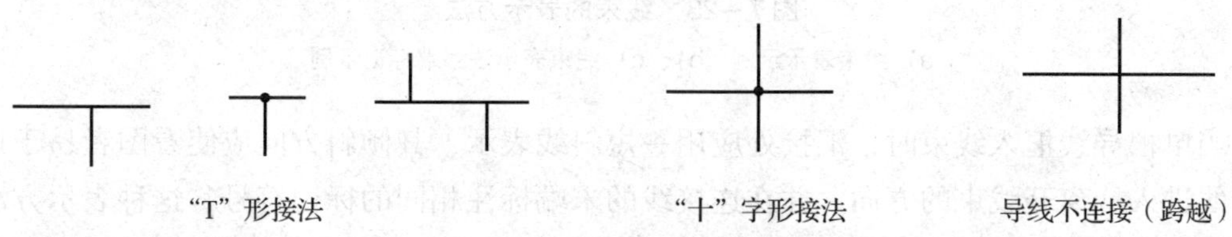

图 7—22　连接线接点的表示方法示例

对交叉而不连接的两条连接线，在交叉处不能加实心圆点（即连接符号），并应避免在交叉处改变方向，也应避免穿过其他连接线的连接点。

5．平行连接线

（1）连接线的分组

为了便于看图，对多条平行连接线，应按功能分组。不能按功能分组的，可以任意分组，每组不多于三条。组间距应大于线间距离。

（2）线束的表示方法

电气图中的母线、总线、多芯电线和电缆等都可视为平行连接线。由于图内的连接线越多对图面清晰度的影响越大，所以对含有多根去向相同的连接线的线束，可用一条图线表示。如图 7—23 所示，先将多条平行连接线中断，然后用短垂线间隔，再用一根连接线表示线束。

当连接线两端处于不同位置时，必须在两个相互有连接关系的线端加注相同的标记。如图 7—23a 所示，通过加注标记说明连接线“A－A”“B－B”“C－C”“D－D”之间的连接关系。只有在线束两端的连接线都按顺序编号且不致引起错接的情况下，才允许省略标记。如图 7—23c 所示，它是由图 7—23b 简化而成的，图中线束两端均按顺序编号。

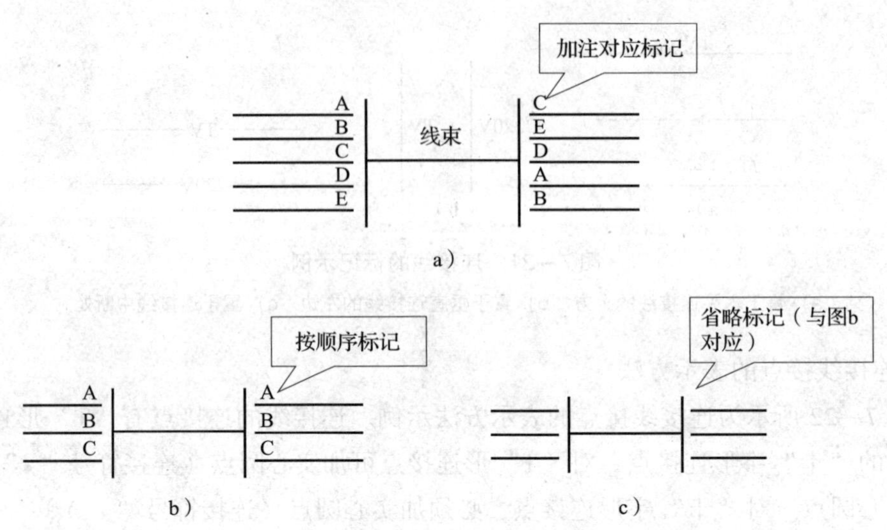

图 7—23　线束的表示方法

a）线束表示示例　b）、c）线束表示法线端标记示例

当单根导线汇入线束时，汇接处应用一短斜线表示，其倾斜方向应使看图者易于识别连接线进入或离开线束的方向，并在连接线的末端标注相同的标记符号，这种表示方法多见于接线图。如图 7—24 所示为单根导线汇入线束的表示方法示例。当线束与线束相交时，表示线束的图线不必倾斜。

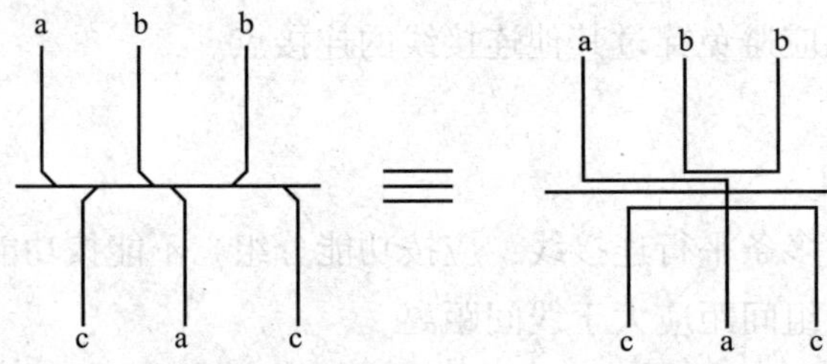

图 7—24　单根导线汇入线束的表示方法示例

三、多导线的表示方法

在电气图中，对多导线的绘制可采用多线表示法和单线表示法表示。

1. 连接线的多线表示法

每根连接线或导线各用一条图线表示的方法称为多线表示法。用多线表示法绘制的图能详细地表达各相或各线的内容，尤其是在各相或各线内容不对称的情况下宜采用这种方法。如图 7—20a 所示，图中每根用于表示连接的图线均与一根导线相对应。

2. 连接线的单线表示法

两根或两根以上的连接线或导线只用一条线表示的方法称为单线表示法。在图 7—25 所示的低压变频器主电路框图中，变频器的三根输入导线和三根输出导线均用单线表示法表示，并在图线上加画了三根小短斜线，表示有 3 根导线。

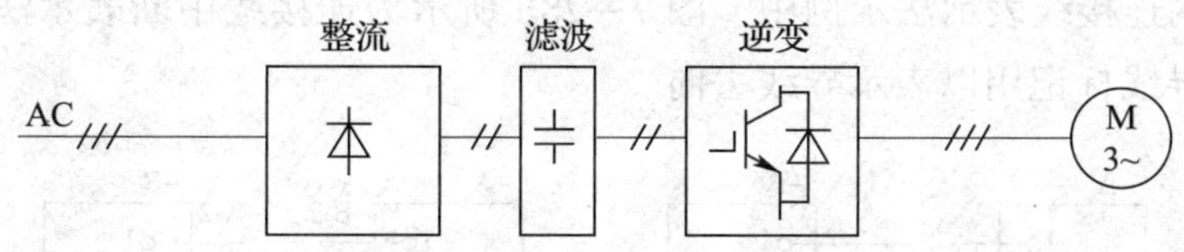

图 7—25　低压变频器主电路框图

单线表示法主要适用于三相或多线基本对称的情况。例如，当平行线太多时，往往采用单线表示，如图 7—23 所示，用一根连接线表示线束；在一组线中，若交叉太多，可采用图 7—26 所示的单线表示法，图中每一根导线均编有同一个顺序编号，装配时按对应的相同编号进行连接。

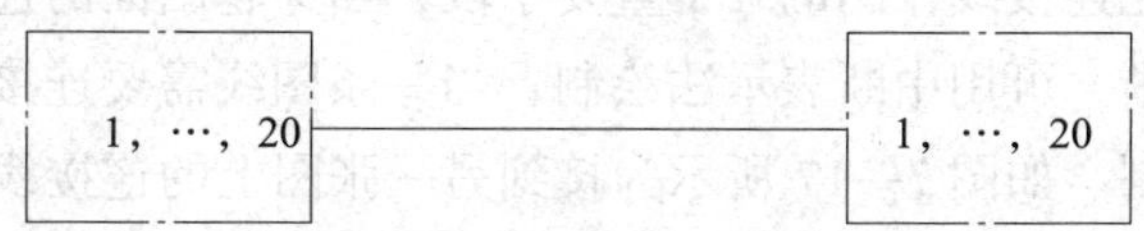

图 7—26　标有顺序编号的单线表示法

四、连接线的连续表示法和中断表示法

1. 连接线的连续表示法

连续表示法是指端子之间的连接线用连续的线条表示的方法。如图 7—27 所示，导线 1、2、3、4 分别用连续的图线表示，每根图线在两个端子之间没有任何间断。

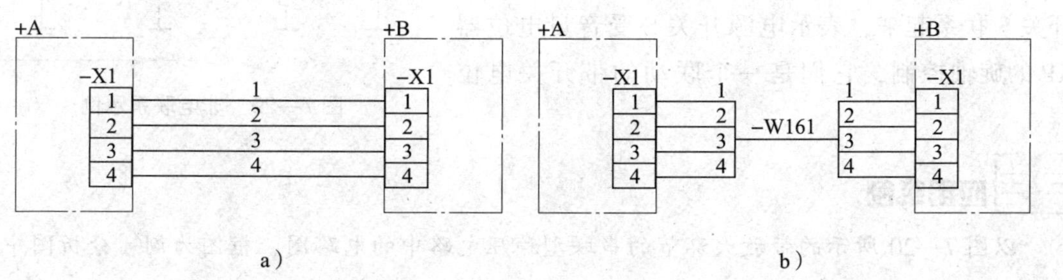

图 7—27　连接线连续表示法示例

a）多线表示　b）单线表示

连续线既可采用多线表示法表示（图 7—27a），也可采用单线表示法表示（图 7—27b）。在绘图时，为保持图面清晰，避免线条太多，对于多条去向相同的连接线常采用单线表示。例如，在图 7—27b 中，用单线 – W161 表示去向相同的四条导线，其对应关系见图 7—27a 中的导线 1、2、3、4。

2. 连接线的中断表示法

中断表示法是指将连接线的中间部分断开，然后用标记符号表示导线去向的方法。在图 7—28 所示的连接线表示法示例中，图 7—28b 所示为连接线中断表示法示例，在连接线中断处标注导线标记用以表示导线去向。

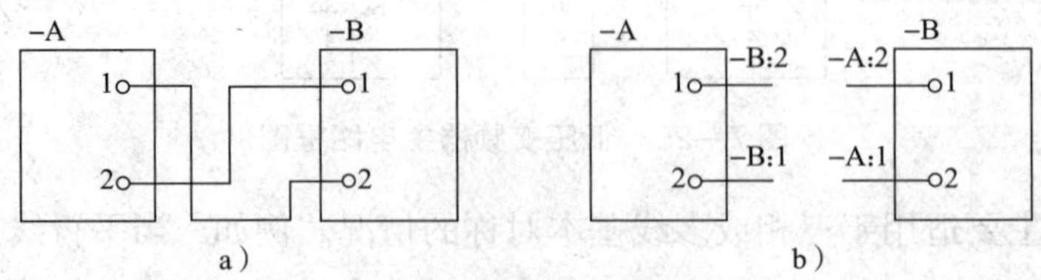

图 7—28　连接线表示法示例
a）连续表示法　b）中断表示法

中断表示法是简化连接线作图的一个重要手段，当穿越图面的连接线较长或穿越稠密区域时，为使图面清晰，可用中断表示法绘制；当一条图线需要连接到另外的图上时，必须采用中断表示法绘制。如图 7—17 所示为接到另一张图上的连接线中断标注位置标记示例。连接线中断处的中断标记可以采用字母、数字、参照代号、位置标记等表示。如图 7—28b 所示为在连接线中断处标注导线标记。

五、非电连接的表示方法

某些元器件之间具有非电的联系，如机械联系，则用虚线在电路图上表示出来。如图 7—29 所示，在收音机电路图中，虚线将电位器 RP 与开关 S 联系起来，表示电源开关 S 受音量电位器 RP 的旋轴控制，它们是一个联动的带开关电位器。

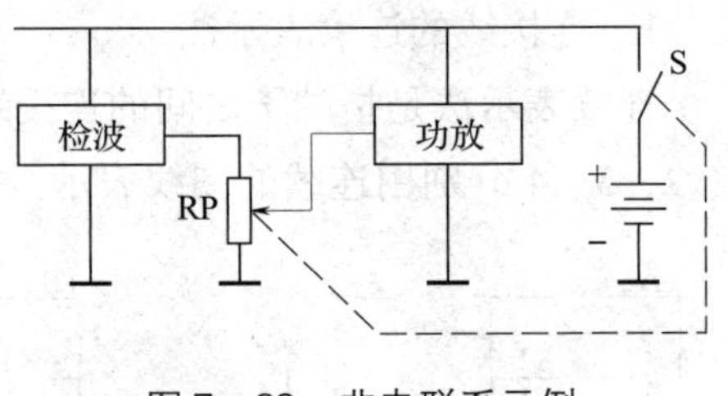

图 7—29　非电联系示例

应用举例

以图 7—20 所示的带放大环节的串联型稳压电路中的电路图、框图为例，分析图中连接线的表示方法。

1. 分析连接线所表示的含义

在图 7—20a 所示的电路图中，图形符号之间的图线（即连接线）表示元器件之间的连接导线。在图 7—20b 所示的框图中，图形符号之间的图线（即连接线）并不表示导线，而仅表示信息流。

2. 分析连接线的表达方式

在图 7—20a 所示的电路图中，每根导线均对应一条连接线，且除电源线外，每根连接线均是连续的。可见，该图的连接线是用连续的多线表示法绘制的，它详细地表达了带放大环节的串联型稳压电路内各电气元器件之间的连接关系。电源和负载的连接关系用中断表示法表示，在中断处分别标注了用以表示导线去向的中断标记和注释。例如，用“U_i”表示电源输入端，用极性符号“+”“–”表示接电源的正极“+”和负极“–”；用“U_o”表示稳压电路的输出端，用极性符号“+”“–”表示接负载的正极“+”和负极“–”。

在图 7—20b 所示的框图中，连接线是用单线表示法绘制的，用以表示信息流。

由上述分析可知，根据图的种类和图面情况，连接线的表达方式和作用是不同的。

第八章　基本电气图

§8—1　概　略　图

1. 了解概略图的两种基本形式。
2. 掌握框图的基本表示方法。
3. 能识读和绘制简单的框图。

?想一想

分析图 8—1 所示的无线电接收机概略图的画法特点，想一想，在电气技术中引入概略图的主要目的是什么。

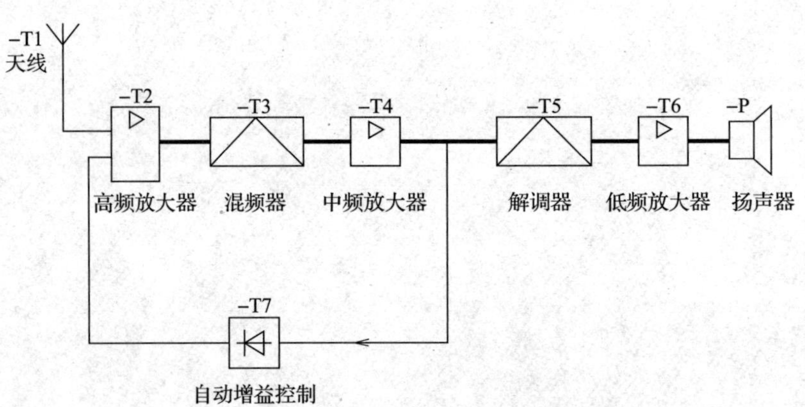

图 8—1　无线电接收机概略图（用方框符号绘制）

一、概略图的概念和基本形式

概略图是一种概略地表达一个项目全面特性的简图。例如，图 8—1 概略地阐述了无线电接收机从天线接收电磁波，经过放大、解调、再放大直至输出的全部工作过程，而其他许多环节和设备均被略去。概略图主要用于提供项目的总体印象，是一种基础性文件。它通过展示项目的主要成分和它们之间的关系为编制电路图、接线图、位置图等更详细的图提供依据，也为操作、维修等提供参考。概略图有以下两种基本形式：

一是用国家标准中给定的图形符号绘制的概略图。例如，图 8—2 概略地阐述了发电、供电、用电系统的基本组成和相互关系，图中用于表示项目的图形符号均为国家标准中给定的图形符号。

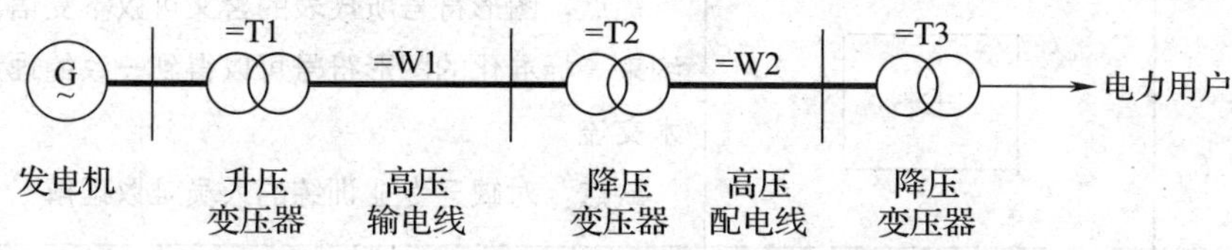

图 8—2 发电、供电、用电系统概略图示例

二是用方框符号或带注释的框绘制的概略图。例如，图 8—1 用方框符号绘制；图 8—3 用带注释的框绘制。

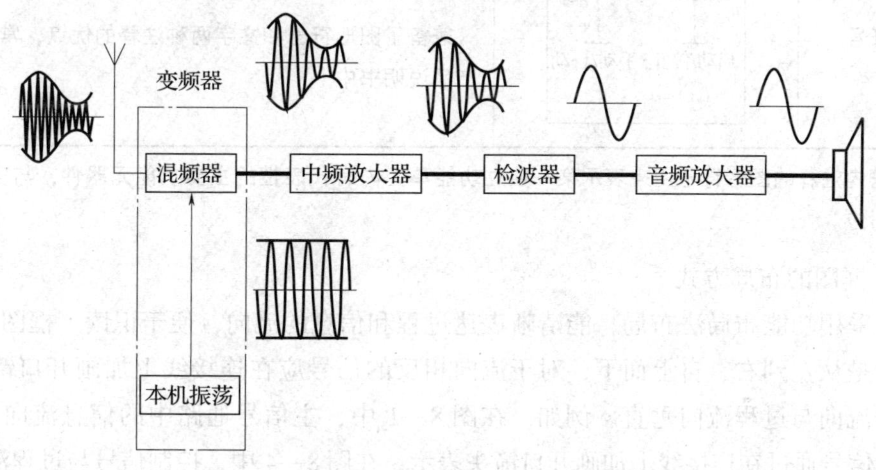

图 8—3 无线电接收机概略图（用带注释的框绘制）

二、框图

用方框符号或带注释的框绘制的概略图称为框图。框图是电子产品在设计、研制、生产和维修中经常使用的一种电气图。

1. 框图的基本表示方法

(1) 框的表达形式

在框图中，框的表达形式有实线框和点画线框两种，其中点画线框包含的容量一般更多些。如图 8—3 所示，用大框（点画线框）套小框（实线框）的结构形式说明变频器由混频器和本机振荡两部分构成，以此方式形象、直观地反映出项目（变频器）的层次划分和体系结构。框内的注释可以采用图形符号、文字或同时采用图形符号与文字。框内注释方式及其特点见表 8—1。

表 8—1　　框内注释方式及其特点

注释方式	示例	特点
图形符号		优点：图形符号所代表的含义可以不受语言和文字的约束。标准化的图形符号可以得到一致的理解，利于技术交流 缺点：对缺乏专业训练的人员难以理解
文字	自动控制	优点：简便、明了，非常有助于维修人员对故障的快速诊断和检修 缺点：受语言和文字的约束
图形符号与文字	启动/停止　手动/自动	兼备了图形符号和文字两种注释的优点，常用于电气产品说明书中

注：框内注释的图形符号用来表示某一独立功能单元内有代表性的主要功能元器件，与实际元器件并不一定对应。

(2）框图的布局方式

框图采用功能布局法布局，能清晰表达过程和信息的流向，便于识读。框图中的信息流向一般是从左到右、自上而下，对于流向相反的信号应在连接线上加画开口箭头表示，控制信号流向与过程流向垂直。例如，在图 8—1 中，主信号通路中的信息流向是从左到右，反馈信号通过在连接线上加画开口箭头表示；在图 8—4 中，控制信号与过程流向垂直。

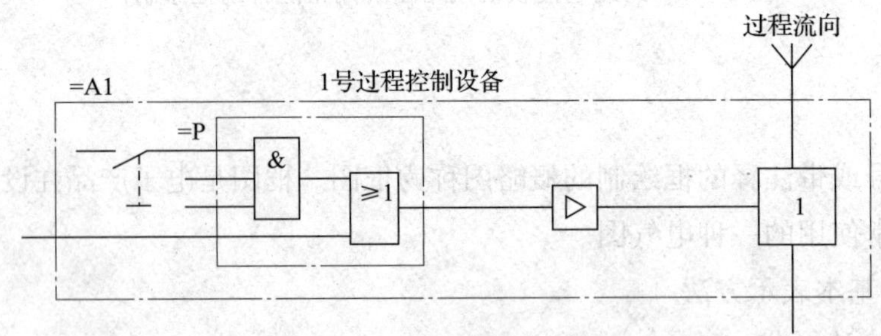

图 8—4　控制信号流向应与过程流向垂直

(3）连接线的表示方法

框图中的方框符号或带注释的框之间的连接线用单线表示法表示，主要用于反映各部分之间电的、机械的、非电过程流程的功能关系。

1）连接方法。当连接线与框图中点画线框相连时，连接线必须接到框内的图形符号上。如图 8—4 所示，连接线穿过点画线框与框内表示电气元器件的图形符号（包括实线框）相连接。当连接线与采用框形符号或带注释的实线框连接时，连接线要接到实线框的轮廓线上，如图 8—1 和图 8—3 所示。

2）连接线的形式。框图中的连接线一般用与图形符号相同的细实线绘制，但必要时也可将表示电源电路和主信号电路的连接线用粗实线表示。如图 8—5 所示，机械连接线一般用虚线表示，非电过程流程的连接线要用粗实线绘制，并用实心箭头表示非电信号流向及过程流向。

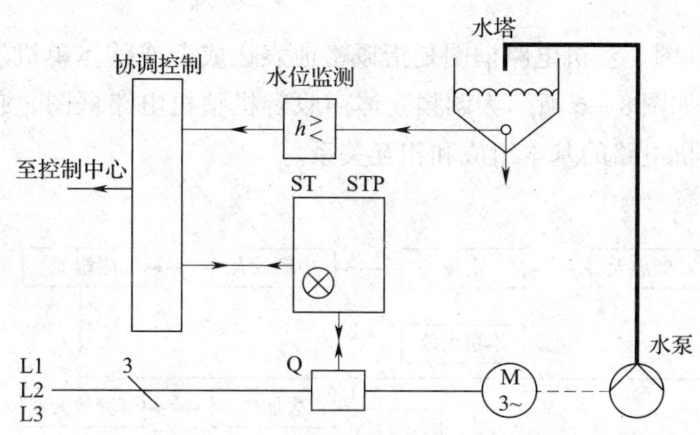

图 8—5　水泵电动机控制系统框图

（4）参照代号的标注方法

框图中的每个项目一般可根据规定标注参照代号，以便在图中的框形符号与设备中实际项目之间建立起对应关系，并反映其层次结构。通常在较高层次的框图上标注功能面的参照代号，如图 8—4 所示，图中标注了 = A1、= P 等功能面的参照代号；在较低层次的框图上标注产品面的参照代号，如图 8—1 所示，图中标注了 – T1、 – T2、 – P 等产品面的参照代号。若不需要标注参照代号，也可不标注。

由于框图不具体表示项目的实际连接线和安装位置，所以一般不标注端子代号。

（5）层次的表达方式

根据描述对象，对于一个比较复杂的产品，可按系统（或设备）的组成、功能等逐级分解，划分成若干层次，绘制成不同层次的框图。高一层次的框图描述高一层次系统，反映高一层对象的概况；低一层次的概略图描述系统中的分系统，可将表示对象表达得更为详细。某一层次的框图应包含检索描述较低层次文件的标记。

一张框图可以是同一层次的，也可以将不同层次绘制在一张图中。例如，当产品的组成关系不太复杂时，可以在同一张图中采用图框嵌套的形式来表达产品组成部分的层次关系、功能关系。图 8—4 中“ = A1”项目框内嵌有“ = P”项目框，这种框嵌套的形式可以直观地反映出各部分的隶属关系。

（6）注释和说明

在框图中，可根据需要加注各种形式的注释和说明。如图 8—4 所示，图中分别标注了“1 号过程控制设备”和“过程流向”等。在连接线上可标注信号名称、频率、波形和去向等标记。如图 8—3 所示，在连接线上标注了波形。

2. 识读电子产品中框图的方法

（1）框图在电子产品中的应用形式

在电子产品中，框图主要有整机电路框图、系统电路框图和集成电路内电路框图三种应用形式。

1）整机电路框图。整机电路框图是指概略地表达成套或整体单机、单台形式的机电产品电路的框图。如图 8—6 所示为调频立体声收音机整机电路框图，它概略地阐述了整个调频立体声收音机电路的基本组成和相互关系。

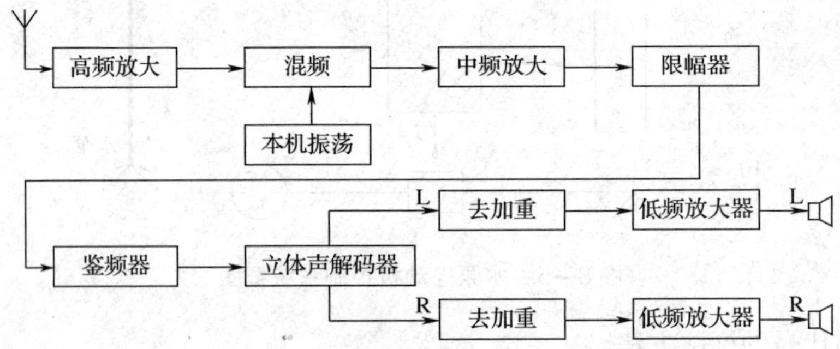

图 8—6　调频立体声收音机整机电路框图

整机电路框图是框图中最为复杂的框图。在整机电路框图中，通常在各单元电路之间用带有箭头的连线进行连接，通过图中的这些箭头方向，可以了解信号在各单元电路之间的传输途径。

2）系统电路框图。整机电路通常由许多系统电路构成，系统电路框图就是用框图形式来表示系统电路的组成情况，它是整机电路框图的下一级框图，系统电路框图往往比整机电路框图更加详细。如图 8—7 所示为调频立体声收音机中的电子开关式解调器系统电路框图。

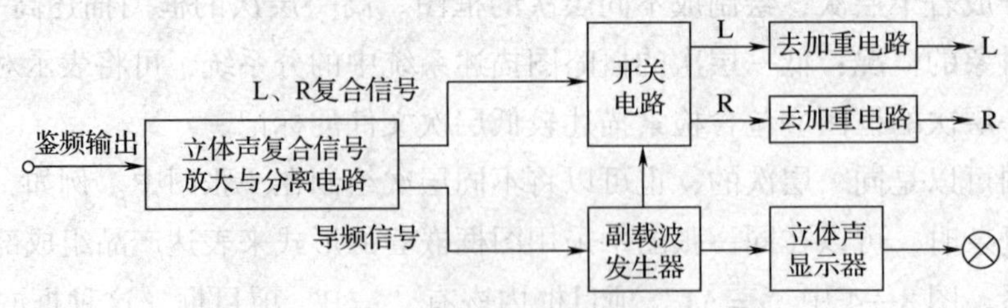

图 8—7　电子开关式解调器系统电路框图

3）集成电路内电路框图。集成电路内电路的组成情况可以用内电路框图来表示。从集成电路的内电路框图中可以了解到集成电路的组成、有关引脚作用等识图信息。如图 8—8 所示为 AN278（调频中频放大集成电路）内电路框图，用于说明集成电路内电路由第一、第二、第三级中频放大器电路组成。

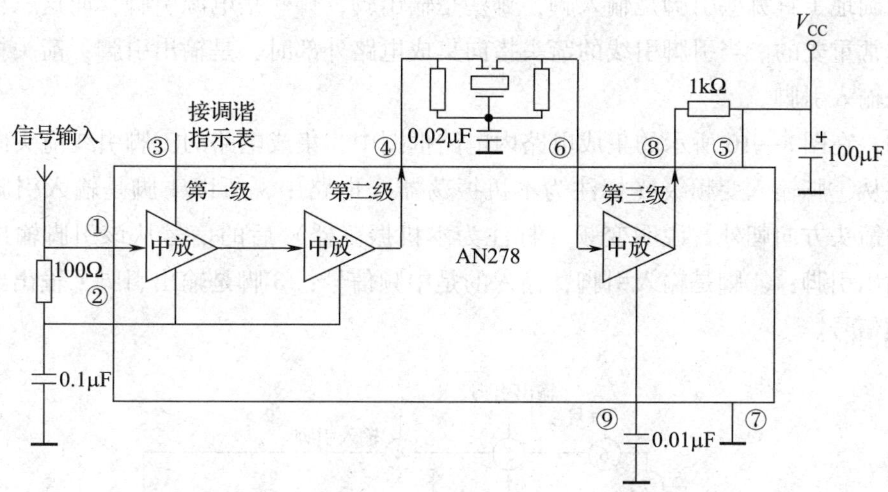

引脚	功能	引脚	功能
①	中频信号输入端	⑥	三中放信号输入端
②	反馈元件端	⑦	接地线端
③	调谐表连接端	⑧	中放信号输出端
④	中放信号输出端	⑨	三中放外接电容端
⑤	工作电源电压输入端		

图 8—8　AN278（调频中频放大集成电路）内电路框图

（2）电子电路框图的识图方法

1）分析信号传输过程。要想了解整机电路框图中的信号传输过程，就要看图中箭头的方向。一般情况下，箭头所在的通路就是信号的传输通路，箭头的指示方向就是信号的传输方向。在一些音响设备的整机电路框图中，左、右声道电路的信号传输指示箭头采用实线和虚线分开表示，如图 8—9 所示。

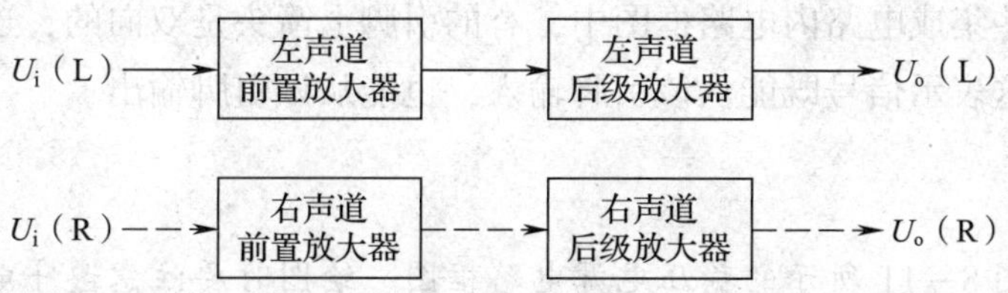

图 8—9　用实线和虚线箭头表示左、右声道电路的信号示例

2）分析电路的组成及其内在联系。在框图中，可以看出各部分电路之间的相互关系。例如，各部分电路之间是如何相互连接的，特别是控制电路系统，要读出控制信号的传输过程、控制信号的来路和控制的对象等信息。

3）分析集成电路。借助于集成电路内电路框图来了解、推理引脚的具体作用，特别是可以明确地了解哪些引脚是输入脚，哪些是输出脚，哪些是电源引脚，而这三种引脚对识图是非常重要的。当引脚引线的箭头指向集成电路外部时，是输出引脚；箭头指向内部时，都是输入引脚。

例如，在图 8—10 所示的集成电路内电路框图中，集成电路的①脚引线箭头向里，说明信号是从①脚输入变频级（标注为本机振荡器）电路中，所以①脚是输入引脚；⑤脚引脚上的箭头方向朝外，说明变频（标注为本机振荡器）后的信号从该引脚输出，所以⑤脚是输出引脚；④脚是输入引脚，输入的是中频信号；③脚是输出引脚，输出经过检波后的音频信号。

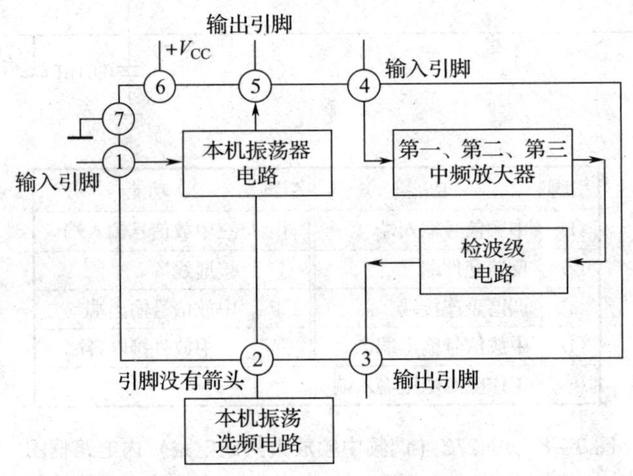

图 8—10　集成电路内电路框图

当引线上没有箭头时，如图 8—10 所示集成电路中的②脚，说明该引脚外电路与内电路之间不是简单的输入或输出关系，框图只能说明②脚内、外电路之间存在着某种联系。例如，②脚要与外电路（本机振荡选频电路）中的有关元器件相连，具体是什么联系，框图就无法表达清楚了，这也是框图的一个不足之处。

另外，在有些集成电路内电路框图中，有的引脚上箭头是双向的，这种情况在数字集成电路中常见，这表示信号既能从该引脚输入，也能从该引脚输出。

应用举例

绘制和识读图 8—11 所示的稳压电源电路框图。绘图时要注意遵守电气制图的一般规则和基本表示方法以及框图的有关规定画法。

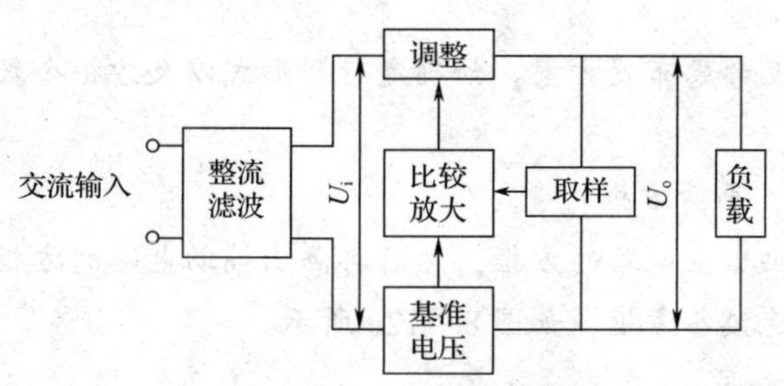

图 8—11　稳压电源电路框图

1．分析图 8—11 所示框图的绘制特点

全部功能单元均用带注释的框表示，并按功能布局法布置，按信号流向采用自左至右、自上而下的顺序排列，对于流向相反的信号在连接线上加画开口箭头表示。它概略地描述了带放大环节的串联型稳压电路的工作过程、基本组成以及各组成部分之间的相互关系和主要特征，而对设备的技术数据、详细的电气连接、电气原理等都没有详细表示。该图用单线表示法绘制，并加注了有关注释。

2．框图的绘图步骤

以图 8—11 所示稳压电源电路框图为例说明框图的作图步骤，示例如图 8—12 所示。

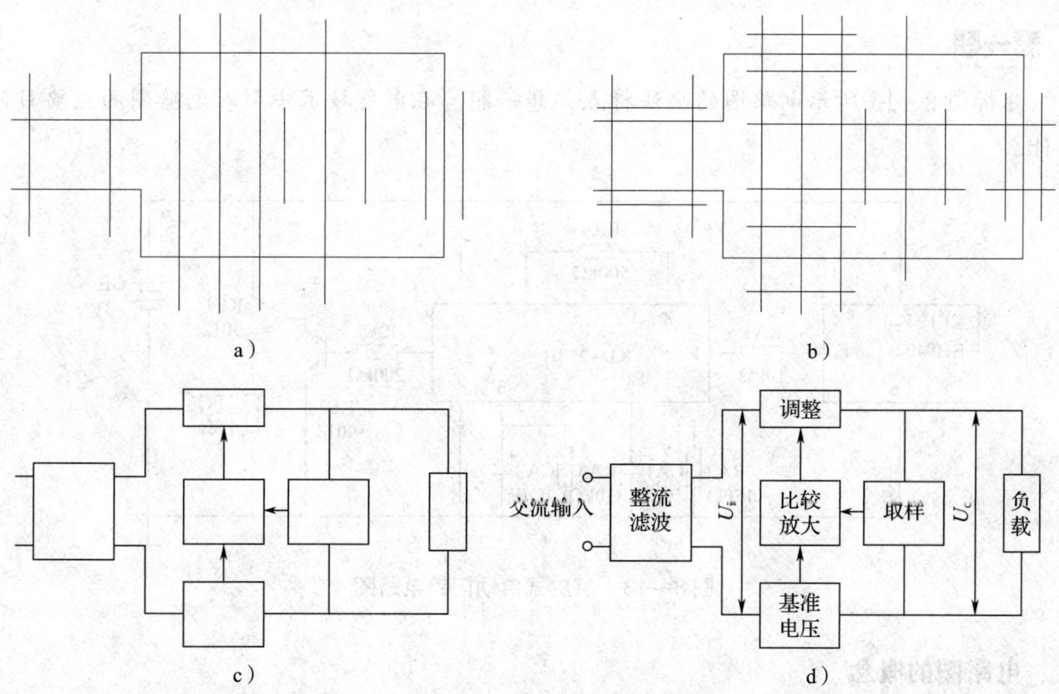

图 8—12　稳压电源电路框图作图步骤示例

a）水平尺寸分配　b）垂直尺寸分配　c）去掉辅助线，画清方框　d）检查、完善全图

（1）分配尺寸

依据电路构成情况考虑布置方案，如确定行列形式以及方框个数、大小、间隔等，如图 8—12a、b 所示。

（2）去掉辅助线，画清方框

按布局要求，先画出主电路的方框，然后再画出辅助电路的方框，并按作用过程和作用方向用线条和箭头连接各方框，如图 8—12c 所示。

（3）检查、完善全图

在各方框内分别填写相应电路单元的名称及主要元件符号，标注其他文字、特性参数或波形，擦除多余图线，描深方框和图线，如图 8—12d 所示。

§8—2 电 路 图

学习目标

1. 掌握电路图的基本表示方法。
2. 能识读和绘制简单的电路图。

?想一想

分析图 8—13 所示电路图的画法特点，想一想，在电气技术中引入电路图的主要目的是什么。

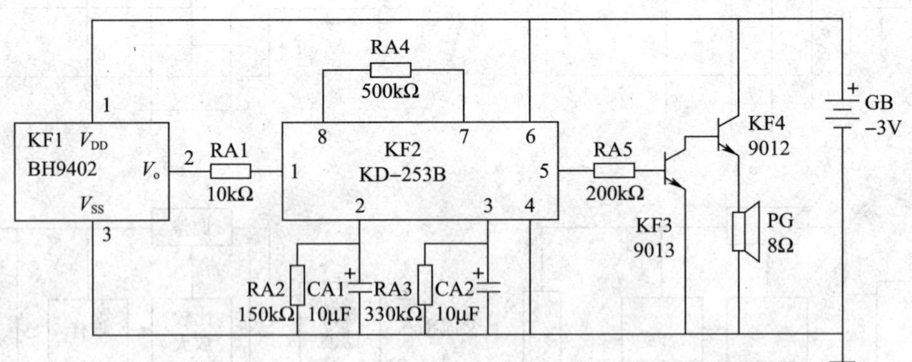

图 8—13　感应式自动门铃电路图

一、电路图的概念

电路图是一种用来表达项目电路组成和物理连接信息的简图。电路图由各种电气符号和线条按照一定的规则组合而成，主要用于阐述电路的结构和工作原理。例如，在图 8—13

中，用图形符号来代替元器件的实物，用连接线（图线）代替导线来反映元器件实物之间的实际连接关系，它不涉及元器件的具体形状、尺寸和安装位置等内容，只是用抽象的电气符号反映出电路结构和工作原理。

电路图主要用以说明产品的功能原理以及产品各组成部分的连接关系，为绘制接线图和印制板图及电气设备的安装、维修等提供依据。电路图所描述的对象十分广泛，因此种类很多，且各具特点，如电力电路图、控制电路图、电子电路图等。本节重点介绍电子电路图。电子电路图是一种反映电子产品和电子设备中各元器件电气连接情况的电路图。

二、电路图的基本表示方法

1. 电路图的布局方式

电路图采用功能布局法布局，图中各项目按工作顺序从左至右、自上而下进行排列，并遵守以下布局原则：

（1）当电路垂直布置时，类似项目宜横向对齐。如在图 8—14a 中，电容 CA1 和 CA2、电感 RA1 和 RA2、电阻 RA4 和 RA5 为横向对齐布置。当水平布置时，类似项目宜纵向对齐。如在图 8—14b 中，晶体管 KF1 和 KF2、电阻 RA1 和 RA2、电容 CA1 和 CA2 为纵向对齐布置。

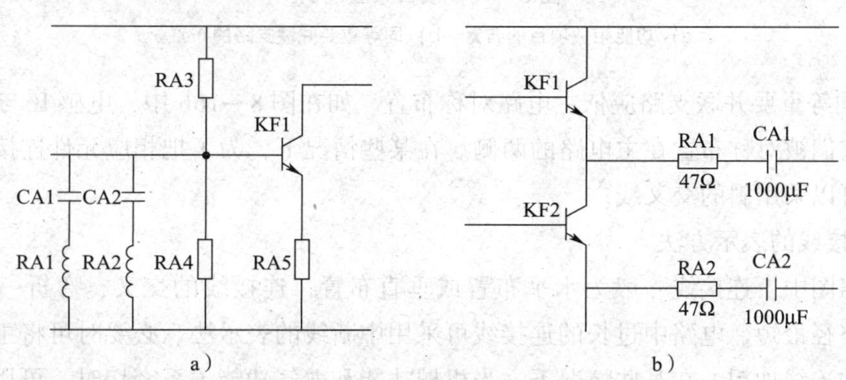

图 8—14 类似项目的布局示例

a）垂直布置 b）水平布置

（2）为了强调信号流，图中的连接线应尽可能保持直线，相关项目的图形符号应排列整齐并使电路直接连通。如图 8—15 所示，通过对继电器线圈 K1 和 K2、信号灯 E1 和 E2 等图形符号的重新排列，让电路直接连通，使工作原理和工作过程更加直观。

（3）为了强调功能关系，图中功能相关项目的图形符号应集中在一起，彼此靠近，使其关系表达得更加清晰。如在图 8—16a 中，电阻 R 是电容器 C 的放电电阻，属于同一功能件，应集中绘制在一起。

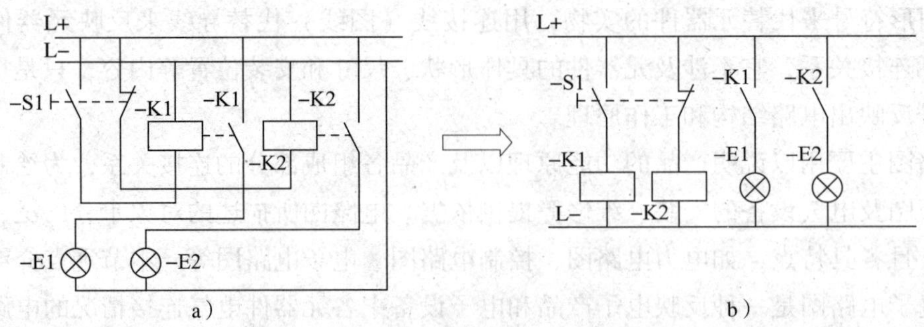

图 8—15　电路排列示例

a）不符合标准　b）符合标准

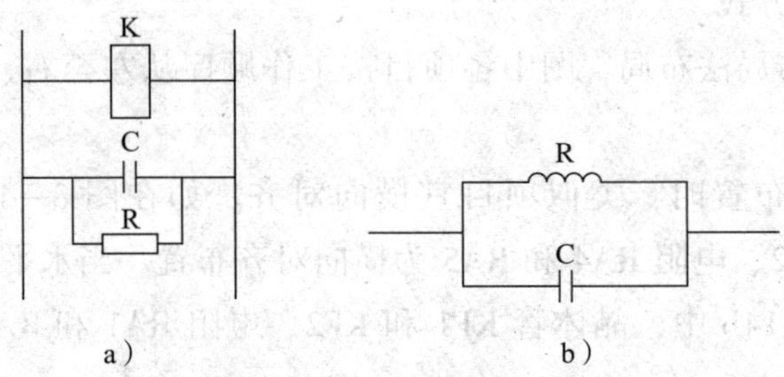

图 8—16　项目布置示例

a）功能相关项目的布置　b）同等重要并联支路的布置

（4）同等重要并联支路应依主电路对称布置。如在图 8—16b 中，电感 R 与电容 C 同等重要，它们被对称布置在主电路的两侧。在某些情况下，为了把相应元件连接成对称的布局，也可以采用斜的交叉线。

2．连接线的表示方法

在电路图中，连接线一般为水平布置或垂直布置，连接线的交叉、弯折一般应成直角，且应路径最短。电路中过长的连接线可采用中断线的表示法。必要时可将主电路、主信号通路的连线加粗。在某些情况下，当机械功能和电气功能关系密切时，可用机械连接线表示出符号之间的联系。如在图 8—17 中，用机械连接线表示出各符号之间的内在联系，这样使其工作原理表达得更清晰。

3．电源的表示方法

在电路图中，电源电路的表示方法有多种，其示例如图 8—18 所示。

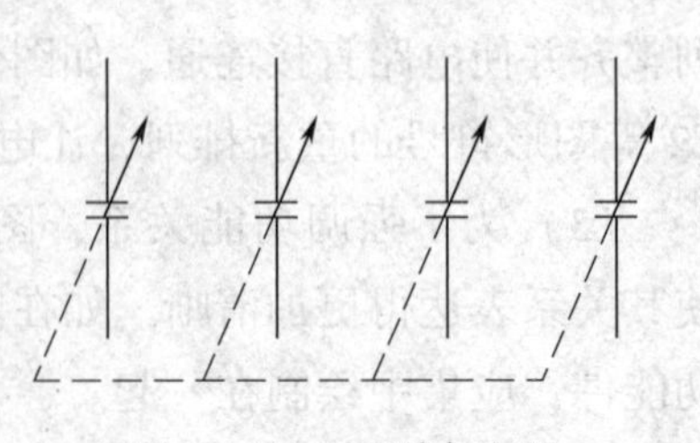

图 8—17　四联电容器

（1）电源线既可用线条表示，也可用 +、−，L、N，L1、L2、L3 和 PE 等符号或电压值表示。例如，在图 8—18b 中，电源线用线条和“+”“−”符号表示；在图 8—18a 中，电源线用图形符号“┤├”和参照代号“G”表示；在图 8—18c 中，电源线用电压值“12 V”和“+”符号表示；在图 8—18d 中，电源线用导线的参照代号“L”“N”表示。

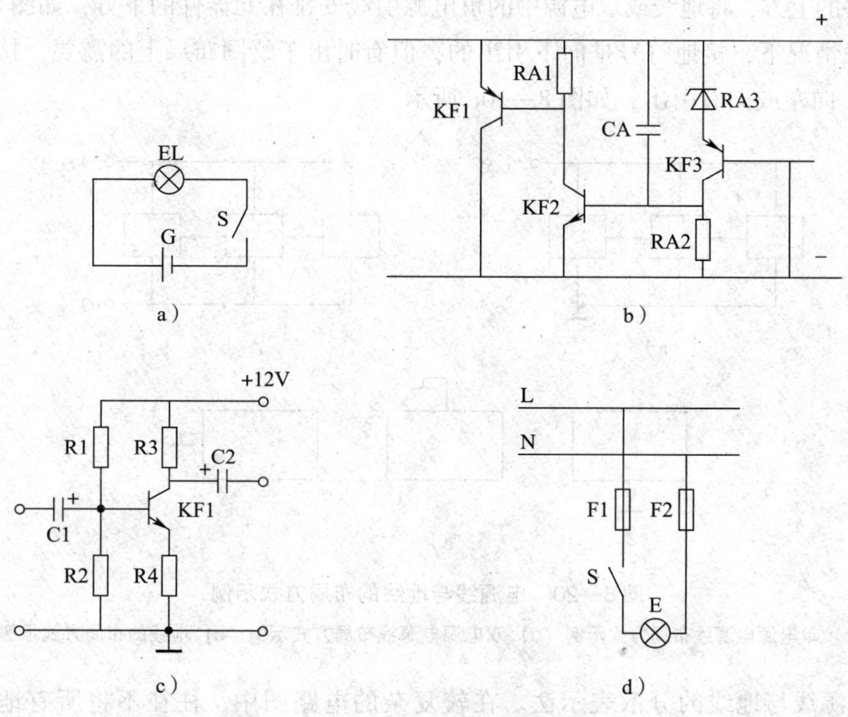

图 8—18　电源电路的表示方法示例

（2）电源线可集中布置到图的一侧，也可布置到各支路的两侧。例如，在图 8—18b 中，电源线布置到各支路的两侧；在图 8—18d 中，电源线布置到图的一侧。当电源线集中布置到图的一侧（上部或下部）时，三相电源电路应按相序从上到下或从左到右排列，中性线应在最下方或最右方。如图 8—19 所示为三相四线制电源电路的表示方法示例。

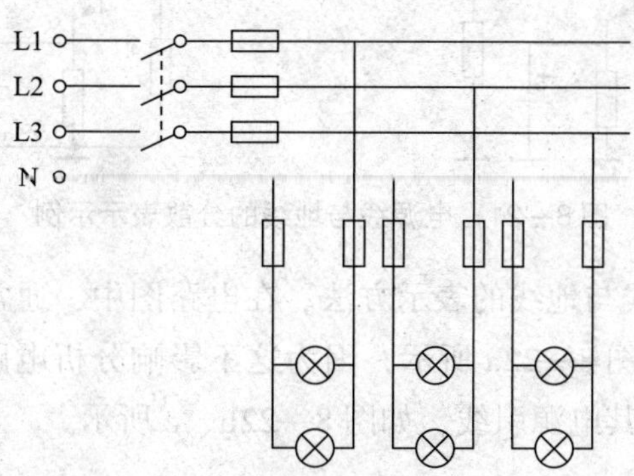

图 8—19　三相四线制电源电路的表示方法示例

（3）电源线与地线的表示方法

1）电源线与地线的布局方式。在电路图中，通常将电源线或双电源中的正电源引线安排在元器件的上方，将地线或双电源中的负电源引线安排在元器件的下方，如图 8—20a、b 所示。一般情况下，接地符号是向下引出的，但有时出于绘图布局上的需要，接地符号也可以向上、向左或向右引出，如图 8—20c 所示。

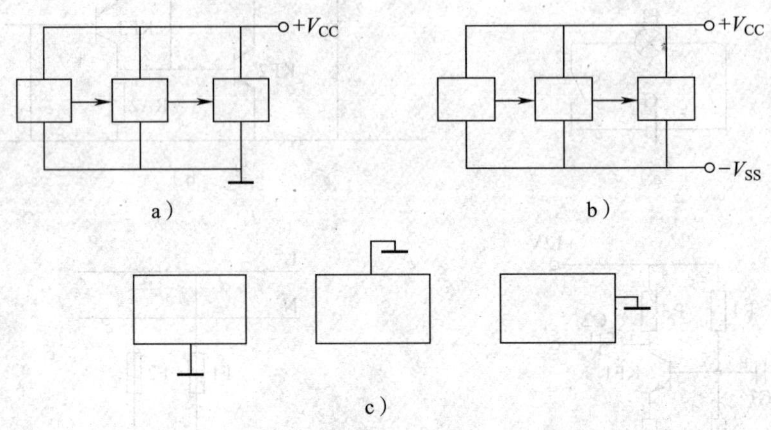

图 8—20　电源线与地线的布局方式示例

a）单电源电源线布局方式示例　b）双电源电源线布局方式示例　c）地线的布局方式示例

2）电源线与地线的分散表示法。在较复杂的电路图中，往往不将所有地线连在一起，而是用一个个孤立的接地符号表示，但在理解时应把所有地线符号看成是连接在一起的，如图 8—21 所示。在有的电路图中，电源线的绘制也运用这种分散表示的画法，读图时应理解为所有标示相同的电源线都是连接在一起的。

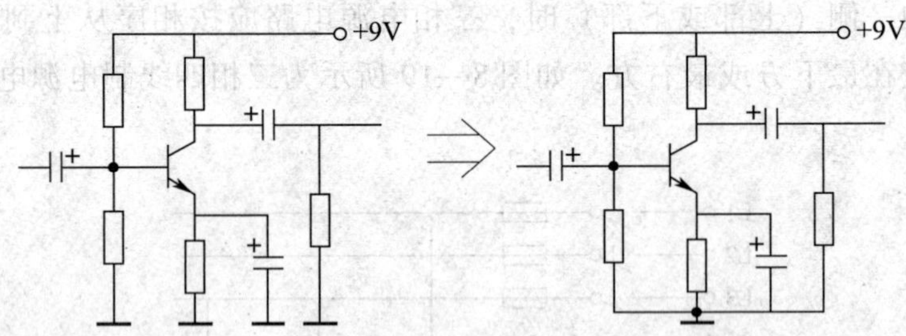

图 8—21　电源线与地线的分散表示示例

3）集成电路的电源线与地线的表示方法。在电路图中，通常不画出集成运放及数字集成电路的电源引线，如图 8—22a 所示，因为这不影响分析电路功能。但在分析电源电路和实际制作时不要忘记其电源引线，如图 8—22b、c 所示。

4．常用基础电路模式

基础电路的布局形式已被人们所认识并趋向统一，特别是某些常用的基础电路，其布

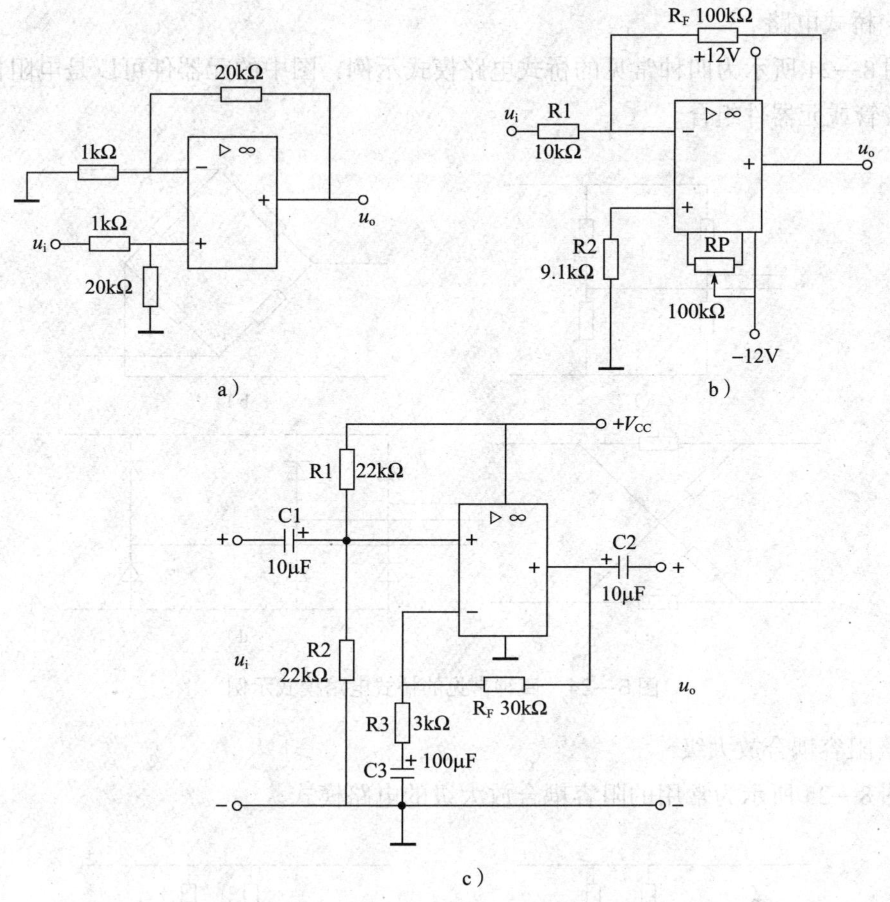

图 8—22 集成电路的电源线与地线的表示示例

局按统一形式出现在电路图中就很容易被人们所识读。在电路图的绘制中，若在基础电路中增加其他元器件，应不改变原布局及不影响其易读性。在电子产品中，常用的基础电路模式主要有以下几种：

（1）无源二端网络和无源四端网络

无源二端网络和无源四端网络模式常用在滤波器、平滑电路、衰减器和移相网络等电路中，其示例如图 8—23 所示。

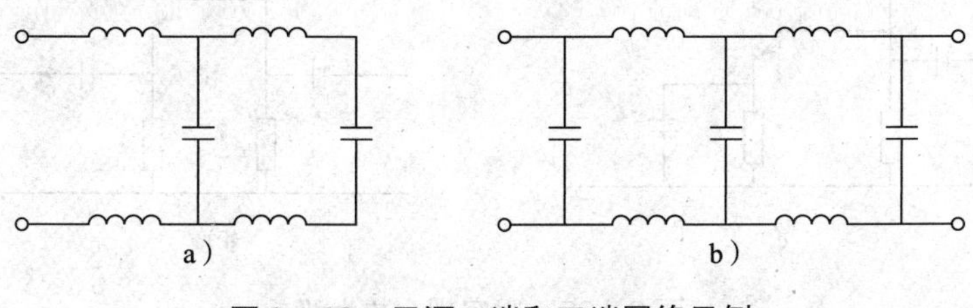

图 8—23 无源二端和四端网络示例

a）无源二端网络 b）无源四端网络

（2）桥式电路

如图 8—24 所示为四种常见的桥式电路模式示例，图中的元器件可以是电阻器，也可以是二极管或元器件组合。

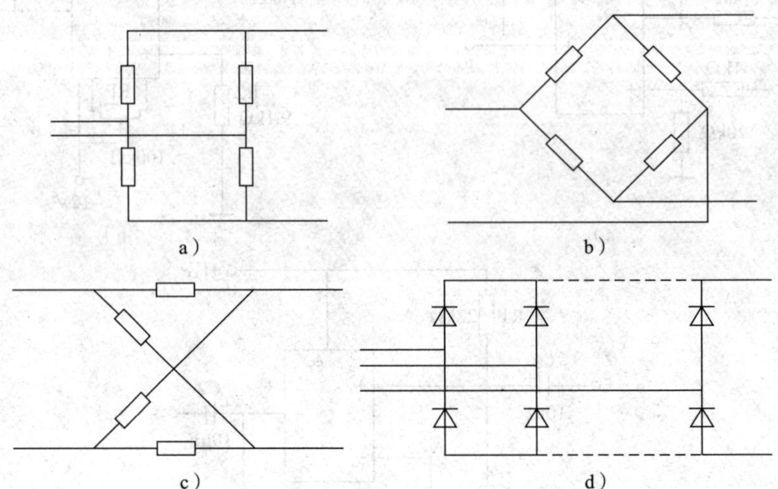

图 8—24　四种常见的桥式电路模式示例

（3）阻容耦合放大级

如图 8—25 所示为常用的阻容耦合放大级的电路模式。

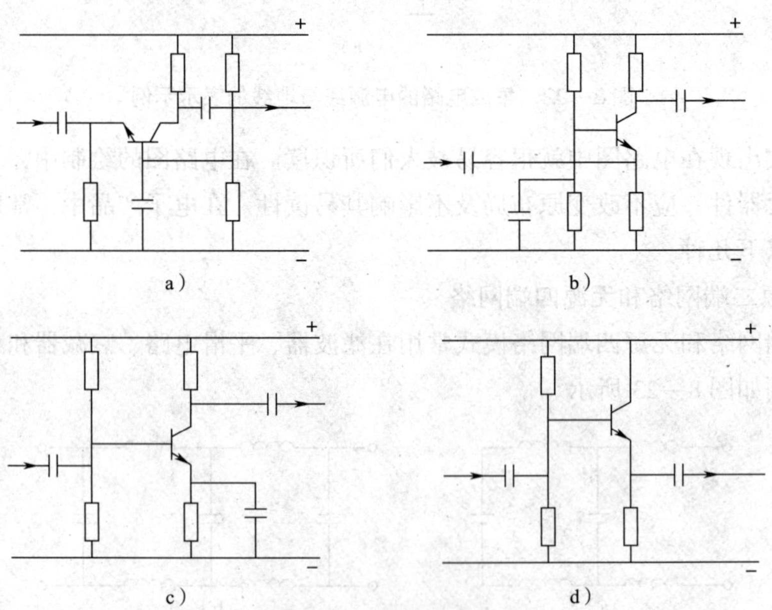

图 8—25　阻容耦合放大级

a）、b）共基极　c）共发射极　d）共集电极

（4）双稳态电路

如图 8—26 所示的基本 RS 触发器即为双稳态电路。

除以上所列举的几种基础电路外，还有功率放大电路、检波电路、振荡电路等，读者可结合有关课程及专业知识逐步熟悉。

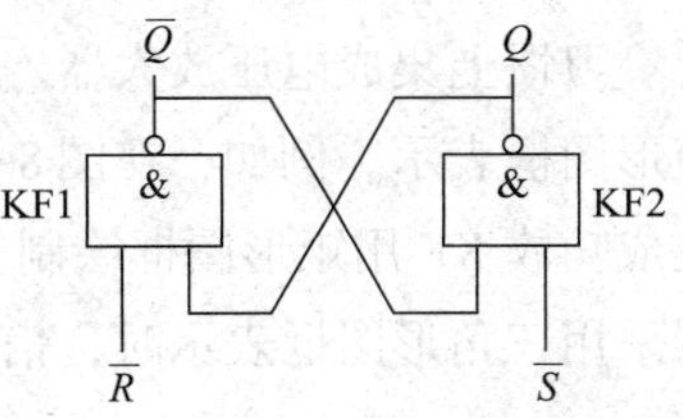

图 8—26　基本 RS 触发器

5. 集成电路的习惯画法

集成电路内部电路一般都很复杂，包含若干个单元电路和许多元器件，但在电路图中通常只将其作为一个元器件来看待，因此，几乎所有电路图中都不画出其内部电路，只是用一个矩形或三角形的图框表示。

（1）集成运算放大器的表示方法

集成运算放大器的图形符号如图 8—27a 所示，但在习惯上用三角形图框表示，如图 8—27b 所示。图中三角形图框的左侧直边有正、负两个输入端，右侧三角形顶点处有一输出端，三角形图框的顶点方向即为信号处理流程的方向。

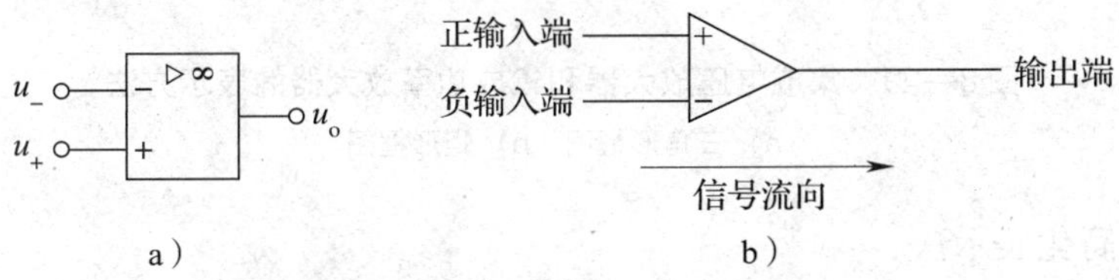

图 8—27　集成运算放大器和电压比较器的表示方法

（2）集成稳压器和时基电路的表示方法

如图 8—28 所示，习惯上将集成稳压器、时基电路等集成电路用矩形图框表示。各引出端均标注引脚编号，引脚编号可以标注在矩形图框外，如图 8—28a 所示；也可以标注在矩形图框内，如图 8—28b 所示；还可以标注在矩形图框上，如图 8—28c 所示。矩形图框上的各引脚可以按顺序排列，如图 8—28c 所示；也可以根据绘图需要不按顺序排列，如图 8—28b 所示。其他各类集成电路绝大多数都采用这种矩形图框表示法。

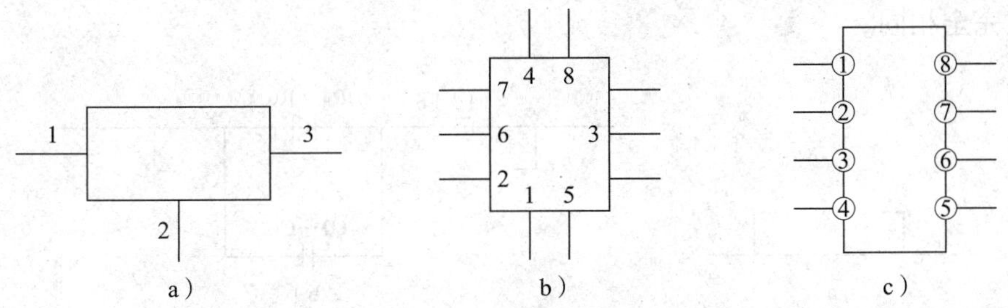

图 8—28　集成稳压器和时基电路的表示方法

a）集成稳压器表示方法　b）555 时基电路表示方法一　c）555 时基电路表示方法二

(3) 集成电压放大器和集成功率放大器的表示方法

习惯上集成电压放大器、集成功率放大器等集成电路既可用三角形图框表示，也可用矩形图框表示。例如，在图 8—29a 中，集成功放 KF 用三角形图框绘制；在图 8—29b 中，集成功放 KF 用矩形图框绘制。两者虽形式不同，但实质一样。从看图的角度来说，放大器采用三角形图框表示时，信号处理流程方向可更加直观、明了。

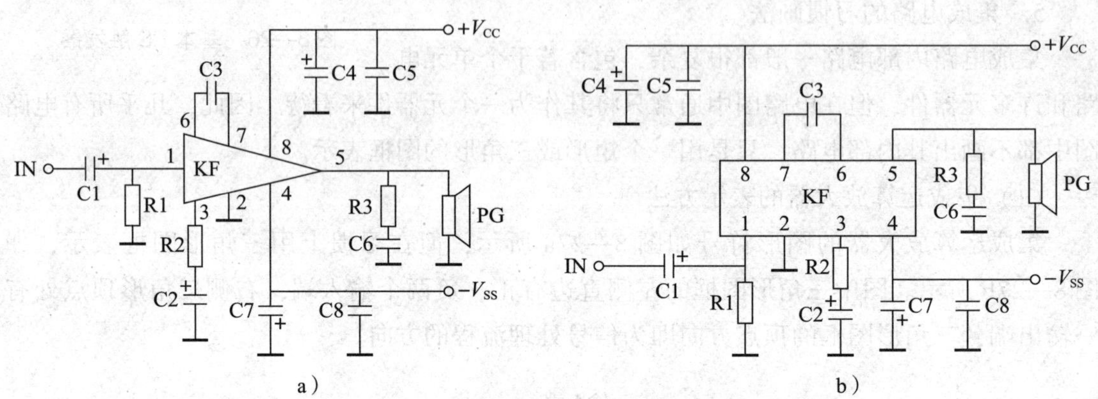

图 8—29 集成电压放大器和集成功率放大器的表示方法

a) 三角形框图 b) 矩形框图

6. 电路的简化表示法

电路图中的一些并联支路、功能单元或部分电路，其模式、内容完全相同，可用简化表示法绘制。简化画法不但可减轻绘图的工作量，还会使整个电路图清晰、明了、便于识读。

(1) 并联电路的简化

当有多个同样的支路并联时，可用标有公共连接符号的一个支路来表示。图 8—30a 所示为公共连接符号，其折弯方向应与支路的连接情况相符。因被简化而未画出的各项目的参照代号仍需在对应的图形符号旁全部标注出来，并在公共连接符号旁边标注并联支路的总数。如在图 8—30b 中，表示六个相同的支路相并联，各支路中的元器件及其参数、连接形式完全相同。

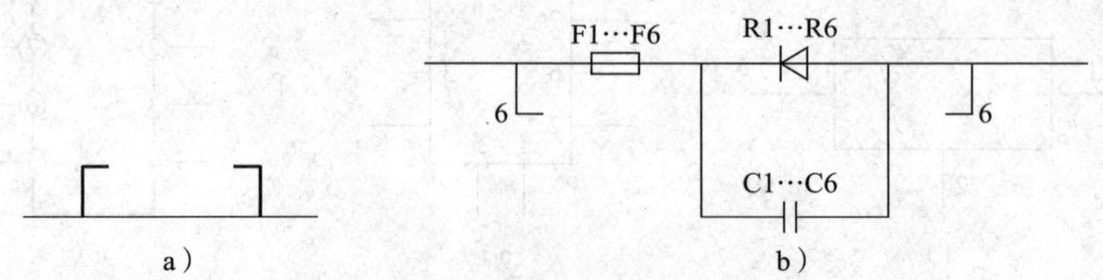

图 8—30 相同并联支路的简化画法

a) 公共连接符号 b) 并联电路的简化表示法示例

（2）相同电路的简化

当相同电路重复出现时，仅需详细地表示出其中的一个，其余的电路可用点画线围框表示，并在围框内标注说明。例如，图 8—31 中有两个相同的电路，但元器件的参照代号不同，可只画出一个，并将另一个的参照代号标注在括号内，同时，在简化围框内标注“电路与上同”的字样。

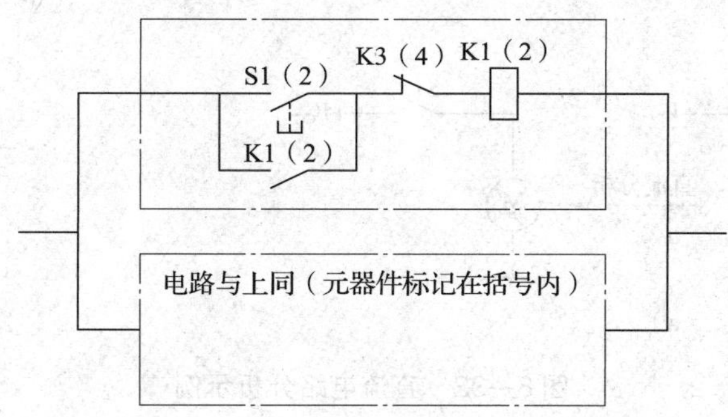

图 8—31　相同电路的简化画法示例

三、元件表

元件表的推荐格式见表 8—2，元件表的尺寸可根据需要而定。元件表可置于图纸空白处，也可以用 A4 幅面图纸单独编制。元件表的填写顺序一般不做统一规定，也可自行按一定规律填写，如按拉丁字母及参照代号的编号顺序填写等。

表 8—2　　元件表格式

参照代号	代号	名称、型号、规格	数量	备注	更改

四、识读电子产品中电路图的方法

在电子产品中，电路图主要有单元电路图、集成电路图、整机电路图等形式。

1．单元电路图的识读方法

单元电路是指能完成某一电路功能的最小电路单位，如某一级控制电路、某一级放大电路、某一个振荡电路、某一个变频电路等。单元电路图是一种具有完整功能的电路图。虽然单元电路的种类较多，且各种单元电路的具体识读方法也各有不同，但仍有其共性。

（1）识读直流电路

在电子产品中，直流电路一般是指需要直流电压才能工作的电路，如放大器电路。对直流电路的识读，先要分析直流电压供给电路，此时应将电路图中的所有电容器看成开路，因为电容器具有隔直特性；将所有电感器看成短路，因为电感器具有通直的特性，如图 8—32a 所示。

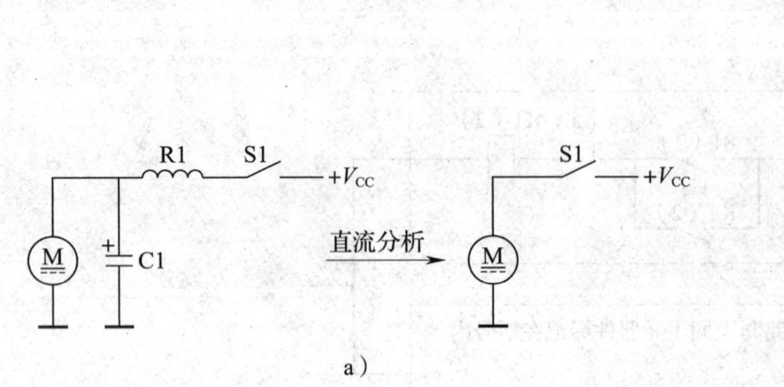

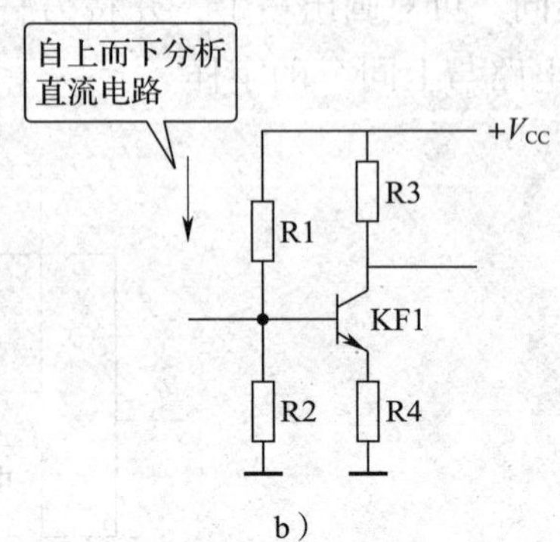

图 8—32　直流电路分析示例

a）直流电路示例　b）直流电路分析方向示意图

对整机电路的直流电路分析，一般是按从右向左的顺序进行，这是因为电源电路通常画在整机电路图的右侧下方。对具体单元电路的直流电路分析，一般是按自上而下的顺序进行，这是因为直流电压供给电路通常画在单元电路图的上方，如图 8—32b 所示。

（2）识读信号传输过程

分析信号传输过程就是分析信号在该单元电路中如何从输入端传输到输出端，信号在这一传输过程中受到了怎样的处理，如放大、衰减、控制等。信号传输过程在单元电路的识读方向一般按从左向右的顺序进行，如图 8—33 所示。

（3）识读元器件的作用

分析元器件的作用就是要搞懂元器件在电路中起什么作用，例如，在电路中电阻可用作分配电压、降低电压、稳定和调节电流、限流等；电容器可用作调谐、滤波和能量转换等。分析元器件在单元电路中的作用主要从直流电路和交流电路两个角度去分析。如图 8—18c 所示，在发射极负反馈电阻电路中，R4 是晶体管 KF1 的发射极电阻。对直流而言，它为晶体管 KF1 提供发射极直流电流回路；对于交流信号而言，晶体管 KF1 发射极输出的交流信号电流流过了 R4，使 R4 产生交流负反馈作用，从而使放大器的性能得到改善。

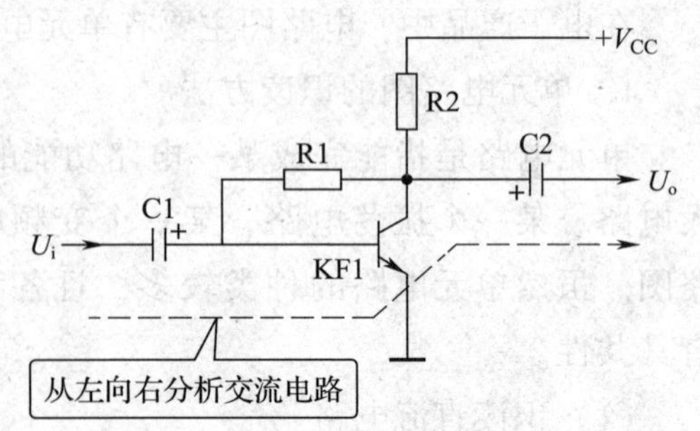

图 8—33　信号的传输方向

2. 集成电路图的识读方法

从广义上讲，一个集成电路的应用电路也是一个单元电路。集成电路的应用电路有典型应用电路和实际应用电路两种，前者在集成电路手册中可以查到，后者则在实用电路中出现，两种电路相差不大。

（1）识读集成电路引脚的作用

了解集成电路各引脚的作用是识读集成电路图的关键。知道了各引脚的作用后，再分析各引脚外电路的工作原理和元器件的作用就方便了。例如，知道集成电路的①脚是输入引脚，那么与①脚所串联的电容就是输入端耦合电容，与①脚相连的电路就是输入电路。

（2）识读集成电路

1）识读集成电路的直流电路。分析集成电路的直流电路主要是分析电源引脚和接地引脚的外电路。当电源有多个引脚时，要分清这几个电源引脚之间的关系。例如，是否是前级电路、后级电路的电源引脚，或是左、右声道的电源引脚；对多个接地引脚也要分清。

2）识读集成电路的信号传输。分析集成电路的信号传输主要是分析信号输入引脚和输出引脚的外电路。当集成电路有多个输入、输出引脚时，要搞清楚是前级电路还是后级电路的引脚；对于双声道电路，还要分清左、右声道的输入和输出引脚。同时要注意，有的数字集成电路中引脚是双向的，既是输入引脚，也是输出引脚。

3）识读集成电路其他引脚的外电路。集成电路其他引脚的具体作用不同，分析起来比较困难，一般要借助于资料或内电路方框图进行分析。例如，找出负反馈引脚、消振引脚等，要借助于引脚作用资料或内电路框图。

4）识读信号的放大、处理过程。分析集成电路内电路的信号放大、处理过程，最好查阅该集成电路的内电路框图。分析内电路框图时，可以通过信号传输线路中的箭头指示了解信号经过了哪些电路的放大或处理，最后信号是从哪个引脚输出的。

5）掌握引脚外电路规律。有了一定的识读能力后，要学会总结各种功能集成电路的引脚外电路规律，并掌握这种规律，这对提高识图速度是有用的。例如，输入引脚外电路的规律是通过一个耦合电容或一个耦合电路与前级电路的输出端相连；输出引脚外电路的规律是通过一个耦合电路与后级电路的输入端相连。

3. 整机电路图的识读方法

在整机电路图中，各单元电路的画法是有一定规律的，一般情况下电源电路画在整机电路图中的右（或左）下方，信号源电路常画在电路图的左侧，负载电路画在整机电路的右侧，各级放大器电路是从左向右排列的，双声道电路中的左、右声道电路是上下排列的。各单元电路中的元器件是相对集中在一起的。对整机电路图的识读要注意以下几点：

（1）对整机电路图的识读，主要是找出各部分单元电路在整机电路图中的位置、单元电路的类型以及对直流工作电压供给电路和交流信号传输过程的识读。直流工作电压供给电路的识读方向一般按从右向左进行，对某一级放大器电路的直流电路识读方向按自上而下进行。对交流信号传输过程的识读方向一般按从左向右进行。

（2）在识读整机电路图过程中，若对某个单元电路识读有困难，如对某型号的集成电路应用电路识读有困难，可以查找这一型号集成电路的内电路框图、各引脚作用等识图资料帮助识读。整机电路中包含有数字电路和模拟电路，但电路图本身并没有标明哪些是数字部分，哪些是模拟部分，这就需要对每部分电路进行具体分析，通常情况下整机电路的最后面部分是模拟电路。数字电路部分的许多功能是通过软件来实现的，识读中不需要对软件十分熟悉，但要了解软件处理信号的目的、过程和处理结果。

（3）随着科学技术的发展，整机电路中采用集成电路的情况比较多，特别是采用大规模集成电路、数字电路。因此，对整机电路图识读的重点应集中在对集成电路外电路元器件作用的识读上，而集成电路功能、内电路组成和各引脚作用可借助于框图来了解。

应用举例

绘制和识读图 8—34 所示的低频放大电路图。绘图时要注意遵守电气制图的一般规则和基本表示方法以及电路图的有关规定画法。

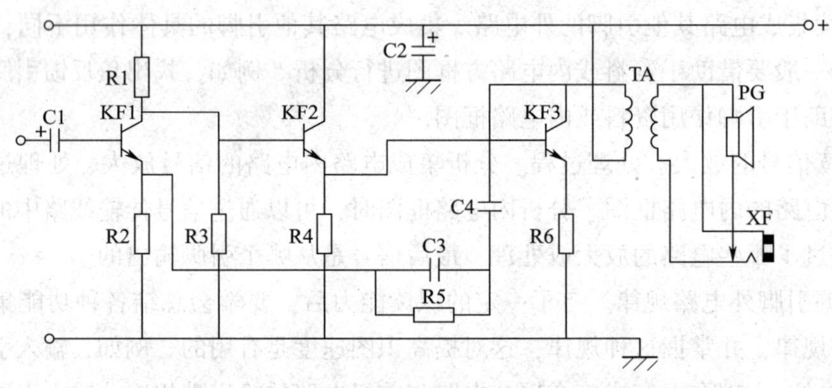

图 8—34　低频放大电路图

1. 绘制图 8—34 所示电路图

(1) 电路图的绘制特点

电路图一般是由若干功能单元、结构单元或项目按信号流向逐级连接而成的。作图前应先考虑电路图的布局，各功能单元的位置、空间的大小及比例等内容。然后选取图形符号、布局方式、电源的表示方法、元器件在图上位置的表示法等表达方式。本电路按功能布局法布置，连接线以垂直布置为主，电源采用极性符号“+”表示。

(2) 电路图的绘图步骤

以图 8—34 所示低频放大电路图为例说明电路图的绘图步骤。

1）分配尺寸。依据电路构成情况考虑布置方案。以各单元电路的主要元器件为中心，如变压器、晶体三极管、集成电路等，将全图分成若干段。各主要元器件尽量布置在同一条水平线或垂直线上，如图 8—35a 所示。

2）分别画出各级电路之间的连接及有关元器件。同类元器件尽量横向或纵向对齐，并从全局出发对各级电路布置不当之处加以适当调整，使全图布置均匀、清晰，如图 8—35b、c 所示。

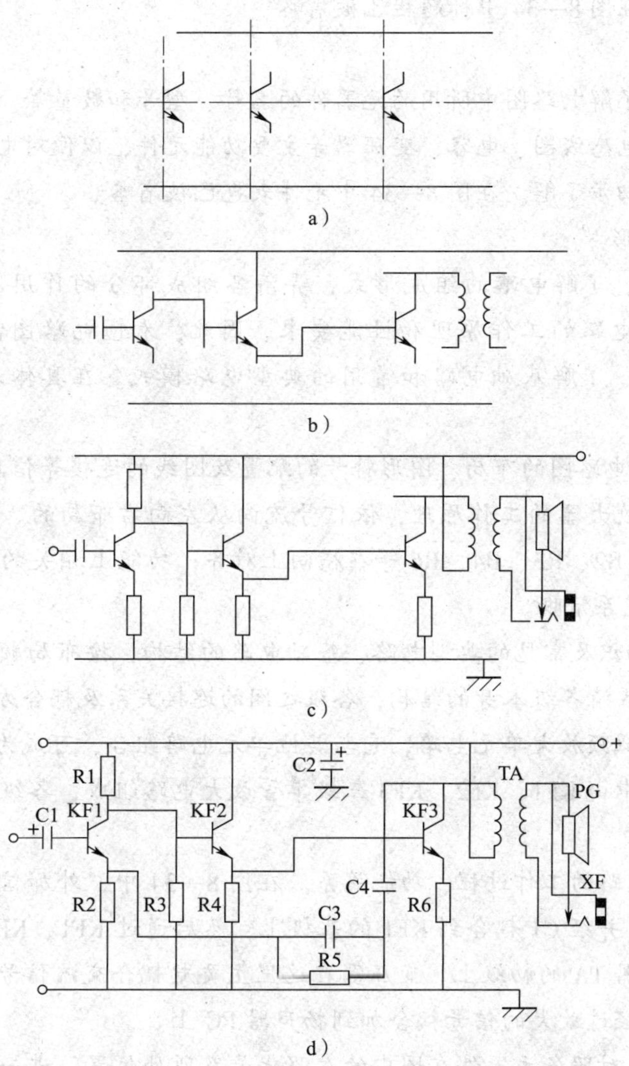

图 8—35　低频放大电路图的绘图步骤

a）分配尺寸　b）、c）绘制各单元电路　d）检查、完善全图

3）检查、完善全图。画全其他附加电路及元器件，标注参照代号、端子代号及有关注释，并检查全图的连接是否有误、布局是否合理，最后完善全图，如图 8—35d

所示。

2. 识读图 8—34 所示电路图

识读电路图的方法和步骤与识读零件图、装配图有相同之处，也有其自身的特点。现以图 8—34 为例做介绍。

(1) 看主标题栏

通过主标题栏可了解电路图的名称及其他有关内容，结合有关的电路知识，对电路图建立大致的印象。在图 8—34 中标题栏已被省略。

(2) 看元件表

通过元件表可了解电路图中所用的元器件的名称、型号和数量等。初步分清电路中所使用的半导体管、电感线圈、电容、变压器等主要功能元件，以便对电路的性质、功能原理及所用元器件有初步了解。在图 8—34 中元件表也已被省略。

(3) 看电路图形

分析电路图形，了解电路的组成形式，弄清各组成部分的作用及各部分的连接关系，从而熟悉整个电路的工作原理和性能要求。因此，看懂电路图需要具备有关的电路专业知识，熟悉、了解基础电路和常用的典型电路模式。在具体看图时应从以下几个方面考虑：

1) 概括地了解电路图的布局、图形符号的配置及图线的连接等信息。例如，图 8—34 所示电路是按低频放大器的工作原理，依信号流向从左向右布局的。图中各类元器件如 KF1、KF2、KF3 及 R2、R3、R4、R6 等在横向上对齐；功能上相关的项目靠近绘制，如 C3 和 R5，以使其关系清晰。

2) 结合专业知识及常见的典型电路、基础电路的结构，按布局顺序从左向右、自上而下地逐级分析，弄清各级本身的结构，各级之间的连接关系及耦合方式。如图 8—34 所示，其实际为一个低频放大单元电路，它与其他单元电路组合，可成为具有某种功能的整机电路。在此电路中由 KF1、KF2、KF3 三级单管放大电路组成，各级电路之间均为直接耦合。

3) 分析整个电路的工作过程、功能关系。在图 8—34 中，外加信号接到低频放大电路的输入端 C1 上，并经 C1 耦合到 KF1 的基极上，然后通过 KF1、KF2 和 KF3 的逐级放大，最后加到变压器 TA 的初级上。变压器在这里主要起耦合交流信号、进行电流匹配的作用，它将初级上经过放大的信号耦合加到扬声器 PG 上。

4) 结合元件表对照各元器件在图中的参照代号及所处位置，进一步了解其在电路中的作用及主要参数，以便为下一步的装配工作做好准备。

由以上可知，识读电路图既要有绘制电路图的基本知识，还要有一定的专业知识。只有熟悉和掌握以上两方面的知识，并在今后的学习和实习生产中勤看、勤练、勤分析，才能逐步提高看图技能和看图速度。

§8—3　功　能　图

学习目标

1. 了解功能图的常见类型和一般表达形式。
2. 掌握逻辑功能图的基本表示方法。
3. 能识读和绘制简单的逻辑功能图。

?想一想

分析图8—36所示的逻辑功能图的画法特点，想一想，在电气技术中引入逻辑功能图的主要目的是什么。

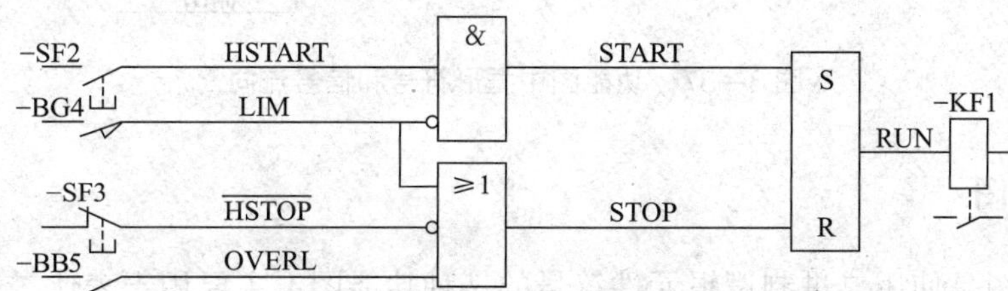

图8—36　某设备控制电路逻辑功能图（纯逻辑图）

一、功能图

1. 功能图的基本概念

功能图是一种用于表示项目成分之间功能联系的简图，如图8—36所示。功能图主要用于描述项目的功能面，而忽略其使用。电气图中的功能图主要包括等效电路图、逻辑功能图、功能表图、端子功能图、顺序表图和时序图等基本类型。

2. 功能图的一般表达形式

GB/T 4728—2005～2008中规定的图形符号有两种基本的类型：一种是表示产品及其组成的图形符号；另一种是表示抽象的功能图形符号。或者说，一种表示实体，另一种表示功能。例如，示波器的图形符号"(示波器符号)"用于表示产品；变换器的图形符号（一般符号）"(变换器符号)"用于表示变换功能。同时，标准中还有许多图形符号既可以表示功能，也可以表示执行这些功能的实际元件。如图形符号"(电阻符号)"，既可以表示功能"电阻"，也可以表示执行这种功能的实际元件"电阻器"。

功能图中使用的图形符号一般都是功能类型的符号，或者应理解为功能符号，其中应用最多的是功能框形符号。框形符号只用来表示某一部分的功能，与实际所使用的元器件并不一一对应。例如，在图 8—37 中使用了框形符号来表示各自的功能模块，图中用“&”表示“与”功能，用“≥”表示“或”功能，用“⊢⊣”表示“延迟”功能。功能图的主要信号流应从左至右、从上至下。如图 8—37 中给出的信号流向为从左至右，即由输入到输出。

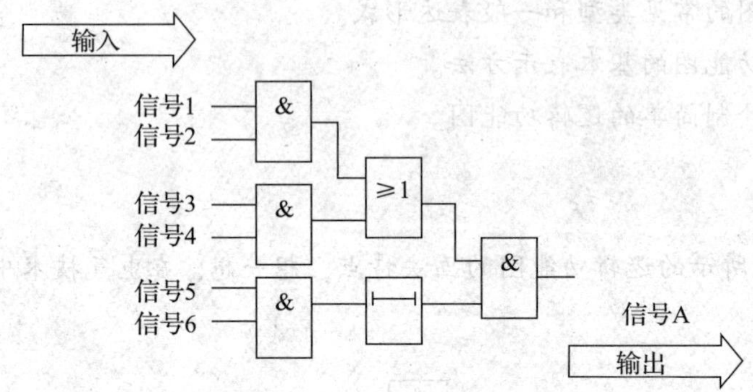

图 8—37　功能图中框形符号和信号流向

二、逻辑功能图

逻辑功能图是使用二进制逻辑元件符号的一种功能图，主要用于表达二进制逻辑电路的功能、逻辑关系及其工作原理。

1. 逻辑功能图的基本类型

逻辑功能图按用途分为纯逻辑图和详细逻辑图两类。纯逻辑图也称为理论逻辑图，是一种只表示逻辑功能而不涉及实现方法的逻辑图。纯逻辑图是编制详细逻辑图的依据，主要用于表达系统的功能、逻辑连接关系以及工作原理，而不涉及实现逻辑功能的实际器件。详细逻辑图也称为工程逻辑图，是一种用能执行逻辑功能的物理器件的图形符号绘制的逻辑图。它不仅要表明系统的功能、逻辑关系和工作原理，而且要确定实现逻辑功能的实际器件和工程化的内容。详细逻辑图是产品设计、装接、测试、调整、使用和维修必不可少的电气用图。图 8—38 所示为异或逻辑功能图。其中，图 8—38a 所示为纯逻辑图，图 8—38b 所示为详细逻辑图。

图 8—38a 中引入了逻辑非的限定符号，说明它是用逻辑非符号体制绘制，并且只表示这种逻辑功能而未涉及其实现方法。若要构成可以实现的逻辑图，必须增加非单元，用正逻辑约定画出详细的逻辑图，如图 8—38b 所示。

2. 逻辑功能图的基本表示方法

逻辑图与电路图相比，两者在绘制方法和要求上有很多相同之处，在共同遵守电气制图一般规则的原则下，逻辑图又有其本身特有的规定画法。

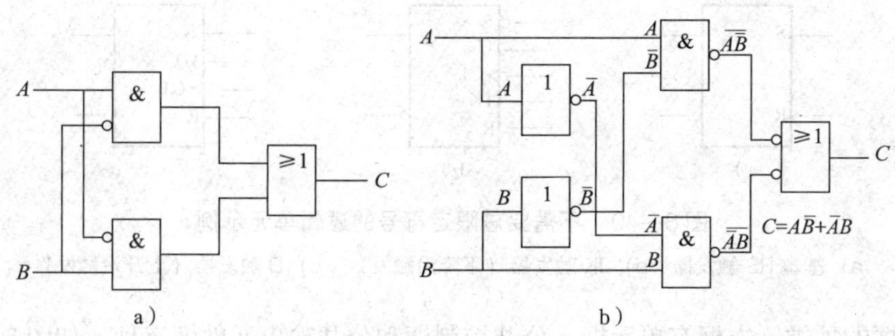

图 8—38　异或逻辑功能图

a）纯逻辑图　b）详细逻辑图

（1）图形符号的基本形式

1）符号的构成。逻辑图的主要组成部分是二进制逻辑单元，其图形符号由一个方框或若干个方框的组合以及一个或多个限定符号（包括与输入、输出有关的标记）来组成。使用图形符号绘制逻辑图时必须附加输入、输出线，但输入、输出线不是图形符号的组成部分。

图 8—39a 所示为逻辑图符号结构的概念图解，图中“＊＊”代表总限定符号，用以说明逻辑单元执行的逻辑功能，是表示方框功能的主要部分。“＊”代表与输入、输出有关的限定符号（包括关联标记）。图 8—39b 所示为与非逻辑单元图形符号，它表示的是一个双输入与非单元。这个符号由方框、表示与功能的总限定符号“&”和与输出有关联的限定符号“。”构成。两根输入线和一根输出线以及标记 A、B、C 都不属于图形符号的组成部分。

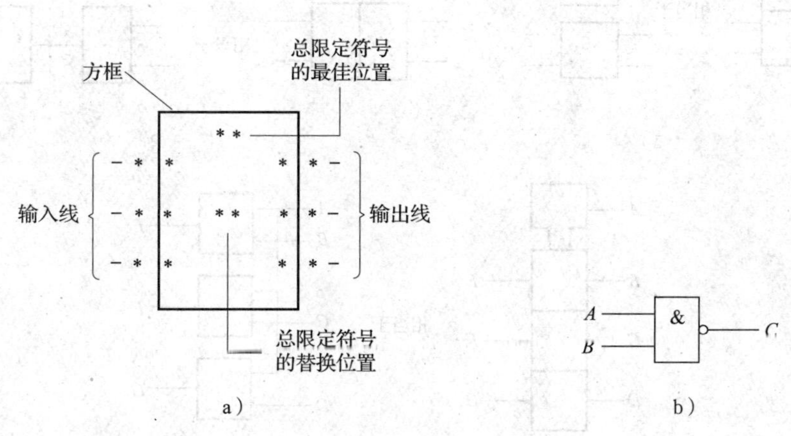

图 8—39　符号的构成

a）逻辑图符号结构的概念图解　b）与非逻辑单元图形符号

当逻辑单元的功能完全由输入、输出限定符号决定时，就不需要总限定符号，各种类型的双稳态单元都属于这种情况。如图 8—40 所示为不需要总限定符号的逻辑单元示例。

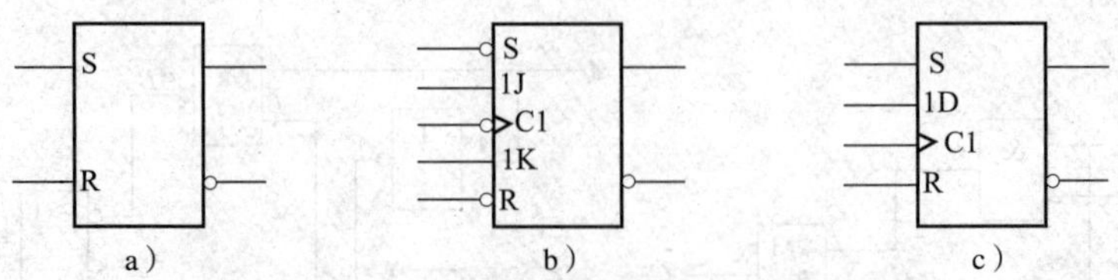

图 8—40　不需要总限定符号的逻辑单元示例

a）基本 RS 触发器　b）JK 触发器（下降沿触发）　c）D 触发器（上升沿触发）

2）方框的种类。方框有单元框、公共控制框和公共输出元件框三种，如图 8—41 所示。

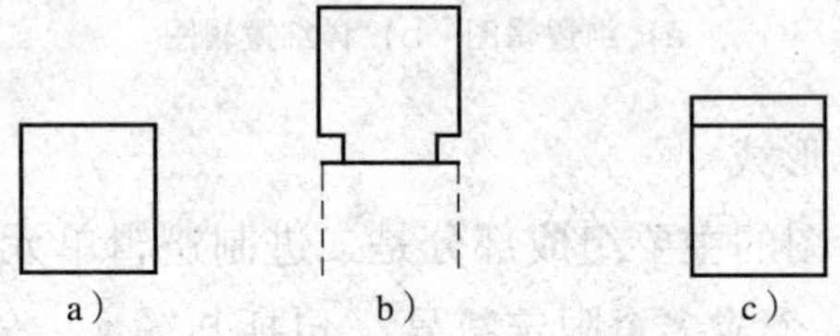

图 8—41　逻辑图方框的种类

a）单元框　b）公共控制框　c）公共输出元件框

为了缩小一组相邻图形的幅面，各单元的方框可根据不同的需要来邻接或镶嵌，如图 8—42 所示。其中，图 8—42a 适用于单元间无逻辑连接，且各单元框公共线沿着信息流方向；图 8—42b 适用于单元间仅有一种逻辑连接，且两个单元框公共线垂直于信息流方向；图 8—42c 适用于公共控制线输入，简化后输入公共控制区。

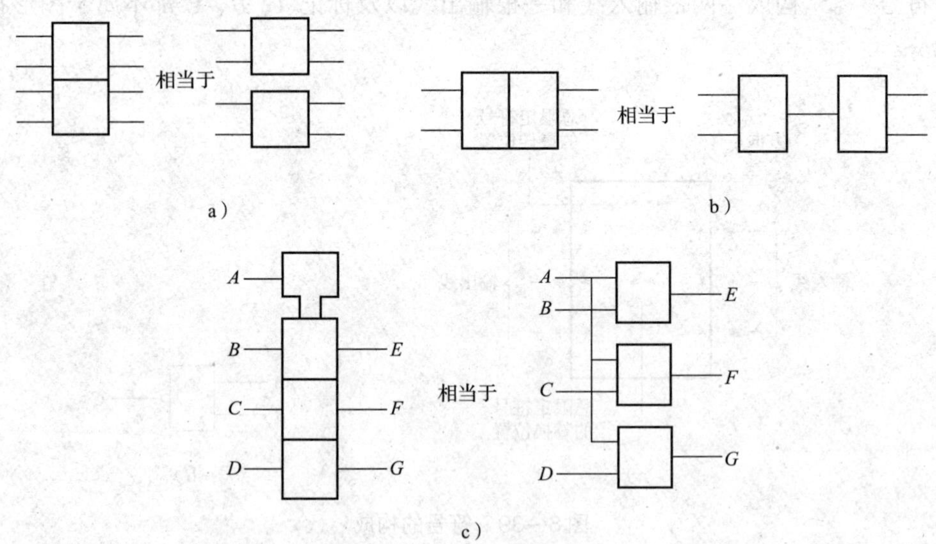

图 8—42　方框的邻接或镶嵌

3）与输入、输出和其他连接有关的限定符号。输入、输出限定符号用以表示逻辑单元输入、输出的物理的或逻辑的特性以及内部逻辑状态和外部逻辑状态或逻辑电平之间的关系。二进制逻辑单元图形符号与输入、输出相关的限定符号有以下几种：

图 8—43a 所示为逻辑非的限定符号，它表示内部逻辑状态与外部逻辑状态互为否定，即内部 1 状态对应于外部 0 状态；内部 0 状态对应于外部 1 状态。采用带逻辑非符号的图形符号绘制的逻辑图称为逻辑非符号体制的逻辑图。

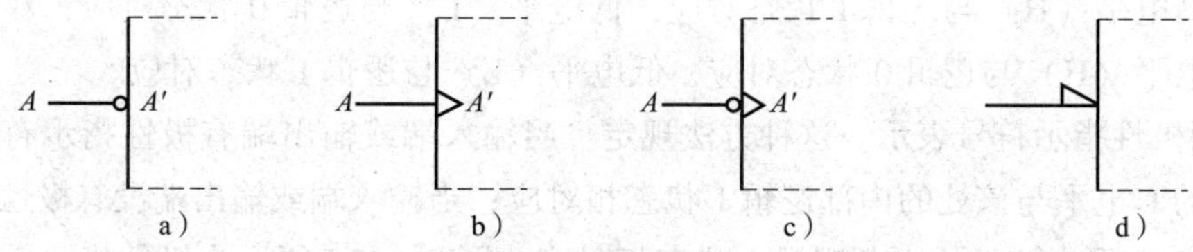

图 8—43　逻辑符号

a）逻辑非符号　b）动态输入符号　c）带逻辑非的动态输入符号　d）极性指示符号

图 8—43b 所示为动态输入的限定符号，它表示在外部 0 状态到外部 1 状态的转换过程中内部逻辑状态为 1，其他所有时间内部逻辑状态为 0。

图 8—43c 所示为带逻辑非的动态输入限定符号，它表示在外部 1 状态到外部 0 状态的转换过程中内部逻辑状态为 1，其他所有时间内部逻辑状态都为 0。

4）常用的二进制逻辑单元的图形符号。常用的二进制逻辑单元的图形符号及说明见表 8—3。

表 8—3　　常用的二进制逻辑单元的图形符号及说明

名称	图形符号	说明
“或”单元	≥1	当一个或一个以上的输入处于“1”状态时，输出才能处于“1”状态
“与”单元	&	当且仅当全部输入均处于“1”状态时，输出才处于“1”状态
非门	1	当且仅当输入处于外部“1”状态时，输出才处于外部“0”状态
“异或”单元	=1	当两个输入中的一个且只有一个处于“1”状态时，输出才处于“1”状态
反相器	1	当且仅当输入处于 H 电平时，输出才处于 L 电平

（2）逻辑约定

当用逻辑符号代表实际器件时，必须确立逻辑状态和表示这些状态的逻辑电平之间的对应关系，这种对应关系的规定称为逻辑约定。表示这种对应关系的方法有以下两种：

1）用单一逻辑约定表示。单一逻辑约定有正逻辑约定和负逻辑约定两种。在正逻辑约定中，高电平（H）与逻辑1状态对应，低电平（L）与逻辑0状态对应；在负逻辑约定中，高电平（H）与逻辑0状态对应，低电平（L）与逻辑1状态对应。

2）用极性指示符号表示。这种方法规定：当输入端或输出端有极性指示符号时，表示物理量的L电平与该处的内部逻辑1状态相对应；当输入端或输出端没有极性指示符号时，表示H电平与该处的内部逻辑1状态相对应。图8—43d所示为极性指示符号，图中小直角三角形的指向与信息流的方向一致，表明内部逻辑状态1与外部逻辑低电平（L）相对应；内部逻辑状态0与外部逻辑高电平（H）相对应。

一般来说，同一张图中只采用单一的逻辑约定，但在同一张图的不同部分也允许采用不同的逻辑约定，如接口交界面的两边。识读时应注意不同逻辑约定的划分区域。

（3）电气元器件的布局方式与连接线

1）电气元器件的布局方式。在逻辑功能图中，用于表示电气元器件的图形符号是按功能布局法布局的，信息流向从左至右、自上而下，功能相关的图形符号结合在一起或尽量靠近。图形符号的方位不能任意改变，输入线和输出线分别置于图形符号相对的两侧，并与符号的框线相垂直，一般输入线在左侧而输出线在右侧。

2）连接线。在逻辑功能图中，各单元之间的连接线及单元的输入、输出线称为信号线。当一个信号输出给多个单元时，可用单根直线通过适当标记，以T形连接方式接到各单元，如图8—38所示。

逻辑图中也可画出硬件的未使用部分，但必须标出未使用的外引线号或未使用单元及其外引线号。在信号流向不明显的地方，应在信号线上加箭头表示。当信号线有时是输入信号，有时是输出信号时，可在信号线上加双向开口箭头，说明它是双向传输引线。

（4）逻辑单元和其他元器件相互作用的表示

在详细逻辑图中，有时需要表示逻辑单元控制其他元器件（如指示灯、继电器等）或其他元器件（如开关、电容器等）控制逻辑单元的情况。通常在图上应给出电平等信息，使读者无须根据特殊标记就可以判断出产生所需动作的条件。

在只与逻辑状态有关的图中，或者在易引起混淆的场合，产生所需动作的逻辑状态或逻辑电平可标注在逻辑单元与其他元器件的连接线上。对于使用逻辑否定符号或极性指示符号的场合，这些符号只能标注在逻辑单元的输入、输出端处，而不能标在其他元器件的端点上。

（5）逻辑图中标注的内容

1）在详细逻辑图中，各逻辑单元符号和元器件图形符号均应标注参照代号，如逻辑单元符号常标注 KF1、KF2、KF3 等。

2）连接线上应对信息进行标注，如给出信号相互关联的信息及按功能命名的信号名等。一般情况下，连接线上均应标注信号名。信号名是指按功能所设定的名称。信号名常采用语句的缩写字母形式注写在连接线的端部。如图 8—36 所示，图中各连接线的信号名含义如下：“START”表示启动，“STOP”表示停止，“RUN”表示运行，“HSTART”表示保持启动，“HSTOP”表示保持停止，“LIM”表示限位，“OVERL”表示过载。

3. 识读逻辑功能图

分析、识读图 8—36 所示的某设备控制电路逻辑功能图（纯逻辑图）。

（1）分析设备控制电路逻辑功能图的绘制特点

表示电气元器件的图形符号按功能布局法布置，信息流向从左至右。二进制逻辑单元图形符号的输入线和输出线分别置于图形符号相对的两侧，并与符号的框线相垂直，输入线在左侧、输出线在右侧。信号线上均标记了信号名称。

（2）识读设备控制电路逻辑功能图

1）逻辑功能图的组成。图 8—36 由“与”单元、“或”单元和双稳态单元等二进制逻辑单元组成，同时还有按钮（SF2、SF3）、位置开关 BG4、过载继电器保护开关 BB5 和继电器 KF1 等非逻辑控制单元。

2）逻辑关系。只有当启动按钮 SF2、位置开关 BG4 都处于闭合状态时，继电器 KF1 才处于启动运行状态；只要停止按钮 SF3、过载继电器保护开关 BB5 有一个处于断开状态，继电器 KF1 就处于停止运行状态。

（3）正逻辑绘制的详细逻辑图

图 8—36 仅从理论上阐述了这一控制电路的逻辑关系，并没有提供实现这种逻辑控制功能的实际方法。图 8—44 所示为与图 8—36 相对应的用正逻辑绘制的详细逻辑图。

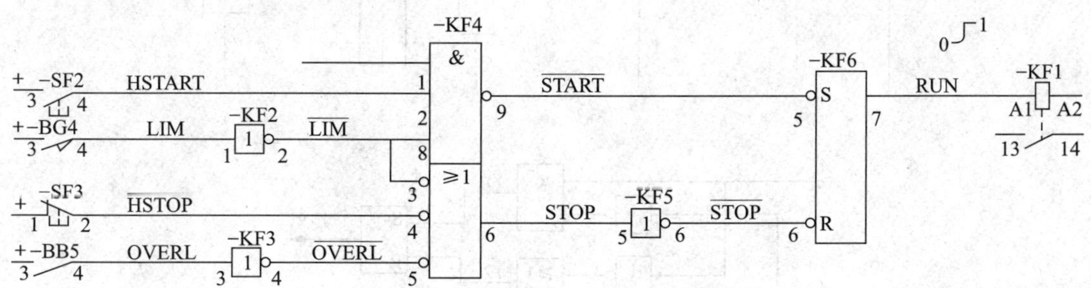

图 8—44　用正逻辑绘制的详细逻辑图

在图 8—44 所示的详细逻辑图中，各项目已不再是理想的元件，而是实际的元件，达到了实际应用和工程化的要求。图中实现所需功能的器件有 KF4、KF6 两种，并按照正逻辑约定画出了它们的图形符号。用这两个符号分别代替图 8—36 中的三个二进制逻辑单元符号，在需要的地方分别插入 KF2、KF3、KF5 三个非门符号。同时还标出了参照代号和端子代号。从这个例子可以看出，纯逻辑图虽然不是数字系统产品的必备文件，但它却是绘制详细逻辑图的依据和基础。

职业能力培养

如前所述，电气图中的功能图除逻辑功能图外，还包括等效电路图、功能表图、端子功能图、顺序表图和时序图等基本类型。查阅相关资料或通过互联网检索，了解上述各类功能图在实际应用中的区别。

应用举例

绘制图 8—45 所示的逻辑图。逻辑图的绘图步骤与方法同框图相同，绘图时也应遵守电气制图的一般规则和逻辑图的有关规定画法。

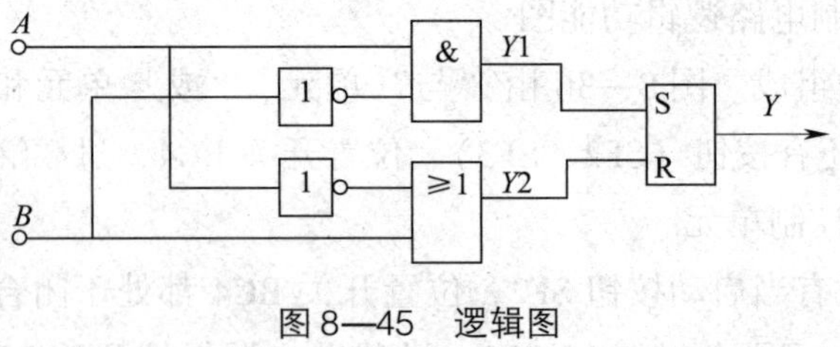

图 8—45　逻辑图

逻辑图的绘图方法与步骤如图 8—46 所示。

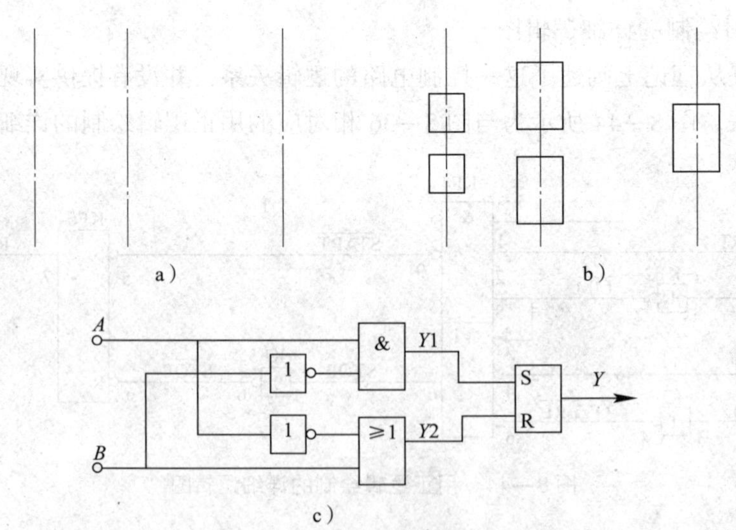

图 8—46　逻辑图的绘图方法与步骤

a）按项目布局分段　b）布置逻辑符号　c）去掉辅助线，画入连接线，检查及完善全图

§8—4 接 线 图

学习目标

1. 掌握接线图的基本表示方法。
2. 熟悉接线图的常见类型。
3. 能识读和绘制简单的接线图。

?想一想

分析图 8—47 所示接线图的画法特点，想一想，在电气技术中引入接线图的主要目的是什么。

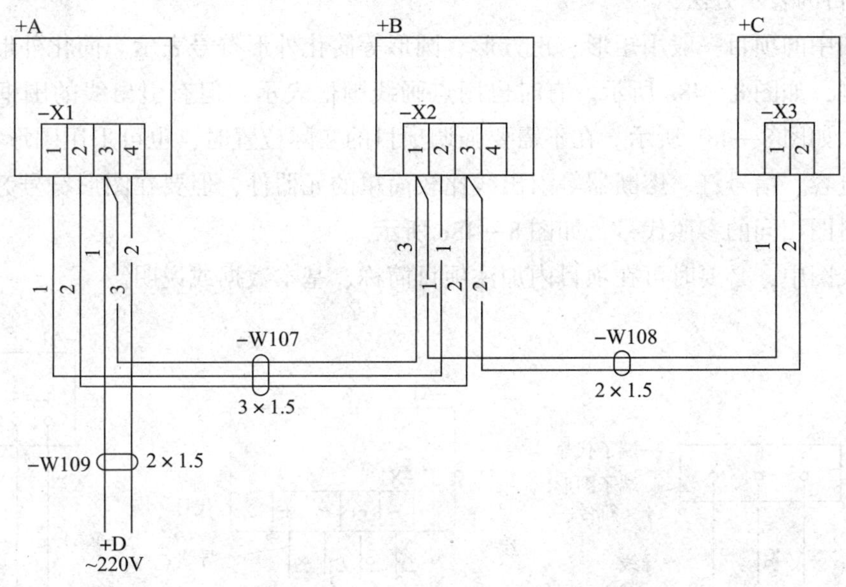

图 8—47 用多线表示法绘制的互连接线图

一、接线图的概念

在电气图中，电气装置的基本信息，除了电气装置的基本组成、工作原理、性能特点、安装位置等外，还应表示出电气装置各元器件之间的内部连接，以及各元器件与外部电源、其他装置之间的外部连接。这种用来表达项目组件或单元之间物理连接信息的简图称为接线图。如图 8—47 所示，它清楚地表达了 + A、 + B、 + C、 + D 四个项目之间导线的连接关系，如导线走向和相对位置等。

接线图是根据电路图或逻辑图中各项目之间、各单元之间、单元和设备的端子及外部导线之间的连接关系绘制或编制的，用以反映上述范围内的接线关系，为接线和线扎制作提供方便。在实际使用中，接线图常与电路图、逻辑图配合使用，用于指导安装接线、线路检查、维修和故障处理等工作。

二、接线图的基本表示方法

接线图应包含能够识别用于接线的每个连接点及接在这些连接点上的所有导线和电缆的主要信息。为了满足安装接线的实际要求，接线图通常还应表示出项目的相对位置、参照代号、端子代号、导线号、导线类型、导线截面积、屏蔽和导线绞合等内容。

1．项目的布局方式

在接线图中，项目（如元器件、部件、组件、成套装置等）的布局应采用位置布局法，即在接线图上，各项目的布局位置与其实际相对位置相同，无须按比例布置。

2．项目的表示方法

接线图中的项目一般用矩形、正方形、圆形等简化外形符号表示。简化外形符号常用细实线绘制，如图 8—48a 所示。有时也用点画线围框表示，但有引出线的围框边应用细实线绘制，如图 8—48b 所示。在不需要强调项目的实际位置时，也可采用图形符号表示，如电阻、电容、信号灯、熔断器等引出线比较简单的元器件，但要在图形符号旁标注与电路图或逻辑图相同的参照代号，如图 8—48c 所示。

在接线图中，必要时可在项目内加注项目简称、基本数据或说明。

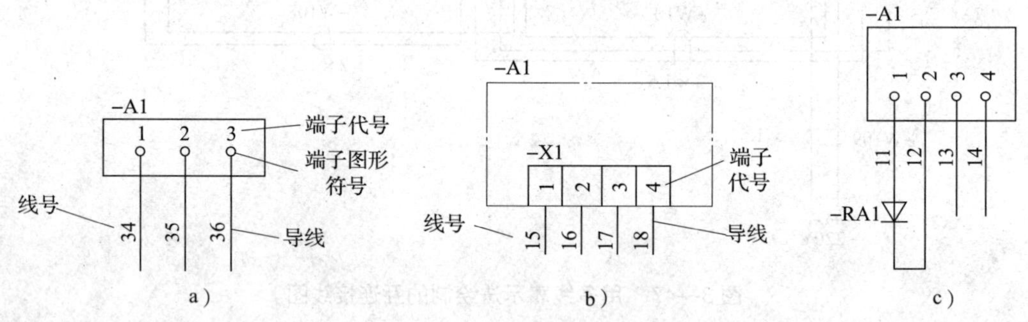

图 8—48　项目的表示方法示例

a）用细实线矩形框表示　b）用点画线围框表示　c）项目“–RA1”用图形符号表示

3．端子的表示方法

在接线图中，端子一般用图形符号和端子代号表示。如图 8—48a 所示，其详细端子代号为“–A1：1”“–A1：2”“–A1：3”。当端子在项目的简化外形中能清晰识别时，端子无须示出，可只标出端子代号，如图 8—48b 所示，其详细端子代号为“–A1–X1：1”“–A1–X1：2”“–A1–X1：3”“–A1–X1：4”。如需说明接线端子是可拆卸或不可拆卸时，则应在图中画出相应的图形符号或注明。

4．导线的识别标记

导线的识别标记是指标在导线（或线束）两端或标在图线上用以识别导线（或线束）的标记。接线图中常用的导线识别标记主要有从属标记和独立标记。

（1）从属标记

从属标记是指以导线所连接的端子的标记或线束所连接的设备的标记为依据的导线或线束的标记系统。在接线图中，常用的从属标记主要有从属本端标记、从属远端标记和从属两端标记。

1）从属本端标记。从属本端标记是指在导线或线束的端部标记与其本端部连接的端子代号的一种标记方式，如图 8—49a 所示。图中项目 – A、– B 之间有两根连接导线，– A 的端子 1、3 分别与 – B 的端子 a、d 相连。当采用从属本端标记时，项目 – A 的端子引出线标注本端端子标记“ – A：1” 和“ – A：3”，项目 – B 的端子引出线标注本端端子标记“ – B：a” 和“ – B：d”。在不引起误解时，可将标记中的参照代号省略而只标注端子代号，如“ – A：1” 可标记成“1”，“ – B：a” 可标记成“a”。这种标记方式对于本端接线，特别是对导线拆卸后再往端子上接线的操作比较方便。

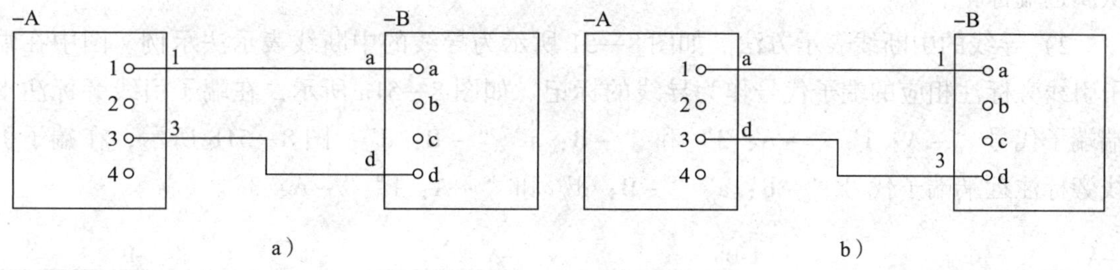

图 8—49　从属标记示例

a）从属本端标记示例　b）从属远端标记示例

2）从属远端标记。从属远端标记是指在导线或线束的端部标记与其远端部连接的端子代号的一种标记方式，如图 8—49b 所示。图中项目 – A、– B 之间有两根连接导线，– A 的端子 1、3 分别与 – B 的端子 a、d 相连。当采用从属远端标记时，项目 – A 端的连接导线标注了连接到项目 – B 端的端子代号“ B：a” 和“ B：d”，标注时省略了参照代号而只标注端子代号“a” 和“d”。而项目 – B 端的连接导线标注了连接到项目 – A 的端子代号“ – A：1” 和“ – A：3”，标注时省略了参照代号而只标注端子代号“1” 和“3”。从属远端标记能清楚地指出导线去向，常用于中断线表示的接线图中。

（2）独立标记

独立标记是指导线或线束的标记与其所连接的端子的代号无关的标记系统，如图 8—50 所示。在图 8—50a 中，与项目 – A、– B 相连接的两根导线分别标记为“1” 和

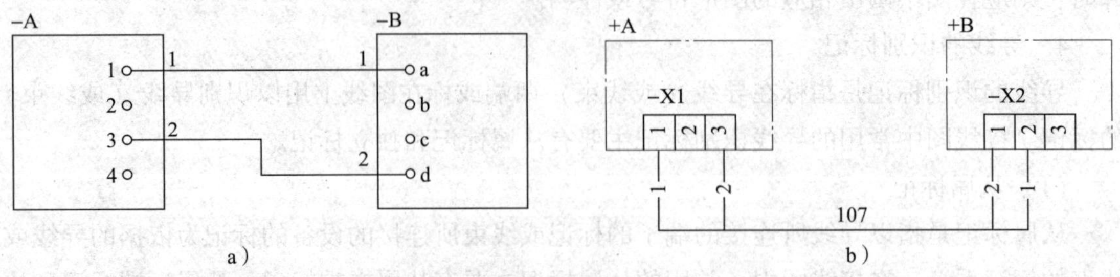

图 8—50　独立标记示例

“2”，它们与导线两端的端子代号无关。在图 8—50b 中，107 电缆中的芯线标记“1”和“2”与导线两端的端子代号无关。这种标记方式一般只用于用连续线方式表示的接线图中。

5．导线的表示方法

（1）导线的连续线表示方法和中断线表示方法

1）导线的连续线表示方法。如图 8—49 所示，项目 – A、– B 之间的两条连接线用连续线表示。其中，图 8—49a 中的导线标注了从属本端标记，图 8—49b 中的导线标注了从属远端标记。

2）导线的中断线表示方法。如图 8—51 所示为导线的中断线表示法示例。图中在端子引线旁标注相应的端子代号作为导线的标记。如图 8—51a 所示，在端子引线旁标注本端端子代号“– A：1”“– A：3”和“– B：a”“– B：d”；图 8—51b 所示，在端子引线旁标注远端端子代号“– B：a”“– B：d”和“– A：1”“– A：3”。

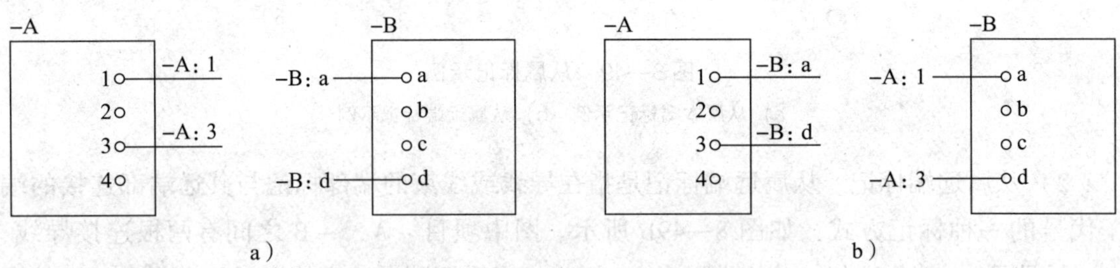

图 8—51　导线的中断线表示方法示例
a）标注从属本端标记　b）标注从属远端标记

（2）导线的多线表示方法和单线表示方法

1）导线的多线表示方法。如图 8—52a 所示为导线的多线表示方法示例，图中每条导线均用一条图线表示。

2）导线的单线表示方法。如图 8—52b 所示为导线的单线表示方法示例，图中将多线汇聚成束，并将线束用单线表示。

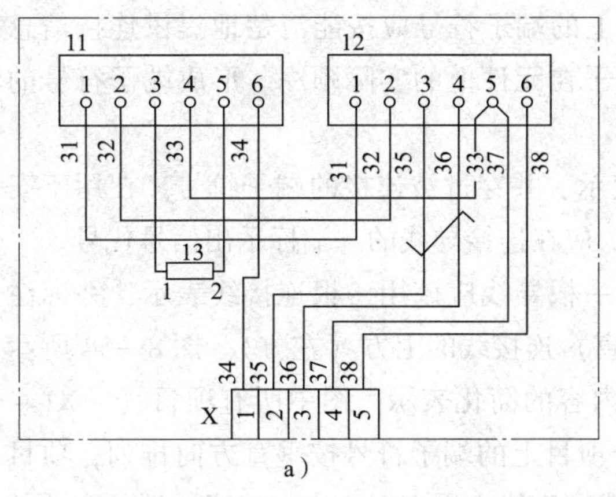

a）

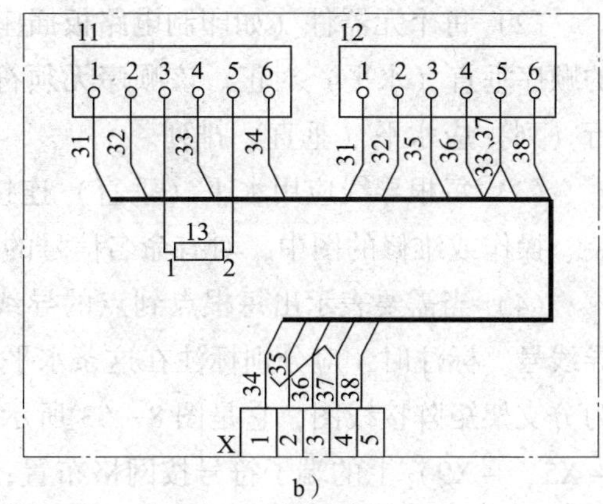

b）

图 8—52　导线的多线表示方法和单线表示方法示例

a）导线的多线表示方法　b）导线的单线表示方法

导线组、电缆、线束等可以用多线表示，也可以用单线表示。若用单线表示，线条应加粗，在不至于引起误解的情况下也可用部分加粗表示。在图 8—52b 中，用加粗的单线表示线束。

6. 矩阵布局形式及其简化表示

矩阵布局形式是一种特殊的接线图布局形式，适用于小幅面内需表示出大量导线连接的情况，如装有印制电路板的机柜内的导线连接，如图 8—53 所示。

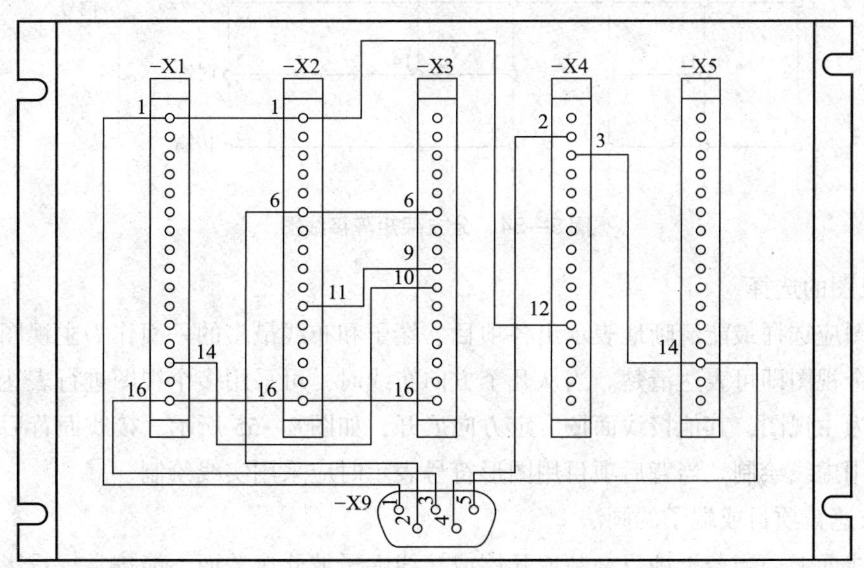

图 8—53　分支架接线示例

矩阵布局形式如下：

（1）连接的端子符号应按网格形式排列，每个端子应加以标识。

（2）每个元器件（如印制电路板插座等）上的端子符号应按能清楚地提供连接信息的顺序垂直（水平）对正。该顺序无须符合端子在元件上的实际顺序。形成端子符号的行（列）应水平（垂直）排列。

（3）每根导线应用水平（垂直）连接线表示，并穿过被连接的端子符号。在用于安装、操作或维修的图中，对有命名信号的导线，应在连接导线的一端标示出信号代号。

（4）当需要表示出每根点到点的导线时，一根导线应该用一根连接线表示，并标注导线号。标注时，应分别标注在这条水平（垂直）连接线的上方（左方）。图 8—54 所示为分支架矩阵接线图，它是图 8—53 所示同一内容的简化表示。图中所有项目（－X1 ~ －X5、－X9）上的端子符号按网格布置；每个项目上的端子符号按垂直方向排列，项目间需要连接的端子按水平方向对正排列；连接线用实线水平方向绘出，并穿过端子，端子代号（数字 1、2、3、…）标在连线上方靠近端子符号处；在水平连线右端标示出导线通过的信号信息符号或代号，如 +5V、－5V、接机壳、时钟、传输等。

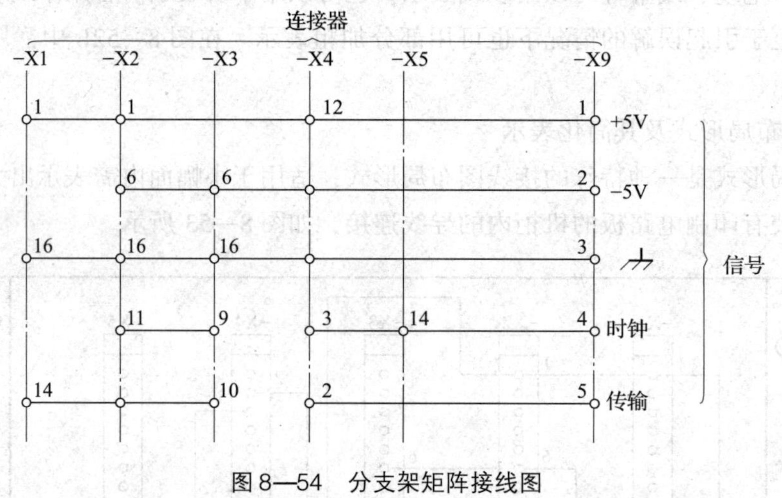

图 8—54　分支架矩阵接线图

7．视图的选择

接线图应选择最能清晰地表示出各项目、端子和布线最多的一面作为主视图。一般情况采用一个视图即可表达清楚。当从几个方向布线时，可采用多个视图进行表达，也可以主接线面为主视图，其他接线面按一定方向展开，如图 8—55 所示。接线面背后的项目或导线可采用虚线绘制。当背后项目用图形符号表示时应采用实线绘制。

8．被遮盖项目或端子的画法

在接线面上，当若干项目叠装成几层或接线端子彼此遮盖而不能按常规投影方法表达其接线关系时，可采用以下方法绘制：

（1）将有关项目移动，使被遮盖的项目露出，如图 8—56 所示。对于被遮盖的端子，可将有关端子适当延长，使其露出，以便表示出其接线关系。

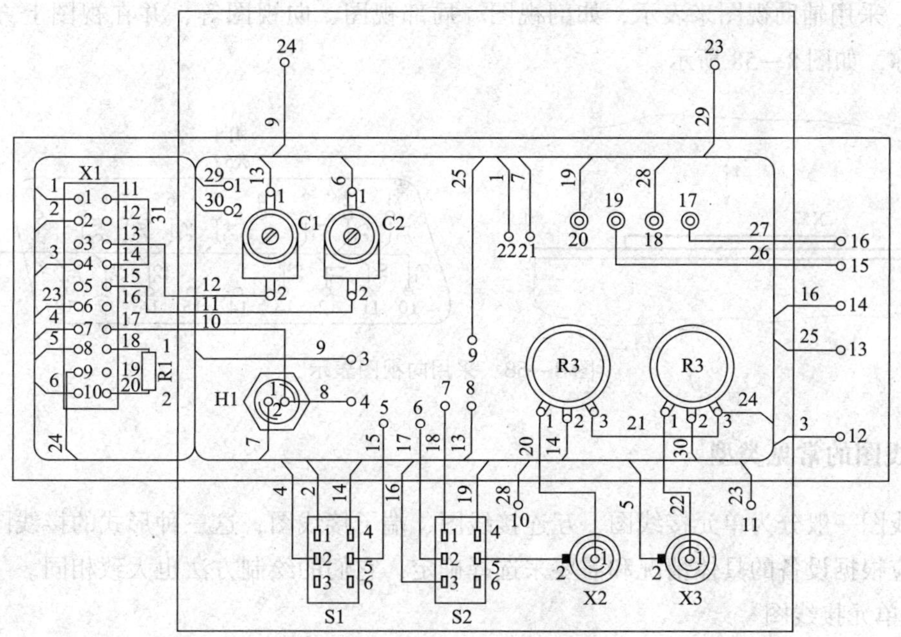

图 8—55　多面布线的展开视图

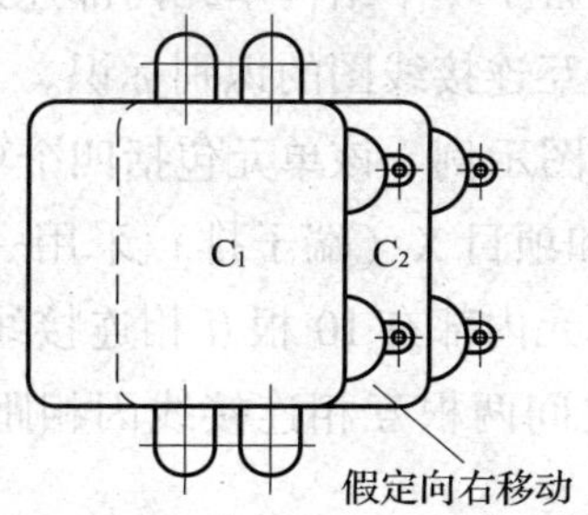

图 8—56　项目移动画法

（2）将项目翻转或移开视图，并在其上方加注说明，如图 8—57 所示。

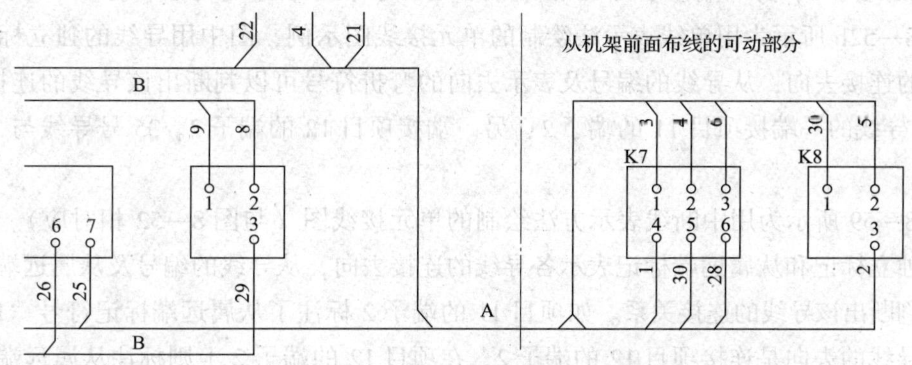

图 8—57　采用翻转方法表示

（3）采用辅助视图来表示，如剖视图、局部视图、向视图等，并在视图上方标明视图的名称，如图 8—58 所示。

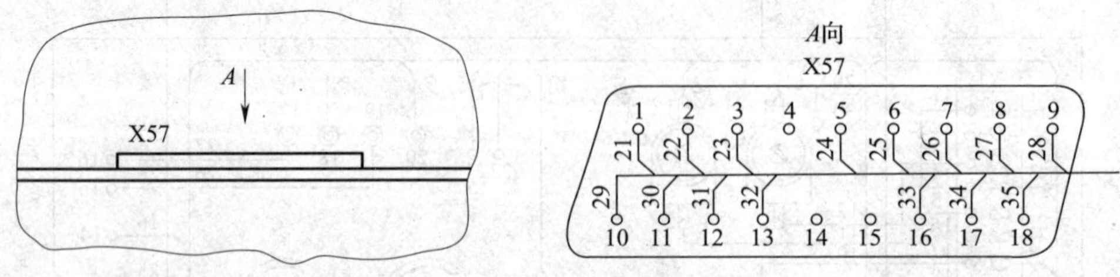

图 8—58　采用向视图表示

三、接线图的常见类型

接线图一般分为单元接线图、互连接线图、端子接线图，这三种形式的接线图在实际运用中应根据设备的具体情况和需要来选择确定，它们的绘制方法也大致相同。

1．单元接线图

单元接线图是指表示单元或组件的元器件之间物理连接（内部）的接线图。单元接线图通常只是表示成套装置或设备中一个结构单元内部连接的情况，它不包括单元之间的外部连接，但可给出与之有关的互连接线图的识别标识。

如图 8—52 所示为单元接线图示例。该单元包括四个项目，项目 11 和项目 12 采用简化外形符号，项目 13（电阻）和项目 X（端子排）采用一般图形符号，各项目的端子代号分别标注在各端子符号旁。单元内部有 10 根互相连接线，其中 8 根连接线的顺序编号为 31 ~ 38。项目 11 和项目 13 之间两根互相连接线因相距很近，可直接用元件的引线连接，没有编号。

图 8—52a 所示为用多线表示法绘制的单元接线图示例，图中用导线的独立标记表示各导线的连接去向，从导线的编号可以判断出该导线的连接关系，如 32 号导线的一端接项目 11 的端子 2，另一端接项目 12 的端子 2。35 号导线与 36 号导线绞合。

图 8—52b 所示为用单线表示法绘制的单元接线图示例，图中用导线的独立标记表示各导线的连接去向，从导线的编号及表示去向的弯折符号可以判断出该导线的连接关系。如 32 号导线的一端接项目 11 的端子 2，另一端接项目 12 的端子 2。35 号导线与 36 号导线绞合。

图 8—59 所示为用中断线表示方法绘制的单元接线图（与图 8—52 相对应）。图中用导线的独立标记和从属远端标记表示各导线的连接去向，从导线的编号及从属远端标记符号可以判断出该导线的连接关系。如项目 11 的端子 2 标注了从属远端标记符号“12：2”，说明该导线的去向是连接项目 12 的端子 2，在项目 12 的端子 2 上则标注从属远端标记符号“11：2”，说明该导线的去向是连接项目 11 的端子 2。

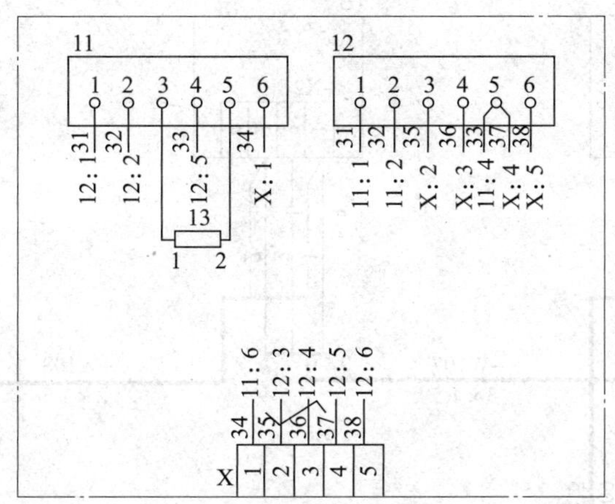

图 8—59 用中断线表示方法绘制的单元接线图

2. 互连接线图

互连接线图是指表示不同单元或组件之间物理连接（外部）的接线图。互连接线图通常只表示两个或两个以上单元之间的连接情况，它不包括单元内部的连接。

如图 8—47 所示为用多线表示法绘制的互连接线图，图中清楚地表示了 + A、+ B、+ C、+ D 四个单元之间的相互接线情况。这四个单元之间共有三条电缆。107 号电缆连接 + A 单元与 + B 单元，三芯，每根导线的截面积为 1.5 mm^2。其中，1 号芯线将项目 + A - X1 的 1 号端子与项目 + B - X2 中的 2 号端子相连，并注明线号“1”；2 号芯线将 + A - X1 的 2 号端子与 + B - X2 中的 3 号端子相连，并注明线号“2”；3 号芯线将 + A - X1 中的 3 号端子与 + B - X2 中的 1 号端子相连，并注明线号“3”。108 号电缆连接 + B 单元与 + C 单元，两芯，每根导线的截面积为 1.5 mm^2。109 号电源线缆连接 + A 单元与 + D 单元，两芯，每根导线的截面积为 1.5 mm^2，电压为交流 220V。108 号电缆和 109 号电源线缆中的芯线连接关系读者可自行找出，在此不再赘述。

互连接线图既可以用多线表示法绘制，也可以用单线表示法绘制，还可以用中断线表示法绘制。互连接线图不管采用何种绘制形式，均应在连接电缆上加注线缆号和电缆规格（以“芯数 × 截面”表示）。图 8—60 所示为用单线表示法绘制的互连接线图（与图 8—47 相对应）。

3. 端子接线图

端子接线图是表示到一个单元的物理连接（外部）的接线图。端子接线图通常只表示成套装置或设备的端子及其与外部导线连接关系，它不包括单元或设备的内部连接，但要提供与之有关的图号。

如图 8—61a 所示，+ A4 单元有 - W136 和 - W137 两条电缆，每一条电缆的末端均标有电缆的参照代号，每一根芯线均标有芯线号，有连接或无连接的备用端子均标明

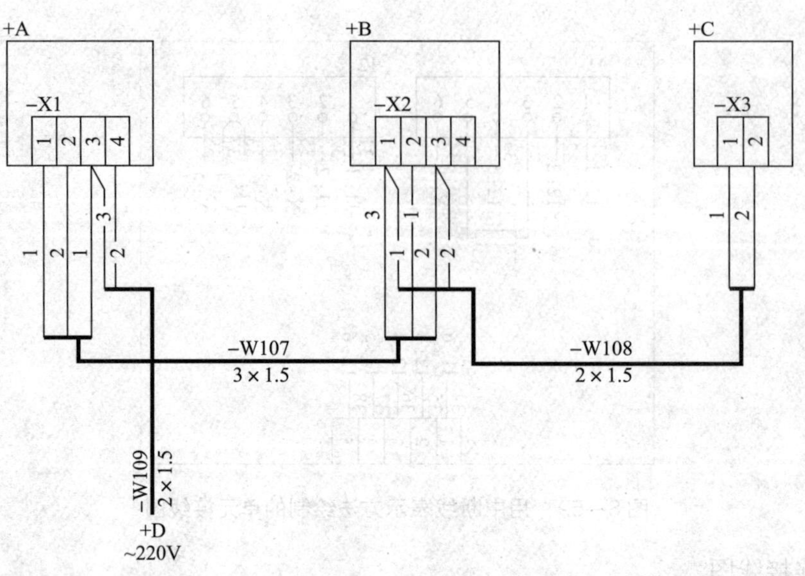

图 8—60　用单线表示法绘制的互连接线图

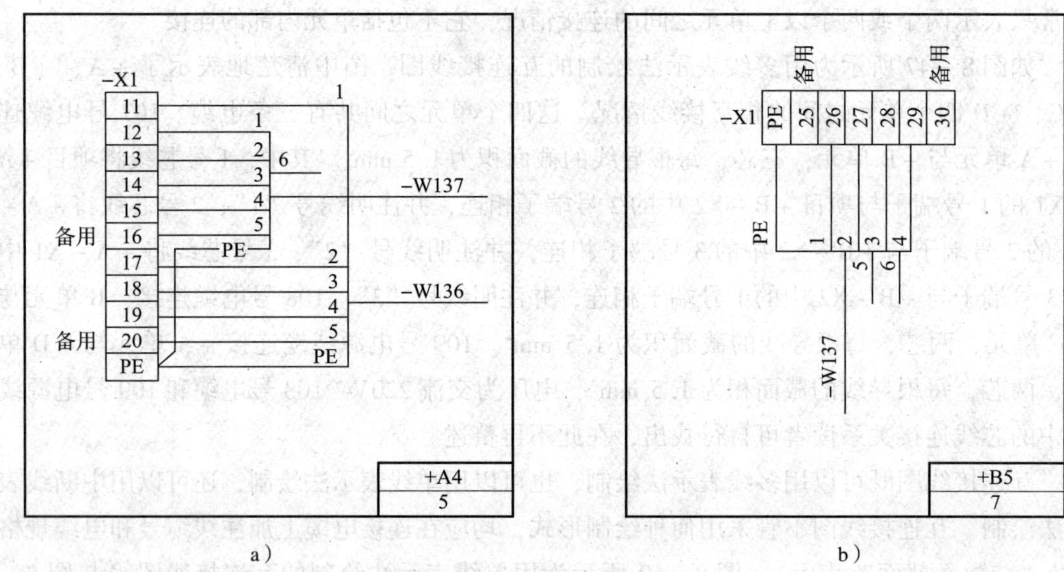

图 8—61　端子接线图示例

a）＋A4 单元的端子接线图　b）＋B5 单元的端子接线图

“备用”。－W137 号电缆有七根芯线，其中一根芯线为接地线，标“PE”。6 号芯线未与端子连接，为备用芯线。＋A4 单元项目－X1 端子板的 16 号端子、20 号端子为备用端子，16 号端子与－W137 电缆内的 5 号芯线相连，标注“备用”二字，说明－W137电缆内的 5 号芯线另一端未连接，5 号芯线为备用芯线。12～15 号端子为已用端子，分别与－W137 号电缆的 1～4 号芯线相连。对－W136 号电缆，读者可自行分析。

如图 8—61b 所示，+B5 单元有 -W137 一条电缆。+B5 单元项目 -X1 端子板的 25 号、30 号端子未连接，标注“备用”，26 ~ 29 号端子与 -W137 号电缆的 1 ~ 4 号芯线相连，-W137 号电缆的 5 号、6 号芯线未连接，为备用芯线。

在端子接线图上，端子接线标记既可采用本端标记，也可采用远端标记。如图 8—62 所示为带有远端标记的端子接线图示例。图 8—62a 是在图 8—61a 的基础上补充了远端标记，用以表示导线的连接去向。图 8—62a 中的电缆 -W137 终端标注的是 +B5，它表示该电缆端接远处的 +B5 单元；项目 -X1 的 12 号端子标注的是 -X1：26，联系电缆 -W137 终端标注的是 +B5，说明该导线接远处 +B5 单元中的项目 -X1 的 26 号端子，如图 8—62b 所示。

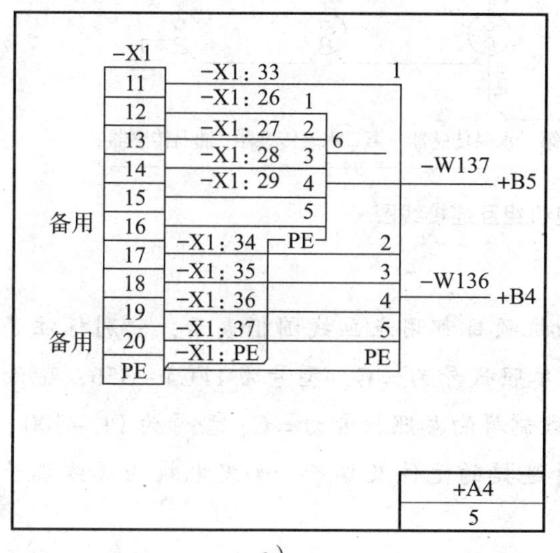

a）

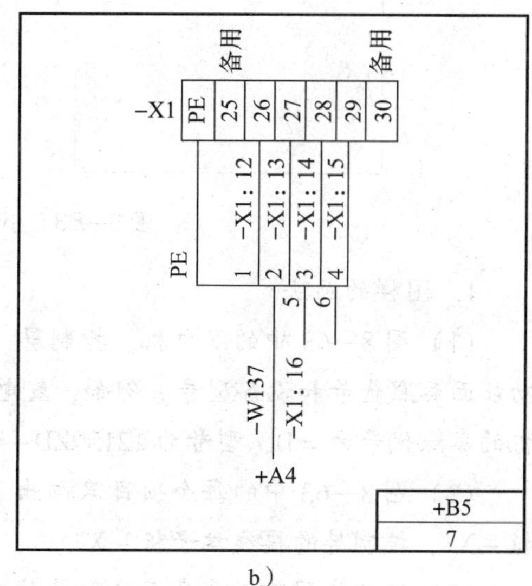

b）

图 8—62 带有远端标记的端子接线图示例

a）+A4 单元的端子接线图 b）+B5 单元的端子接线图

职业能力培养

在电气图中，接线文件除了用接线图来表达项目组件或单元之间物理连接信息外，还可以用表格的形式表达这种连接信息，这种表格称为接线表。试查阅相关资料或通过互联网检索，了解接线图与接线表在实际应用中的区别与联系。

应用举例

分析图 8—63 所示小型发电机组互连接线图的画法，并识读其所表达的信息。

图 8—63 所示的小型发电机组互连接线图虽然比较简单，但其表达形式比较好地体现了互连接线图的一般特点。

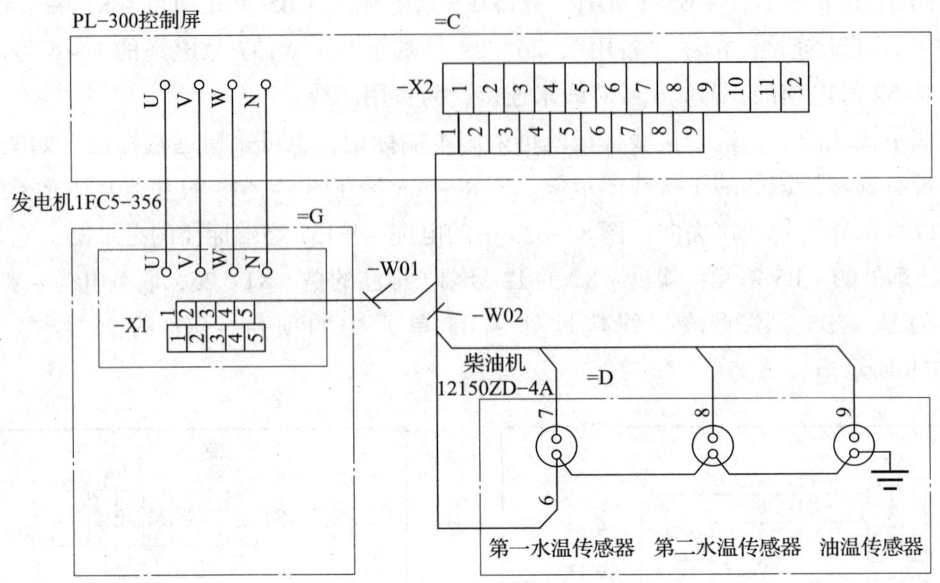

图 8—63　小型发电机组互连接线图

1. 图样的画法

（1）图 8—63 中的发电机、控制屏、柴油机项目都用点画线围框表示，分别标注了功能面参照代号和设备型号。例如，发电机的参照代号为 = G，型号为 1FC5 - 356；柴油机的参照代号为 = D，型号为 12150ZD - 4A；控制屏的参照代号为 = C，型号为 PL - 300。

（2）图 8—63 中的每个项目只画出了对外连接的元件及端子，如发电机的接线端子板 - X1，控制屏的接线端子板 - X2。

（3）连接线用连续线表示法和单线表示法绘制。各连接线用独立标记法标注。如发电机的端子板 - X1 与控制屏端子板 - X2 的连接电缆的参照代号为 - W01，共有五根线芯，依次标注独立标记为 1、2、3、4、5。

2. 识读图样

（1）接线图的基本构成

如图 8—63 所示，发电机组这一装置由发电机、柴油机和控制屏三个单元构成，并给出了三者之间的电气互连接线关系。

（2）接线图的连接关系

发电机（ = G）的电源线端子 U、V、W、N 分别与控制屏（ = C）电源线端子 U、V、W、N 相连接，发电机端子板（ = G - X1）的 1、2、3、4、5 端子经连接电缆 - W01 与控制屏端子板（ = C - X2）的 1、2、3、4、5 端子相连接，柴油机（ = D）的 6、7、8、9 端子经连接电缆 - W02 与控制屏端子板（ = C - X2）的 6、7、8、9 端子相连接。其中，6 号端子为接地端子。

§8—5　电气布置图

学习目标

1. 掌握电气布置图的基本表示方法。
2. 熟悉常见电气布置图。
3. 能识读和绘制简单的电气布置图。

?想一想

分析图 8—64 所示屏面布置图的画法特点，想一想，在电气技术中引入电气布置图的主要目的是什么。

一、电气布置图的概念

在电气图中，用来表达项目相对或绝对位置信息的图称为电气布置图。如图 8—64 所示，图中的部分电气元器件用简化外形表示它们的安装位置和尺寸。电气布置图常与电路图、接线图配合，主要用于电气设备和电气线路的安装、接线、检查、维修和故障分析等场合。

二、电气布置图的基本表示方法

1. 布置图的布局方式

电气布置图是按照位置布局法布置的，图形符号应表示在电气元器件所在的大概位置。图中应表示出项目的相对位置或绝对位置及其尺寸。对于非电设备的信息，只有对理解电气图和电气设备安装十分重要时，才将它们表示出来。但为了使图面清晰，非电设备和电气设备要有明显区别。

2. 电气元器件的表示方法

电气布置图中的电气元器件通常用表示其主要轮廓的简化形状或图形符号来表示，其安装方法和方向、位置等应在布置图中表明。

3. 连接线的表示方法

在电气位置图中，如果要求示出导线，一

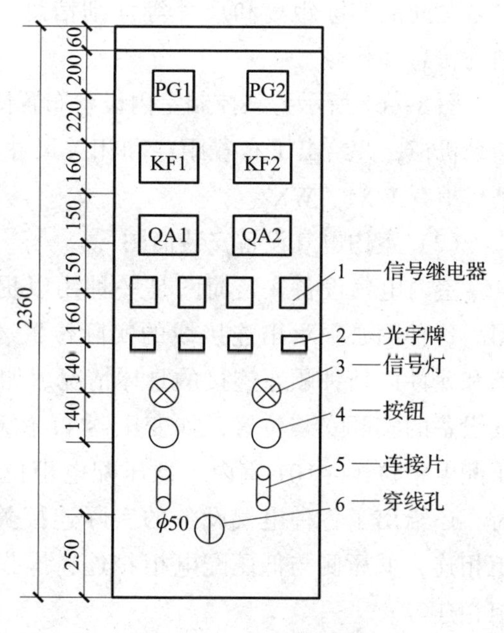

图 8—64　屏面布置图

般用单线表示法绘制，只有在需要表明复杂连接的细节时，才允许采用多线表示。连接线应区别于表示地貌、结构或建筑物内容的图线。如可采用不同的线宽、不同墨色或不同颜色，以区别基本图上的图线，也可以采用画剖面线或阴影线的方法。当平行线太多时，可将其简化成线束，并标注参照代号。

4．设备位置的确定方法

在布置图中，可借助于物体的简化外形、物体的主要尺寸和它们之间的距离以及代表物体的符号等信息确定物体的相对位置或绝对位置及其尺寸。位置信息可以与必需的安装电气物体周围环境的信息一起提供。

三、常见电气布置图简介

按照表示对象和范围的不同，电气布置图可划分为室外场地设备布置图、室内设备布置图和某一具体设备内部元器件布置图三个层次。由于电气布置图的种类较多，在此仅简要介绍室内设备布置图中的室内电气设备布置图和室内电气设备安装简图以及元器件布置图中的电气设备装配图和电气布置图。

1．室内设备布置图

（1）室内电气设备布置图

室内电气设备布置图是一种用以提供室内电气设备安装位置信息的布置图，其基础图是建筑物图。电气设备的元器件应采用图形符号或简化外形来表示。图形符号应表示在元器件的大概位置。这种图不必给出各元器件间连接关系的信息，但需要表示出设备之间的实际距离和尺寸等详细信息。有时还可补充详图或说明，以及有关设备识别的信息和代号。

图 8—65 所示为某控制室内设备布置图。它给出了建筑物内一个安装层上的控制屏和辅助机柜，并给出了布置距离和相关尺寸。控制屏有 W1、W2、W3 和 WM1、WM2，辅助机柜有 WX1、WX2。

（2）室内电气设备安装简图

室内电气设备安装简图是一种用以提供室内电气设备安装位置和连接关系的布置图。这种图必须示出连接线的实际位置、路径、敷设线管等内容。有时还应表示出设备和元件以何种顺序连接的具体情况。如图 8—66 所示，图中清楚地给出了变电所里电气设备的实际安装位置，如变压器 T1 位于 +106 室内，变压器 T2 位于 +103 室内，高压配电柜位于 +101 室内，低压配电柜位于 +102 室内，操作台位于 +104 室内等。同时，还给出了各种电气设备的实际连接关系，如变压器 T1 和 T2 的高压侧与高压配电柜相连，低压侧与低压配电柜相连，操作台 AC、显示板 AS 与高压配电柜及低压配电柜相连等。

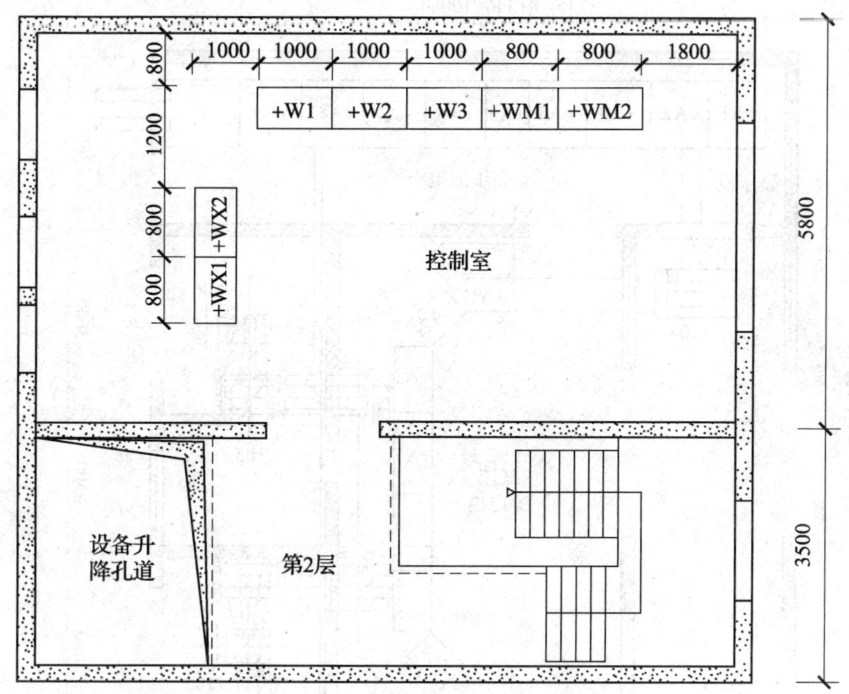

图 8—65　某控制室内设备布置图

2. 元器件布置图

（1）电气设备装配图

电气设备装配图是一种用来表示电气装置、设备及其组成部分的连接和装配关系的图。这种图总是按比例绘制的，也可按轴测投影法、透视法或类似的方法绘制，图中应示出所装零件的形状、零件与其被设定位置之间的关系和零件的识别标记。如图 8—67 所示为某控制台装配图，图中将要装配的所有部件用数码标识，各数码所对应的部件在图注中说明，也可采用设备和元器件明细表说明。图中还同时给出了部件及其相互组合的主要尺寸。

（2）电气布置图

最常见的电气布置图是各种配电屏、控制屏、继电器屏、电气装置的屏面或屏内设备和元器件的布置图。在布置图上，通常以简化外形或其他补充图形符号的形式示出设备上或某项目上一个装置中的项目和元器件的位置，还应包括设备的识别和代号的信息。在此仅简要介绍常见屏面布置图，如图 8—64 所示。

在屏面布置图中，屏面布置的项目通常用实线绘制的正方形、长方形、圆形等框形符号或简化外形符号表示。为便于识别，个别项目也可采用一般符号。符号的大小及其间距尽可能按比例绘制，但某些较小的符号允许适当放大绘制。符号内或符号旁可以标注与电

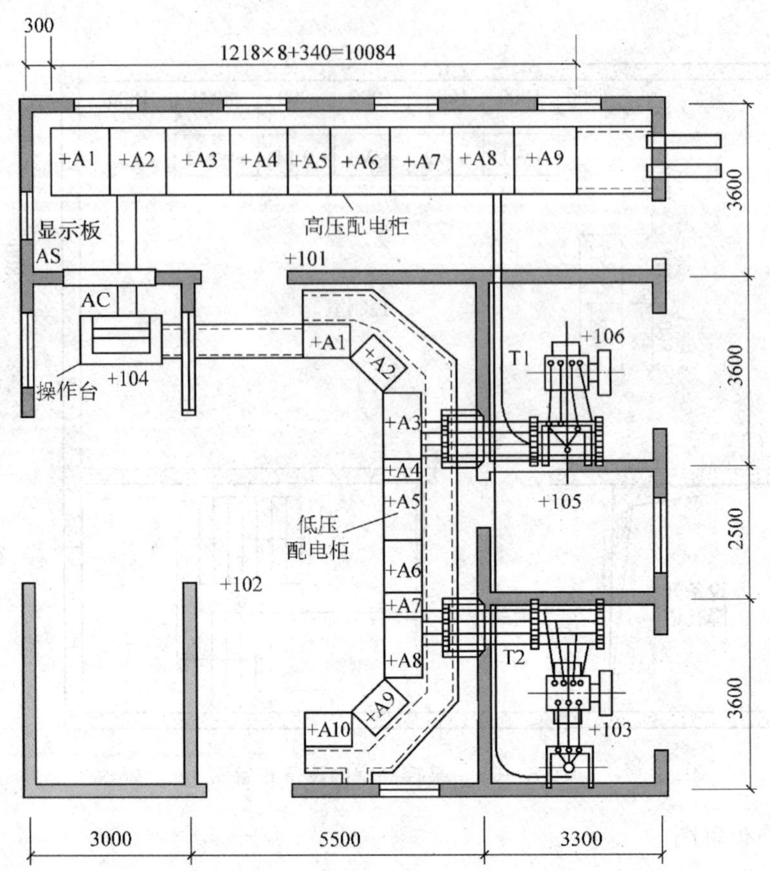

图 8—66　室内变电所电气设备安装简图

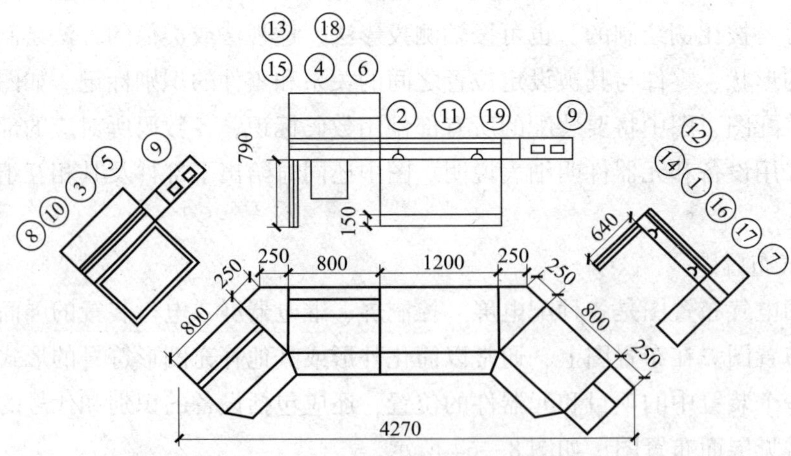

图 8—67　某控制台装配图

1—窄监视器平板　2—宽监视器平板　3—低窄控制平板　4—高窄控制平板　5—低窄控制盘　6—高窄控制盘　7—右端构件　8—左端构件　9—角构件　10—窄仪表盒　11—宽仪表盒　12—外侧腿　13—高外侧腿　14—内侧腿　15—高内侧腿　16—与设备相邻的侧腿　17—控制盘　18—窄设备架　19—宽平台

路图中相对应的参照代号或字母代码。布置屏面上各种设备时，通常是从上至下依次布置指示仪表、继电器、信号灯、光字牌、按钮、控制开关和必要的模拟线路。

应用举例

分析图 8—64 所示屏面布置图的画法，并识读其所表达的信息。

图中项目主要采用框形符号表示，但信号灯、按钮、连接片等采用一般符号表示，并按其相对位置布置。虽然项目的大小并没有完全按实际尺寸画出，但给项目的中心间距标注了严格的尺寸。在仪表、继电器、接触器等框形符号内标注了参照代号，如“PG1”“PG2”“KF1”“KF2”“QA1”“QA2”等。对一些框形尺寸较小的项目，则用引出线表示。对光字牌、信号灯、按钮等外形尺寸较小的项目，则用比其他项目较大的比例绘制。连接片布置在屏面的下方，供调试用。在距地面 250 mm 的屏面上有一个圆孔，孔径为 50 mm，供调试时穿导线用。

第九章　特种用途专业电气图

§9—1　印制板图

学习目标

1. 熟悉印制板图的画法。
2. 能识读和绘制简单的印制板图。

想一想

在现代社会中，印制电路板无处不在，如收音机、电视机、计算机等都使用了印制电路板，如图9—1所示。想一想用印制电路板制作电子元器件的电气连接有什么好处。

图9—1　印制电路板

一、印制板图的概念

印制板图是一种用以指导印制电路板（简称PCB板）加工、制作、焊接和装配的图样，是印制电路板图的简称。

按照用途的不同，印制板图可分为印制板零件图和印制板装配图两大类。

二、印制板零件图

印制板零件图是一种用来指导加工、制作印制板的图样，主要表示作为零件使用的某一印制电路板的电气元器件的布置和接线。因此，其所阐述的内容主要包括印制板结构要素、导电图形、标记符号、技术要求和有关说明等。按照用途的不同，印制板零件图可分为结构要素图、导电图形图和标记符号图三种形式。

1. 印制板结构要素图

印制板的结构要素是根据整机或部件的结构布局、印制板在整机或部件中的安装情况及导电图形的设计情况来确定的，是用来表示印制板的外形和板面上安装孔、槽等要素的尺寸及有关技术要求的图样。

印制板结构要素图实际上是一种机械加工图，它主要包括外形视图、尺寸标注和有关技术要求等内容。结构要素图的视图比较简单，一般只画出一个反映外形轮廓的视图，印制板的厚度可另加标注或说明即可。如图9—2所示为印制板结构要素图示例。

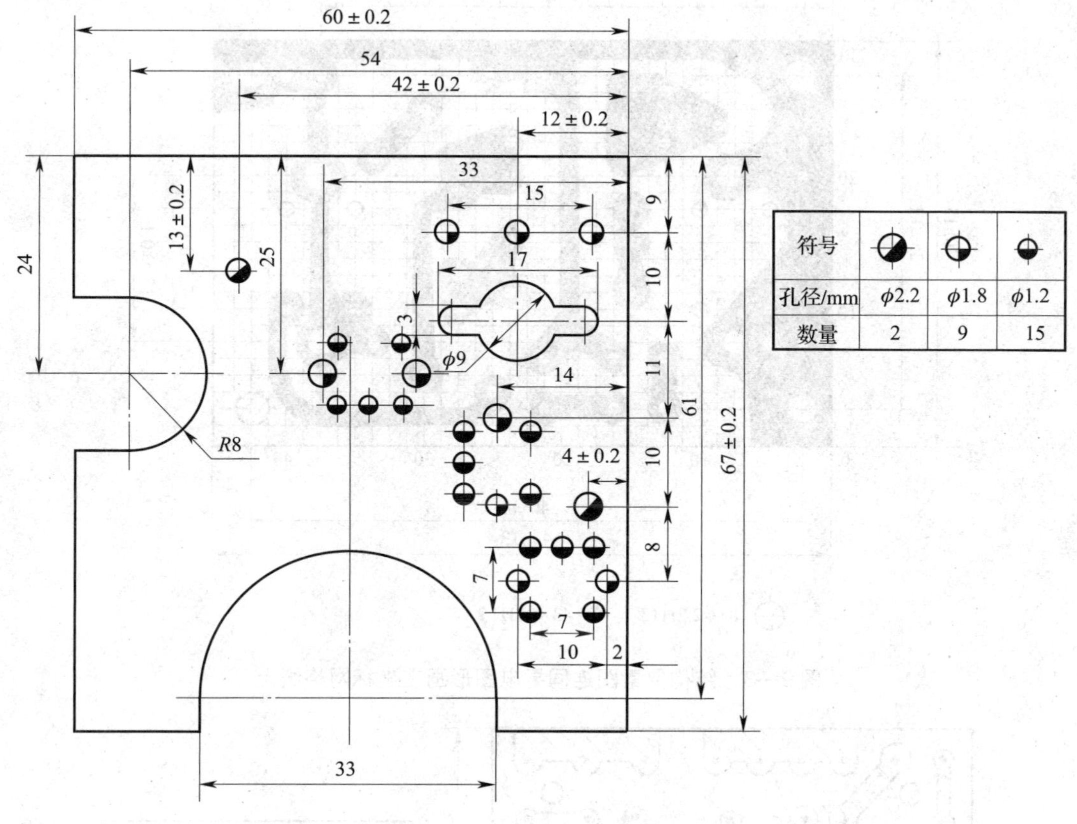

符号			
孔径/mm	φ2.2	φ1.8	φ1.2
数量	2	9	15

图 9—2　印制板结构要素图示例

印制板的外形、孔或孔距、槽等要素的定形和定位尺寸及其公差可按照机械制图规定标注。若印制板中的孔数量较多，可按直径分类，并涂色标记，再统一列表表示或加以文字说明。在实际设计中，有时将结构要素图（或连同导电图形）画在坐标网格纸上，如图 9—3 所示。这时可采用直角坐标网格法进行尺寸标注，这种方法将在导电图形图中加以介绍。

2. 印制板导电图形图

印制板导电图形图是一种主要用于表示印制导线、连接盘的形状以及它们之间相互位置的图样。如图 9—4 所示为印制板导电图形图示例。

（1）基准

印制板机械加工图必须有基准。基准应设计在印制板内网格的交点上，一般是在两条垂直交叉线的交点上，而且该点是一个孔的中心，该孔一般为安装孔。图 9—5 所示为确定基准的示意图。如果印制板上没有安装孔，也可以选定一个元件孔中心为基准，有时还可选择印制板最大外形轮廓线在左下方的交点为基准。

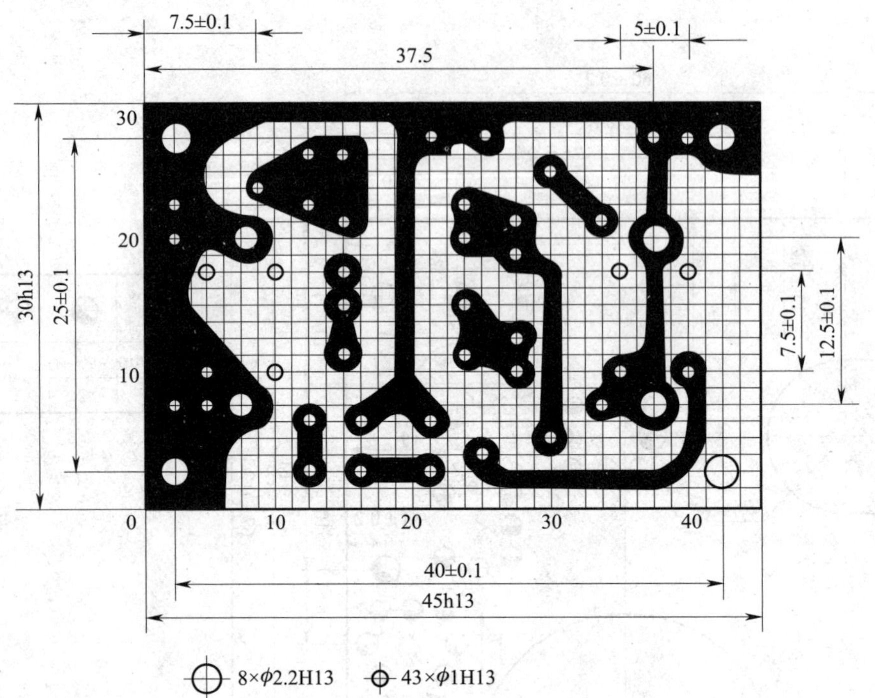

图 9—3　结构要素图连同导电图形画在坐标网格纸上

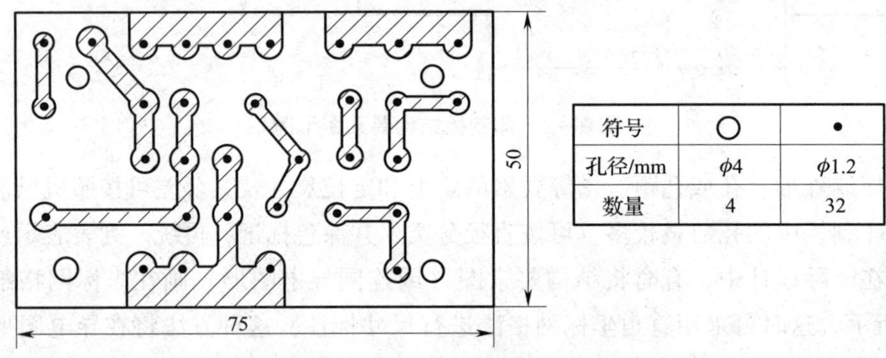

符号	○	•
孔径/mm	φ4	φ1.2
数量	4	32

图 9—4　印制板导电图形图示例

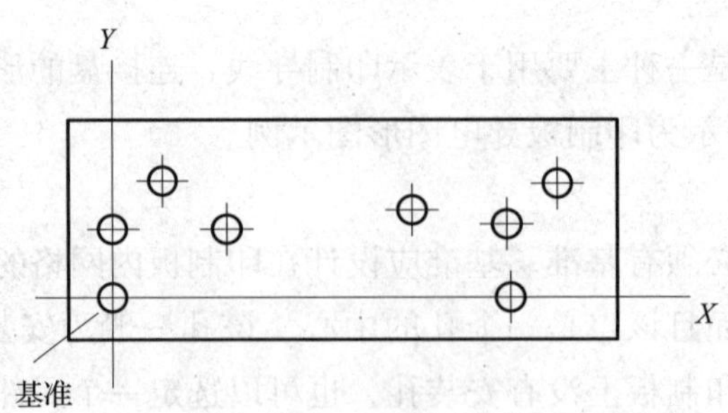

图 9—5　确定基准的示意图

(2) 尺寸标注

印制板导电图形、引线孔和其他结构要素的位置和尺寸一般用尺寸线法或直角坐标网格法确定。

1）尺寸线法。与结构要素图一样，均按机械制图尺寸标注方法进行标注。在没有特别注明的情况下，尺寸数字的单位均为 mm。

2）直角坐标网格法。用直角坐标网格法标注尺寸时，应标出网格线数码，数码间距可根据图形的密度和比例确定。例如，可在整个图面上标出网格，并标出网格线数码，如图 9—6a 所示；也可在印制板图四周用尺寸刻度标线标出网格位置，如图 9—6b 所示；还可直接采用坐标数值标注尺寸，先标出坐标原点，后标数值，*X* 轴数值平行于 *Y* 轴书写，*Y* 轴数值平行于 *X* 轴书写，如图 9—7 所示。

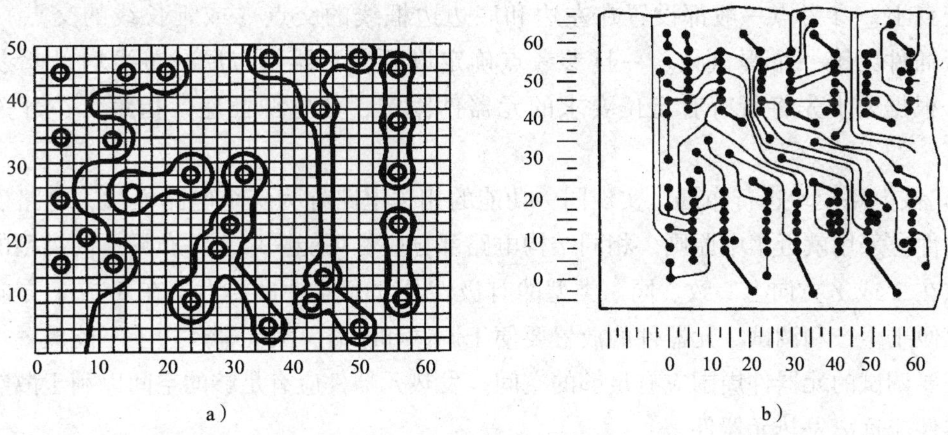

图 9—6　直角坐标网格法示例

a）标出网格线数码　b）用尺寸刻度标线标出网格位置

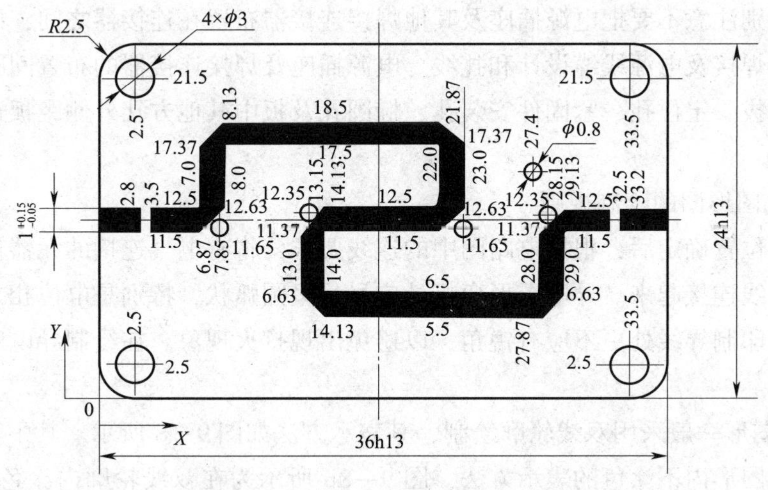

图 9—7　直接用坐标数值标注尺寸

用直角坐标网格法标注尺寸时，坐标原点可选择在主视图上印制板左下方最靠边的孔中心，如图 9—6b 所示；也可以印制板最大外形轮廓线在左下方的交点为原点，如图 9—6a 和图 9—7 所示。

（3）元器件的布局方式

元器件的布局应遵循先难后易、先大后小的原则。布局时应参考原理框图，根据主信号流向规律放置主要元器件。总的连线要尽可能短，关键信号线最短。强信号、弱信号、高电压信号和弱电压信号要完全分开。高频元器件间隔要充分。模拟信号、数字信号要分开。在确定导电图形时应考虑以下几个方面：

1）依据电路图的工作顺序及连线情况，在坐标网格纸上布置印制板中所有的元器件和紧固件，从而确定各元器件引线孔和连接盘的位置。引线孔的中心应在坐标网格线的交点上。参考点一般都设置在左边和底边边框线的交点（或延长线的交点）上或印制板插件的第一个焊盘处。一旦参考点确定以后，元器件布局、布线均以此参考点为准。根据要求先将所有有定位要求的元器件固定，如电源插座、指示灯、开关、连接件等。

2）按电路模块进行布局。实现同一功能的相关电路称为一个电路模块，电路模块中的元器件应采用就近集中原则。相同结构电路部分应尽可能采取对称布局。同类型的元器件应该在 X 或 Y 方向上一致。同一类型的有极性分立元器件也要力争在 X 或 Y 方向上一致，以便于生产和调试。元器件的放置要便于调试和维修，大元器件边上不能放置小元器件，需要调试的元器件周围应有足够的空间。发热元器件应有足够的空间以利于散热。热敏元器件应远离发热元器件。

3）元器件布局时，使用同一种电源的元器件应考虑尽量放在一起，以便于将来的电源分割。电源插座要尽量布置在印制板的四周，电源插座与其相连的汇流条接线端应布置在同侧。应特别注意不要把电源插座及其他焊接连接器布置在连接器之间，以利于这些插座、连接器的焊接及电源线缆设计和扎线。电源插座及焊接连接器的布置间距应考虑方便电源插头的插拔。定位孔、紧固件安装孔、椭圆孔及板中其他方孔外侧距板边的尺寸应大于 3 mm。

（4）导电图形图的绘制规则

在元器件位置确定后，根据电路图中的连线要求，将有电气连接的元器件所对应的连接盘用印制导线连接起来。导电图形弯折处应尽量呈圆弧状，特别是电位相差较大而又靠近的连接盘或印制导线处更不应有锐角，以避免出现打火现象。在绘制导电图形时应遵守以下规则：

1）导电图形一般采用双线轮廓绘制，其表示方法如图 9—8 所示。其中，图 9—8a 所示为双线轮廓图形内不涂色的表示方法，图 9—8b 所示为在双线轮廓内涂色的表示方法，图 9—8c 所示为在双线轮廓内画剖面线的表示方法。

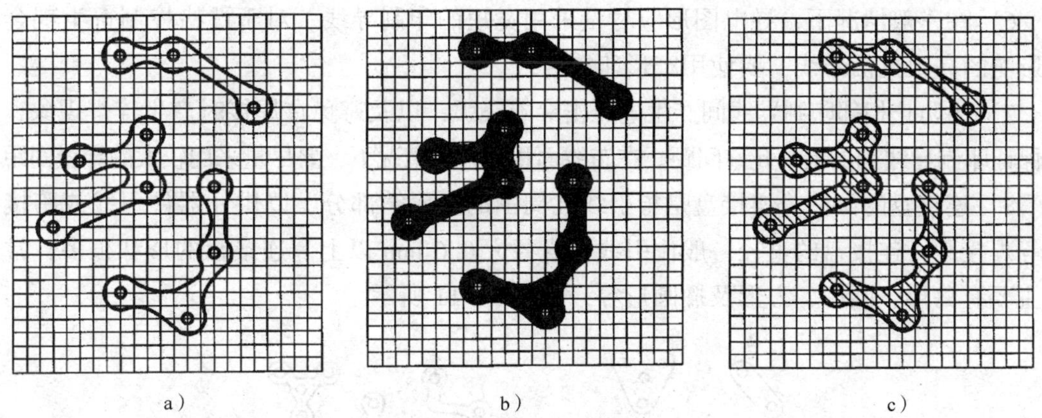

图 9—8　用双线轮廓表示的导电图形
a）图形内不涂色　b）图形内涂色　c）图形内画剖面线

2）当印制导线宽度小于 1 mm 或宽度基本一致时，可采用单线绘制。此时，应注明导线宽度、最小间距和连接盘的尺寸数值，如图 9—9 所示。

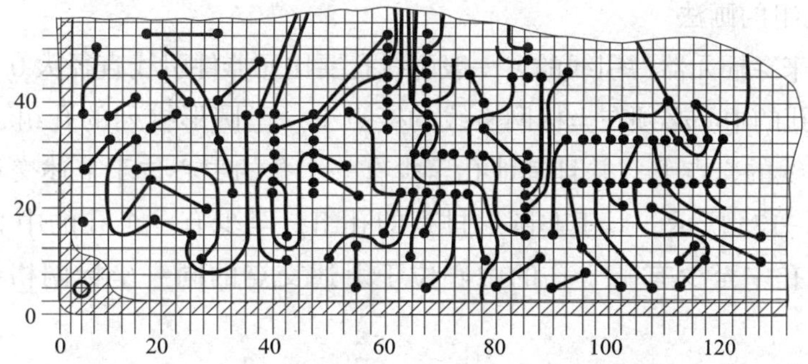

注：1. 连接盘直径为 $\phi1.5$；2. 印制导线宽度为 0.5，导线间距不小于 0.7。
图 9—9　用单线表示法绘制的导电图形

3）对在电路图中不相交但在导电图形布置中又无法避免相交的线路，可采用绝缘跨接导线进行交叉连接，但跨接情况不可过多。

4）公共地线应尽可能布置在印制电路板的最边缘，以便于印制电路板安装以及与地相连。同时，导线与印制板边缘应留有一定距离，以便于进行机械加工和提高绝缘性能。当印制板某一区域不允许布设导电图形时，可在图中用细实线标出它的界限范围。

5）对双面印制板布线时，应注意两面导线要尽量避免平行（尤其对于高频电路布线），以减少寄生耦合电容的影响。如图 9—10 所示为双面印制板布线示例。

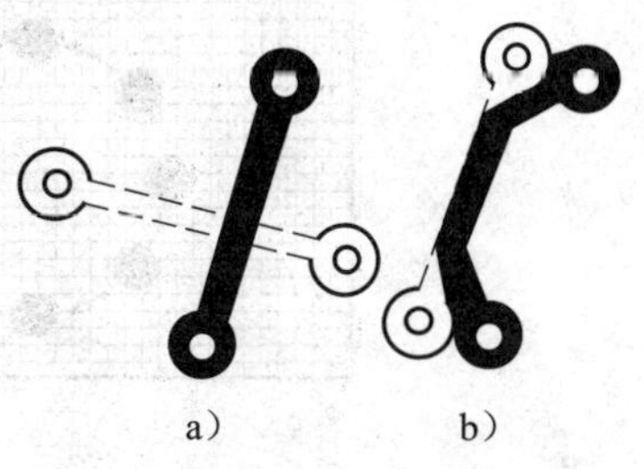

图 9—10　双面印制板布线示例
a）正确　b）不正确

6）在一般情况下，导电图形应尽量采用宽短的印制导线。对于严格控制寄生耦合电容影响的高阻抗信号线，要使用窄形印制导线。

7）为防止相邻印制导线间产生电压击穿或飞弧，以及避免在焊接时产生连焊现象，必须保证印制导线间的最小允许间距。在布线面积允许的情况下，要尽量采用较大的导线间距。

8）连接盘的画法。连接盘是指引线孔周围的金属箔部分，以供元器件引线或跨接导线等焊接用。连接盘的直径一般比引线孔直径大 0.6 mm 以上。连接盘的形状很多，常见的主要有岛形、圆形、方形及椭圆形等，如图 9—11 所示。

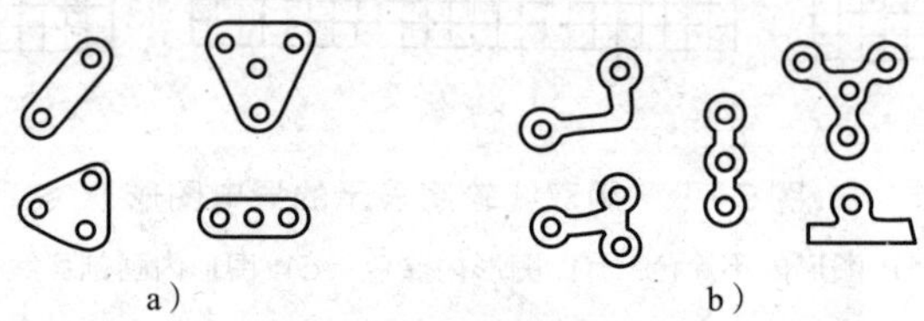

图 9—11　连接盘的画法

a）岛形连接盘　b）圆形连接盘

（5）孔和孔组的画法

引线孔是用来穿插元器件引线的。一般引线孔要比元器件引线直径大 0.3 ~0.5 mm。如图 9—8a 所示，孔的中心必须在坐标网格线的交点上。呈圆形排列的孔组，其公共中心点必须在坐标网格线的交点上，并且其他孔至少有一个孔的中心位于上述交点的同一坐标网格线上，如图 9—12a 所示。对于非圆形排列的孔组，至少有一个孔的中心在坐标网格线的交点上，其他孔中至少有一个孔的中心位于上述交点的同一坐标网格线上，如图 9—12b 所示。

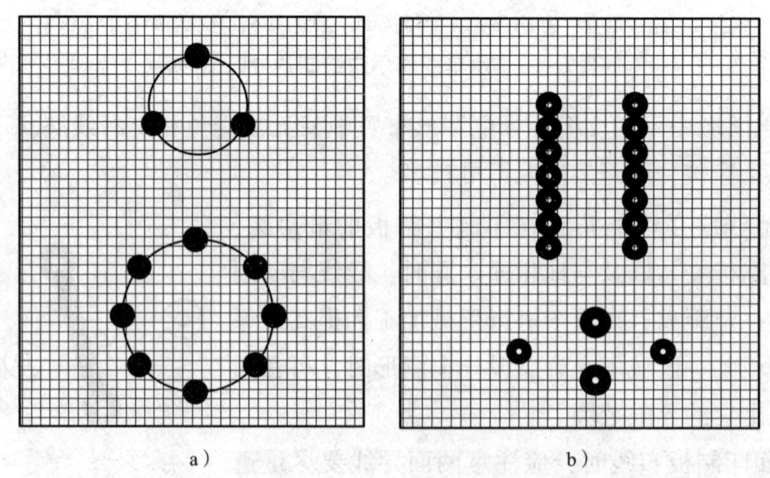

图 9—12　引线孔与安装孔的表示方法

a）圆形排列的孔组　b）非圆形排列的孔组

安装孔应按结构尺寸要求将中心定位于坐标网格线的交点上。

3. 印制板标记符号图

标记符号是指印制板零件图上元器件的图形符号、简化外形和它们在电路图、逻辑图中的参照代号及装接位置标记等。

印制板标记符号图是按元器件在印制板上的实际装接位置，采用元器件的图形符号、简化外形和它们在电路图与逻辑图中的参照代号及装接位置标记等绘制的图样。标记符号图为元器件在印制板上进行插接以及设备测试、维修、检验提供了极大的方便。绘制印制板标记符号图应遵守以下相关规定：

（1）图中所采用的图形符号、参照代号应符合 GB/T 4728—2005 ~ 2008《电气简图用图形符号》和 GB/T 5094—2002 ~ 2005 （IEC 61346）《工业系统、装置与设备以及工业产品结构原则与参照代号》等有关规定。

（2）非焊接固定的元器件和用图形符号不能表明其安装关系的元器件可采用实物简化外形轮廓绘制。

（3）标记符号一般布置在印制板的元件面，并应避开连接盘和孔，以保证标记符号完整、清晰。有时为了维修方便也可将标记符号全部布置在焊接面。也可在印制板的焊接面布置有极性和位置要求的元器件图形符号或标记。

如图 9—13 所示，图 9—13a 中元器件用图形符号表示，图 9—13b 中元器件用简化外形、装接位置标记及其在电路图和逻辑图中的参照代号表示。

4. 印制板零件图的识读

在印制板零件图中，除标记符号图外，结构要素图及导电图形图均按正投影的方法绘制。与机械零件图不同的是导电图形图的尺寸标注是按直角坐标网格法或坐标数值标注的。所以，在识读这两种图时可按一般机械零件图的识图方法进行，同时要考虑有关印制板零件图的特殊表达方法。

标记符号图是为了在印制板上印制标记符号而设计的，它是制板、印刷的技术依据。识读时，只要搞清标记符号所表示的元器件或结构件及其在印制板上布置的情况即可。在印制板上，标记符号一般印制在装有元器件及结构件的一面。各标记符号的位置应与背面导电图形中所确定的相应元器件的焊接位置相对应。为了识图方便，有时可将导电图形与标记符号绘制在一起。其中，导电图形可采用虚线或色线表示，这样也为整机的测试及维修提供了极大的方便。

三、印制板装配图

印制板装配图是指用以表示元器件、结构件与印制板连接关系的图样，主要用于指导元器件和结构件的焊接。

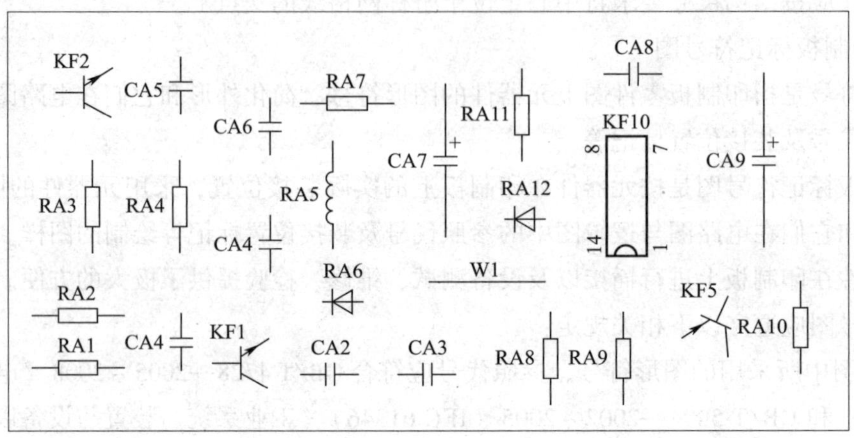

a）

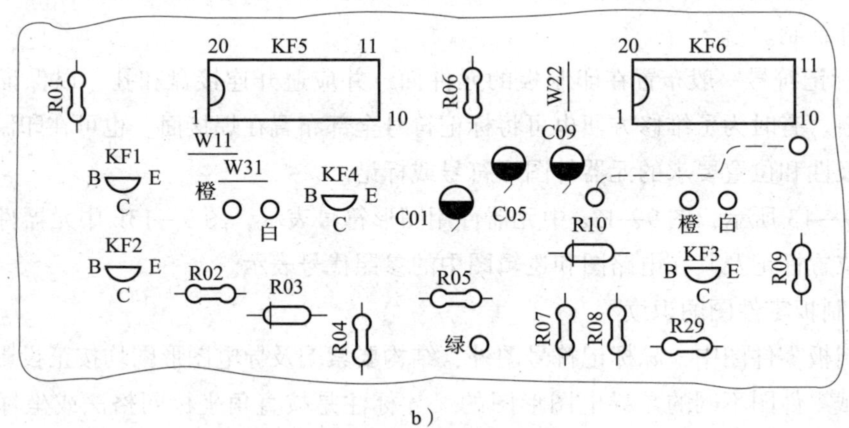

b）

图 9—13　印制板标记符号图示例

a）元器件用图形符号表示　b）元器件用简化外形表示

1. 印制板装配图的基本表示方法

印制板装配图的内容和绘制方法与机械装配图基本一致，这里只对其特殊的表达方法加以介绍。

（1）绘制的一般要求

绘制印制板装配图时，应先考虑看图方便，根据所装元器件的特点，选用恰当的表示方法。在清晰地表达元器件和结构件等与印制板的联系前提下，力求制图简便。图样中应有必要的外形尺寸、安装尺寸以及与其他零部件的连接尺寸。对于有极性的元器件，应在图样中标出极性符号。要有必要的技术要求和说明。

（2）视图的选择

当印制板只有一面装有元器件和结构件时，应以该面为主视图。一般此情况只画一个视图即可表达清楚。当印制板两面均装有元器件或结构件时，一般可采用两个视图。以元器件或结构件较多的一面为主视图，另一面为后视图。当反面元器件或结构件很少时，可采用一个视图，此时可将反面元器件或结构件用虚线画出。当反面元器件采用图形符号表示时，可只将引线用虚线表示而图形符号仍用实线画出，如图 9—14 所示。

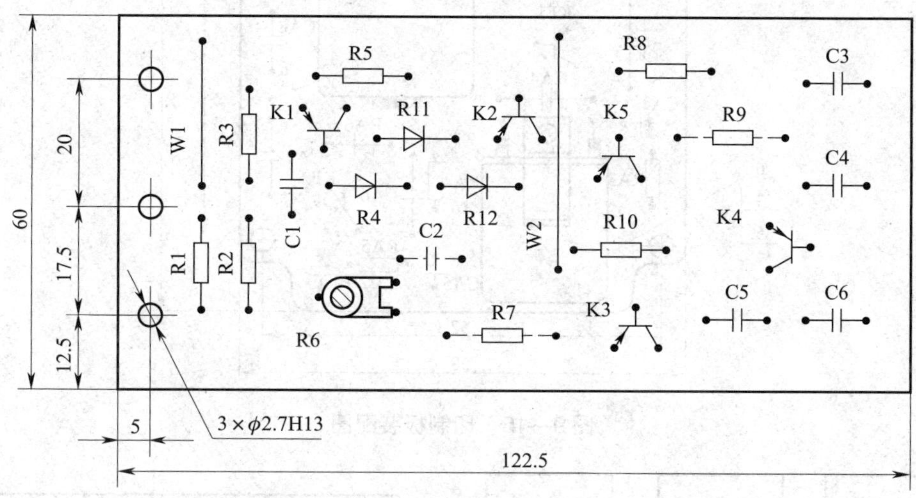

图 9—14 双面印制板装配图示例

（3）元器件和结构件的表示方法

1）在能清楚表示装配关系的前提下，印制板装配图中的元器件或结构件一般可采用图形符号或简化外形表示，如图 9—15 所示。一般对于常用的电阻器、电容器、电感器、半导体管等电子元器件采用图形符号。对于变压器、可变电容器、电位器、磁棒、多级多位开关、散热片、支架等元器件或结构件可采用简化外形表示。

2）当元器件在装配图中有方向要求时，应标出定位特征标志，以防在装接时搞错方向。例如，集成电路外形标记缺槽，在简化外形上标注 1 脚或标极性。如图 9—16 所示，图中“·”和数字均为定位标记。

3）当需要完整、详细地表示装配关系时，印制板装配图中的元器件和结构件可按机械制图中绘制装配图的表示方法和规定绘制。

（4）元器件和结构件的标注方法

在印制板装配图中，元器件和结构件可采用参照代号、序号和装配位置号的形式进行标注。一般元器件可在图形符号、简化外形的左方或上方标注与电路图、逻辑图中一致的参照代号。按机械制图中绘制装配图的方法绘制的元器件和结构件应标注序号，如图 9—15 中指引线上所标的序号。

对于集成电路等元器件可标注参照代号，也可标注位置号。元器件的位置号是指元器件在装配图中的位置代号，可按从左至右、自上而下的顺序标注，如图 9—17 所示。

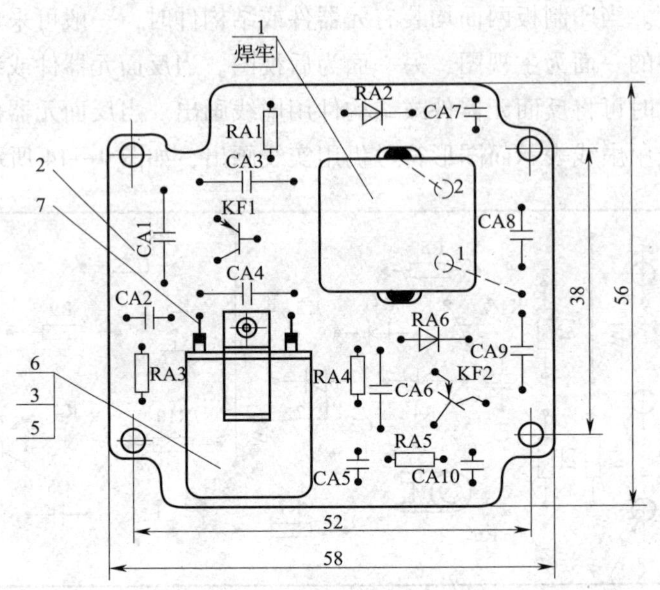

图 9—15　印制板装配图

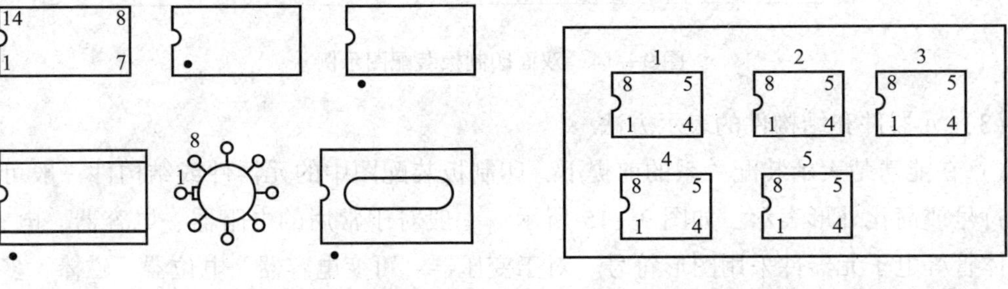

图 9—16　定位特征标记　　图 9—17　标注位置号的集成电路

（5）导电图形、跨接导线在印制板装配图中的画法

印制板装配图中一般不画出导电图形，如需表示反面的导电图形，可采用虚线或色线表示，如图 9—18 所示。印制板装配图中的可见跨接导线用粗实线绘制，不可见的跨接导线用虚线表示，并用位号 W1、W2…标注，也可在图中加以说明。

（6）简化画法

在印制板装配图中，重复出现的单元图形可只详细画出其中一个单元，其余单元可简化绘制。简化图形一般可只画出引线孔，省略元器件的图形符号或简化外形。此时，必须用细实线画出各单元的区域范围，并标出单元顺序号，如图 9—19 所示。

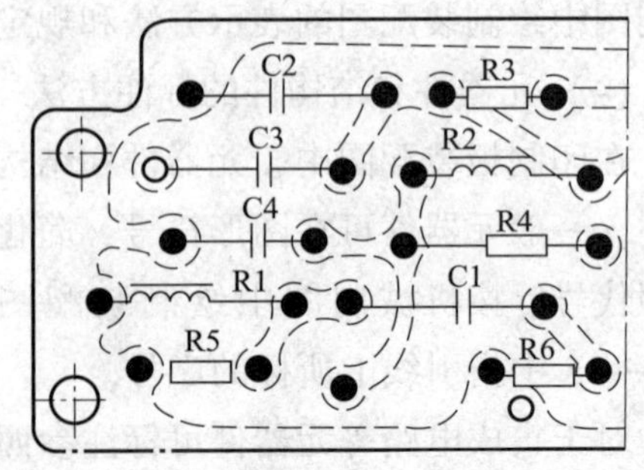

图 9—18　用虚线或色线表示反面的导电图形

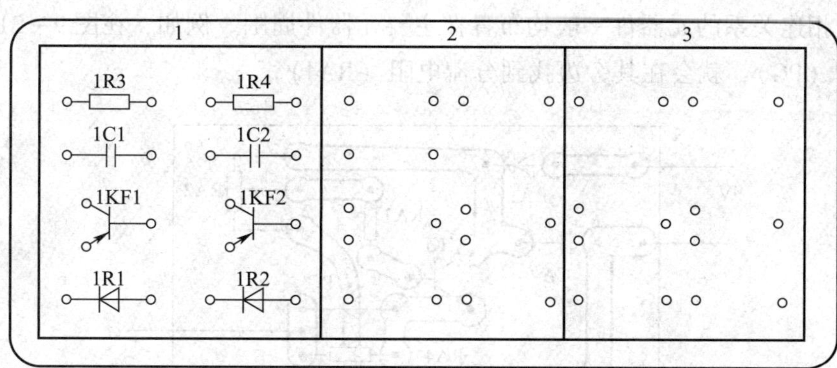

图 9—19 简化画法示例

2. 印制板装配图的识读

印制板装配图的识读方法和步骤与一般机械装配图有相同之处。识读时也是先通过标题栏、明细表和说明书，结合有关专业知识概括了解整机或部件的名称、用途、工作原理及所用元器件的品种、规格、数量等。对照明细表中元器件或结构件的编号，在图中找出它们的位置。在印制板装配图中，大部分内容反映元器件、结构件与印制板之间的装接关系，机械装配图中的那种配合关系则很少出现。与机械装配图不同的是在对印制板装配图进一步分析时，应结合有关的电路图、逻辑图或接线图，将反映电气原理的简图与表达实际装接关系的印制板图联系起来。这一识图过程也就是电路图、逻辑图与印制板图之间的转换过程。在识读印制板装配图时应考虑以下几个问题：

（1）先熟悉所对应的电路图、逻辑图的内容，结合有关专业知识弄懂其工作原理，搞清各级电路本身的连接情况及各级之间的连接关系，这样可大大提高识图的速度。如图 9—20 所示为电池充电器电路图，该电路可粗略地分为变压（TA）、整流（RA1）、滤波（CA）、稳压（KF）、指示（PG）等部分。

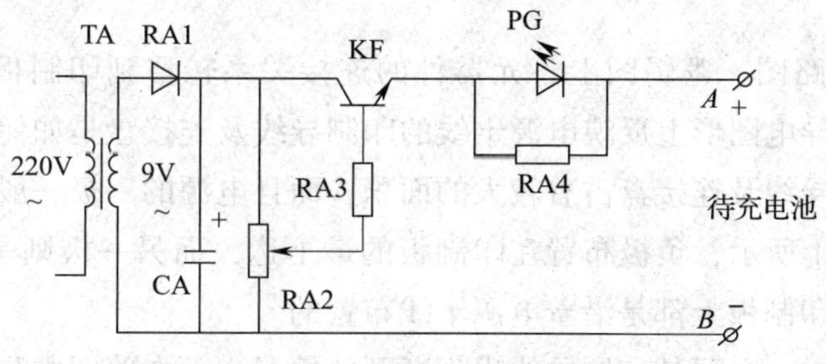

图 9—20 电池充电器电路图

（2）根据电路图或逻辑图中各主要元器件的图形符号及参照代号，对照印制板装配图上的标记符号，在印制板上找出它们的位置。如图 9—21 所示为与图 9—20 相对应的电池充电器印制板装配图。识图时，应先在印制板上找到各主要元器件的位置，其他与各主要元器件有相连关系的元器件一般均布置在主要元器件周围。例如，在图 9—21 中先找到发光二极管（PG），就会在其旁边找到分流电阻（RA4）。

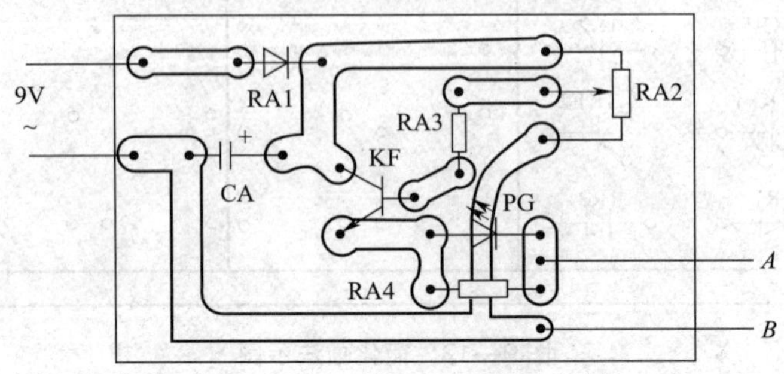

图 9—21　电池充电器印制板装配图

（3）根据电路图或逻辑图中各元器件的连接关系，结合各元器件在印制板上的实际位置，对照印制板装配图上的导电图形（用虚线或色线表示），搞清各元器件在印制板上的实际连接情况。例如，在图 9—20 中，发光二极管（PG）的正极与调整管（KF）的发射极、分流电阻（RA4）的一端相连接，在图 9—21 中，就会发现它们接在同一块导电板上。

有些印制板装配图要考虑到流水装配的需要，一般不画出导电图形。此时，应结合有关导电图形图与印制板装配图、电路图等对照分析。

（4）各元器件在印制板上的位置并不像电路图或逻辑图那样从左至右、自上而下地整齐排列。它们是根据整个机器的结构情况，同时考虑到电磁场、散热、寄生耦合等因素的影响而具体布置的。识图时，应先找出主要元器件的位置，然后在主要元器件周围找出各相关的元器件。例如，在图 9—21 中，调整管（KF）布置在印制板的中部，其他如电位器（RA2）、电阻（RA3）等辅助性元器件分别布置在（主要元器件）调整管（KF）的周围。

（5）为了将电路图、逻辑图上各元器件的连接关系转移到印制板的导电图形上去，识图时最好先搞清导电图形上反映电源干线的印制导线及连接盘是如何布置的。在印制板上表示电源的印制导线及连接盘占有较大的面积，而且电源的一极一般经常布置在印制板的周缘。如图 9—21 所示，负极布置在印制板的最下边，而另一极则是贯穿印制板各处。各部分的元器件在印制板上都是沿着电源干线布置的。

在有些印制板中，电源的印制导线出现断开的情况，而电路图中是连接的，如由于导电图形布置受到限制而断开，装配时应用跨接导线相连。

（6）有个别元器件虽然在印制板装配图上印有其标记符号，但实际上并没有装接在印制板上，如较大容量的电容器、变压器、电位器等。所以，在识图时应结合电路图搞清它们的安装位置及接线关系。对于向外引线较多的印制板装配图，应结合电路图、接线图搞清各接线点端子及各引线的去向。

四、印制板图的特点

印制板图实际上是在电路图的基础上绘制出的位置图和接线图。它真实地表示了元器件的布置、连接和装配等安装信息，但所包含的信息又比一般布置图和接线图更详细、更实用、更可实现。印制板电气图近似按正投影法绘制，元器件的相对位置、尺寸关系与实物具有比较严格的对应关系，但其中的元器件外形并不采用实物图形，往往用符号或代号表示，所以，印制板电气图是一种用投影法和符号法绘制的简图。

职业能力培养

计算机绘图软件为根据电路原理图绘制印制板电路图这个过程提供了方便，其中常用的软件有 Protel。查阅相关资料或通过互联网检索，简要了解 Protel 应用软件的功能，以及利用 Protel 软件绘制印制板图的方法。

应用举例

以图 9—22 为例介绍印制板导电图形图的绘图方法。绘图时应遵守电气制图的一般规则和印制板图的有关规定画法。

1．确定印制电路板的形状和尺寸

根据机壳和主要元器件来确定印制电路板的形状和尺寸。印制电路板的形状一般为长方形，也有正方形或多边形的，尺寸不宜过小。如图 9—22c 所示，确定参考原点，画出外形尺寸线和禁止布线区。坐标原点一般设在印制板图左下角的交点上，也可将原点设置在最下方左边的固定孔上。禁止布线区界线可用细实线标出。

2．初步确定各元器件的位置

如图 9—22b 所示，该放大电路为 KF1、KF2 两级。取从左到右的信号流方向，左半部分安排第一级，右半部分安排第二级。然后依次将各元器件在电路板上的位置初步画下来，如图 9—22c 所示。可按照电路图中的相对位置来画，同时确定各元器件引线孔和连接盘的位置。引线孔和连接盘的位置首先取决于电路图的工作顺序，其次是元器件和紧固件在坐标网格纸中实际占据的位置。引线孔的中心应布置在坐标网格线的交点上。

3．画草图

按照电路图画出各元器件之间的连接线，如图 9—22c 所示。线与线不能交叉，如遇交叉必须设法绕行，并适当调整有关元器件的相对位置。这一步工作最关键，有些复杂电路往往要反复调整元器件位置才能完成。

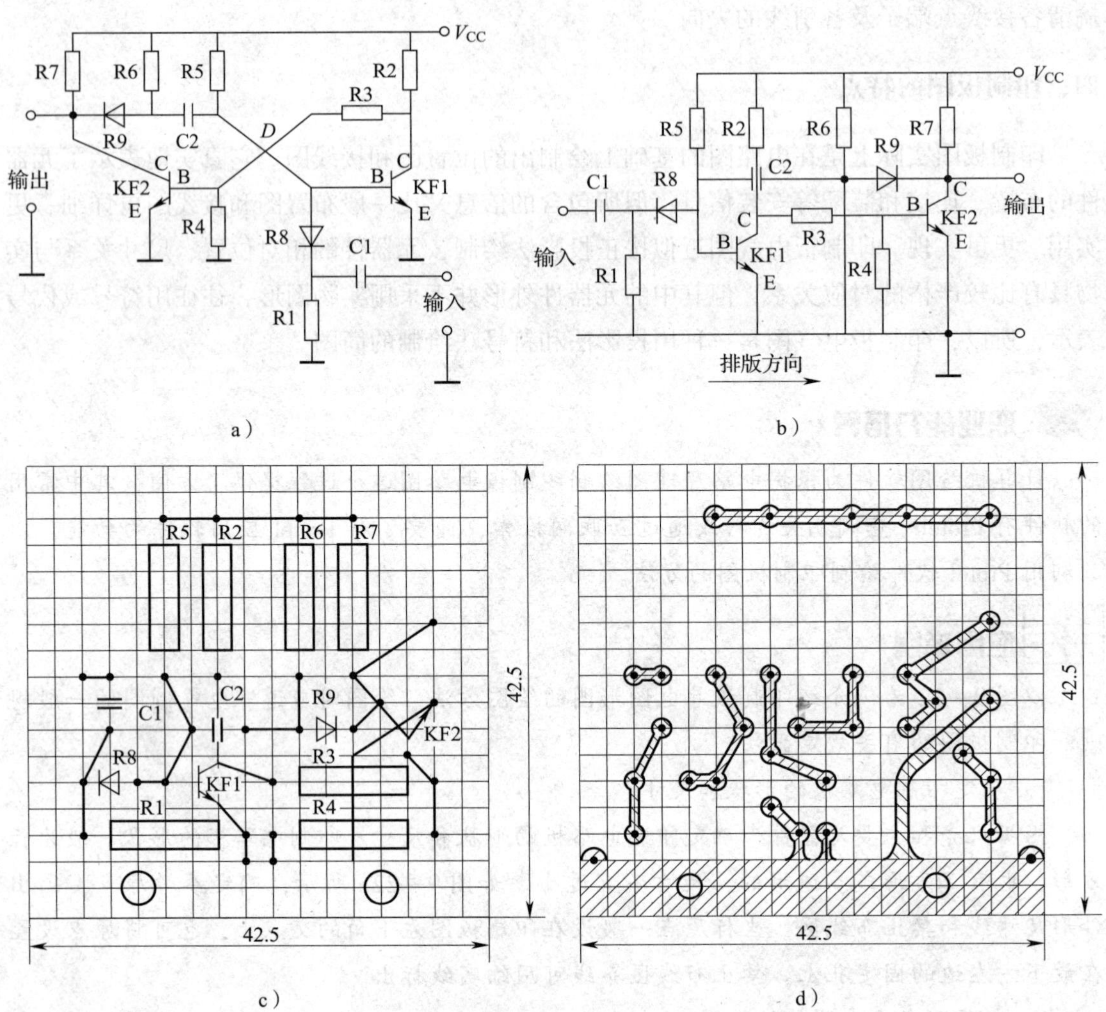

图 9—22　导电图形图的画法示例

a）放大电路图　b）整理后的放大电路图　c）设计草图　d）整理后的导电图形图

4．画印制板导电图形图

在草图的基础上，将接点处扩大为连接盘，一般连接盘直径应大于 2 mm，以保证焊接质量和强度。然后将各元器件连接盘之间的连线加粗，并适当调整变形，使线条走向和布局整齐、匀称，如图 9—22d 所示。最后，根据绘制导电图形图的相关规则绘出印制导线，并对布设的印制导线、连接盘进行核对、整理、修改，完成全图。

§9—2 线 扎 图

学习目标

1. 熟悉线扎图的画法。
2. 能识读和绘制简单的线扎图。

想一想

分析图9—23所示线扎图的画法特点，想一想，在电气技术中引入线扎图的主要目的是什么。

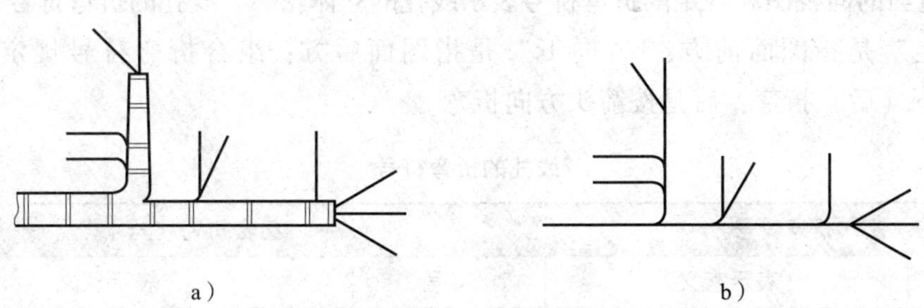

图9—23 线扎图示例
a）按结构方式 b）按图例方式

一、线扎图的概念

在复杂的电子产品中，分机之间、电路之间的导线很多。为了使配线整洁，缩短配线距离，减少占用空间，并使电气性能稳定、可靠，通常将这些互连导线绑扎在一起成为线扎（线把、线束）。线扎图是用来表示多根导线或电缆按布线及接线要求绑扎或黏合在一起的图样。它是根据设备中各接线点的实际位置及接线图中的走线要求绘制的。线扎图属于装配图，也称线扎装配图。

在实际装配工作中，可按照线扎图预先绑好线扎，然后按接线图将线扎中各导线接于对应的接点上。所以，线扎图常与接线图、电路图配合使用，以便顺利地完成装配和维修等工作。

二、线扎图的绘制方式

1. 结构方式

如图9—23a所示，按结构方式绘制线扎图时，线扎图的主干和分支应按其外形轮廓采用双粗实线绘制，始端和末端的单根导线用粗实线绘制。电缆线按实物简化外形绘制，绑扎处（线）可用双细实线表示。

2. 图例方式

如图 9—23b 所示，按图例方式绘制线扎图时，线扎中的各种导线，包括主干、分支和单根导线，均采用单根粗实线绘制。各单根导线与线扎的汇合处用可表示进入或抽出方向的 45°斜线连接。

三、线扎图的画法和尺寸标注

1. 线扎图的画法

线扎图是按机械制图的投影原理绘制的，但线扎图不是将线扎的轮廓向几个基本投影面投影，而是选择主干和分支最多的平面来表示线扎的轮廓。对于不在此平面的主干和分支，可用适当的向视图和规定的折弯符号表示线扎的立体轮廓。线扎的折弯符号见表 9—1。表中“向上”是指图面前方，“向下”是指图面后方；组合折弯符号规定先是向上（前）、向下（后）折弯，后是按箭头方向折弯。

表 9—1 线扎的折弯符号

基本折弯符号		组合折弯符号	
符号	表示意义	符号	表示意义
⊙	向上折弯 90°	⊕(→)	向上折弯 90°后，再按箭头方向折弯 90°
⊕	向下折弯 90°	⊕(•)	同时向上、向下折弯 90°
⊖	表示主干（或分支）中有部分分支	⊕(—)	表示主干（或分支）中有部分分支向下折弯 90°
→	表示再次折弯的方向	⊖(→)	向下折弯 90°后，再按箭头方向折弯 90°

线扎向上或向下折弯时，可用折弯符号与向视图配合表示，如图 9—24a 所示。若线扎的主干或分支向上或向下折弯 90°后需再次折弯 90°，且两次折弯中间无分支，则可在组合符号旁标注两次折弯间的长度，如图 9—24b 所示。对于非 90°折弯，可用剖面符号及向视图一起配合表示，如图 9—24c 所示，剖面用涂黑表示。

2. 线扎图的尺寸标注

线扎的主干与分支均应标注尺寸。当采用 1∶1 的比例绘制时，可允许不标注尺寸，但当采用断裂画法时，仍需标注尺寸。对于非 90°折弯，应标出折弯角度。导线两端的剥头

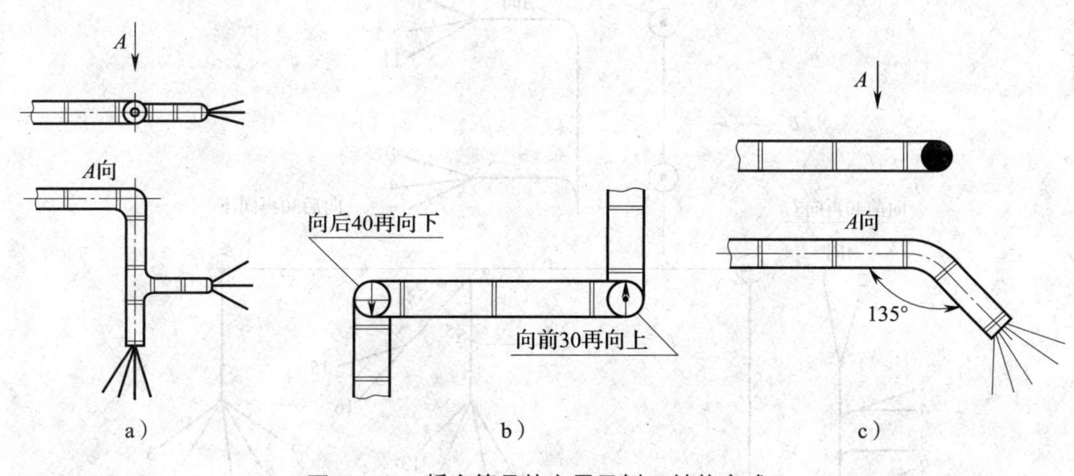

图 9—24　折弯符号的应用示例（结构方式）

a）折弯符号与向视图配合表示　b）加注折弯长度（结构方式）　c）非直角折弯的表示

长度可用文字说明或采用局部视图表示。导线的始端和末端应标注导线的线号、两端代号、抽头长度和颜色等，并在抽出线上方按从左到右的顺序进行标注。

四、导线表和明细栏

1．导线表

在线扎图中应列出导线表，用以说明导线的线号、数据、长度、备注和更改等内容，有时还可以填写每根导线的来处和去处。导线的线号是指在线扎图中每根导线的两端都应标注与接线图中线号相一致的同一线号。导线的数据主要包括导线牌号、规格、颜色等。导线的长度是指每根导线的全长，其中包括扎内长度和抽头长度。导线表一般列于图的右上方，也可采用 A4 幅面图纸单独编制。

2．明细栏

线扎图属于装配图，应编制明细栏。线扎图中所用材料应分类汇总，填入明细栏中。明细栏可以单独编制。

应用举例

分析图 9—25 所示线扎图的画法，并识读其所表达的信息。

该图用图例方式绘制，并省略了导线表和明细栏。图中线扎的主干、分支和单根导线均用单根粗实线表示。各单根导线与线扎的汇合处用可表示进入或抽出方向的 45°斜线连接。在断裂处标注用于表示长度的尺寸 230 mm。对非 90°折弯，标出折弯角度，如 45°。折弯符号与向视图配合，如 *A* 向、*B* 向。同时，还加注折弯长度，如“向前 40 再向右”“向后 30 再向下”。

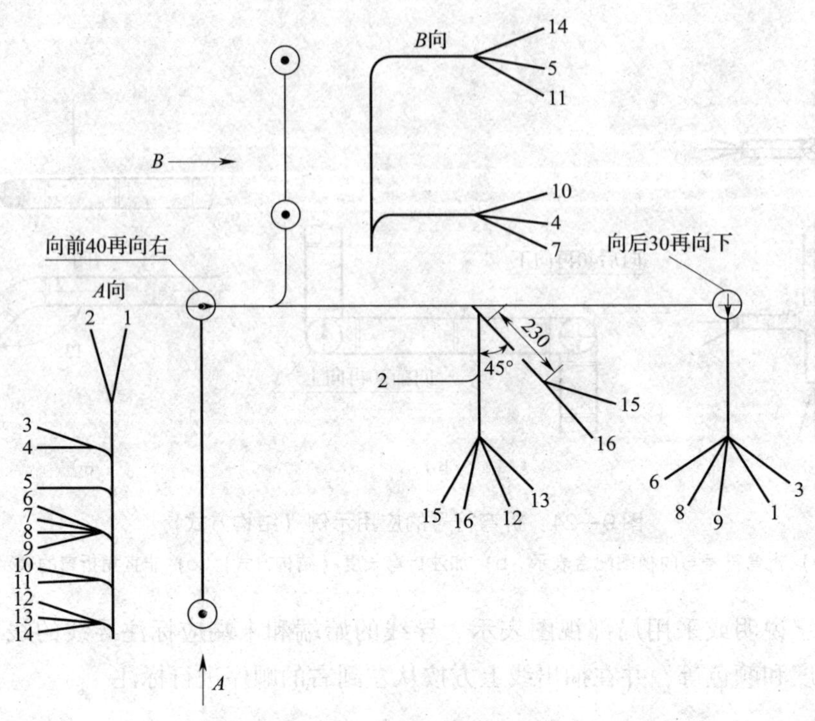

图 9—25　线扎图

§9—3　流　程　图

学习目标

1. 熟悉流程图的画法。
2. 能识读和绘制简单的流程图。

?想一想

分析图 9—26 所示印制板加工工艺流程图的画法，想一想，流程图的主要用途是什么。

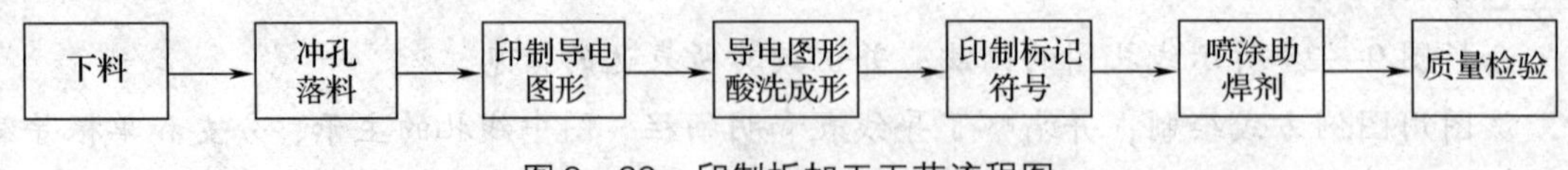

图 9—26　印制板加工工艺流程图

一、流程图的基本概念

流程图是用矩形、菱形等图形表示完成某种功能的符号，然后用流程线按流程途径方向连接起来的简图。

流程图主要用来说明某一过程，这种过程既可以是生产线上的工艺流程，也可以是完成一项任务必需的管理过程。如图 9—26 所示为印制板加工工艺流程图，该图形象、明了地表示出印制板由材料到成品的加工全过程。

二、流程图的基本表示方法

1．流程图的符号

在流程图中，符号的用途是用图形来标识它所表示的功能，而不考虑符号内的内容。流程图的常用图形符号及其功能作用见表 9—2。

表 9—2　　流程图的常用图形符号及其功能作用

图形符号	名称	功能作用
▭	处理	表示各种处理功能
▱	数据	输入、输出数据
◇	判定	根据条件，在几个可供选择的路径中做出判定，选择其中一条路径
⬭	端点	程序流程的开始、终止或暂停
○	连接	表示与流程图其他部分相连接的入口或出口
│ —	流程线	表示数据流和控制流

2．绘制流程图的注意事项

（1）流程的绘制方向一般按从左到右、自上而下布置。当流程不按此规定时，要用箭头指示流程方向。无论何时，为了清晰，都可利用箭头指示流程图的方向。

（2）流线可以交叉，但应当尽量避免流线的交叉。即使出现流线的交叉，交叉的流线之间也没有任何逻辑关系，不对流向产生任何影响。当两根或更多流线汇集为一根流线时，各连接点应相互错开，以提高清晰度，并在必要时使用箭头表示流向。

（3）图形符号的大小、比例均要适当。实际使用各种符号时须参照标准所给符号的形状，尤其不要改变角度和其他影响符号形状的因素，尽可能统一各种符号的大小，描绘符号的方向是任意选定的，但最好取水平方向。

3．流程图中的文字书写规则

把理解某个符号的功能所需要的最低限度的说明性文字置于符号内，并按从左到右、自上而下的方向书写，与流向无关。符号标识符要写在图形符号的左上角，如图 9—27a 所示；符号描述符要写在图形符号的右上角，如图 9—27b 所示。

4．连接符号的表示方法

为了避免出现流线交叉和使用长线，或者为了将图在另一页上继续，需要用连接符号将流线截断。截断开始处的连接符号称为出口连接符号。截断结束后，再度开始处的连接符号称为入口连接符号。在出口连接符号和与之相对应的入口连接符号中应记入相应的文字、数字或名称等识别符号，表示把它们已衔接起来，如图 9—28 所示。

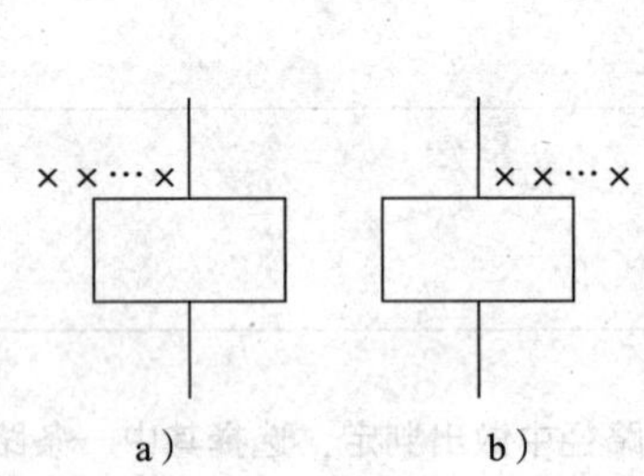

图 9—27　流程图的标注

a）符号标识符　d）符号描述符

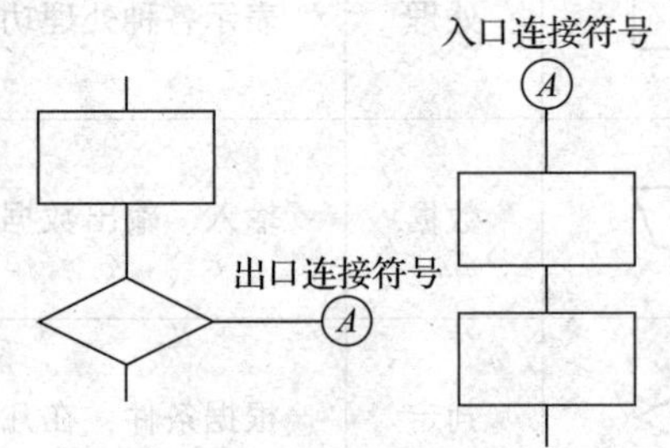

图 9—28　连接符号的表示方法示例

5．出口的表示方法

当一个符号有多个出口时，可直接从该符号引出通向其他符号的若干条流线（即支路），如图 9—29a 所示；也可从该符号引出一条流线，然后这一条流线又分成若干数目的流线（即支路），如图 9—29b 所示。

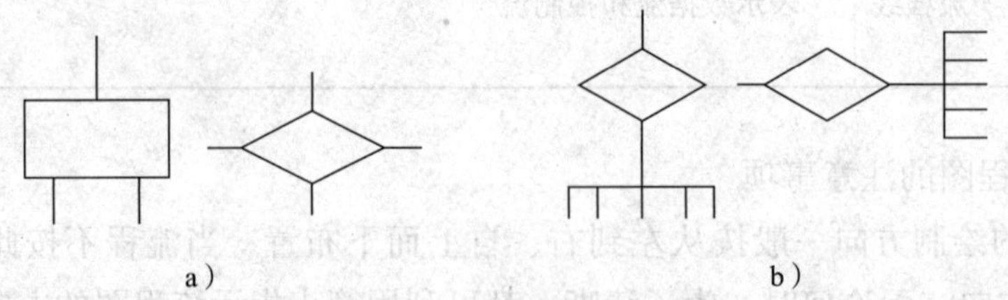

图 9—29　流线的分支

当一个流程符号引出两个以上分支时，应在各分支上注明分支条件，以反映它所表示的逻辑路径，如图 9—30 所示。

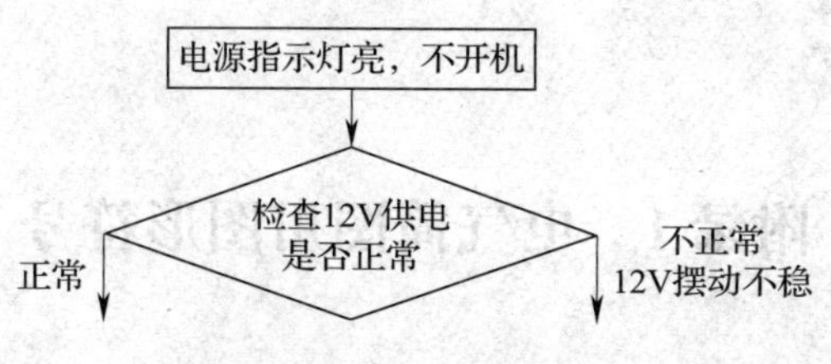

图 9—30　注明分支条件

应用举例

分析图 9—31 所示电动机控制程序流程图的画法，并识读其所表达的信息。

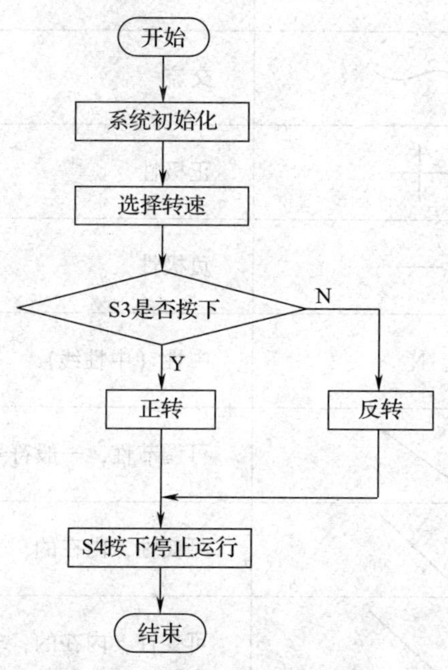

图 9—31　电动机控制程序流程图

该图用流程图的端点、处理和判定等图形符号按自上而下的流程顺序绘制，并用箭头表示流向。在判定图形符号上引出两个分支，每个分支上均注明分支条件“Y”或“N”。

该图清楚地阐述了电动机正反转的控制过程：按下 S3 电动机正转，未按下 S3 电动机反转，按下 S4 电动机停止运行。

附录

附录1　电气简图用图形符号

附表1　　限定符号和其他常用符号

（摘自 **GB/T 4728.2—2005/IEC 60617 database**）

标识号	图形符号	说明
S01401		直流
S01403		交流
S00077		正极性
S00078		负极性
S00079	N	中性（中性线）
S00081		可调节性，一般符号
S00083		可变性，内在的，一般符号
S00084		可变性，内在的，非线性
S00093		按箭头方向的：单向力、单向直线运动
S00099		单向传送
S00124		延时
S00125		半导体效应
S00132		正脉冲

续表

标识号	图形符号	说明
S00133		负脉冲
S00144	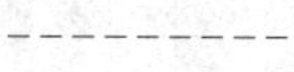	连接，如机械连接
S00167		手动控制操作件，一般符号
S00170	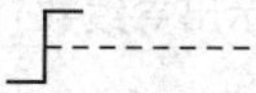	旋转操作
S00171	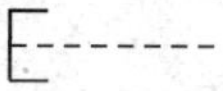	按动操作
S00191	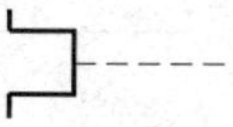	热器件操作，如过电流保护
S00200		接地，地，一般符号
S00205	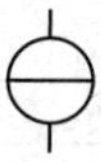	理想电流源
S00203		理想电压源
S00211	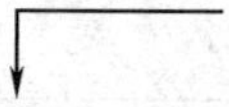	动（如滑动）触点
S00213	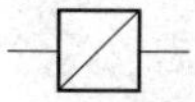	变换器，一般符号
S01402	DC	直流
S01404	AC	交流
S01409		功能等电位联结
S01410		功能等电位联结

附表 2　　**导体和连接件**

（摘自 GB/T 4728. 3—2005/IEC 60617 database）

标识号	图形符号		说明
S00001			连线，一般符号，如导线、电缆、电线、传输通路等
S00002			导线组（示出导线数），图中示出三根导线
S00003	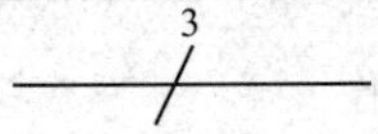 3		导线组（示出导线数），图中示出三根导线
S00004	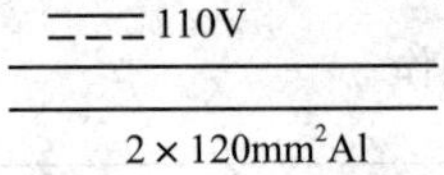 110V $2\times120mm^2Al$		直流电路 110 V，两根 120 mm^2 的铝导线
S00005	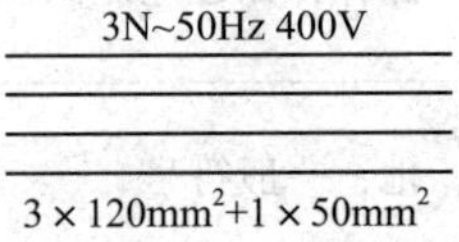 3N~50Hz 400V $3\times120mm^2+1\times50mm^2$		三相电路 400 V，50 Hz，三根 120 mm^2 的导线，一根 50 mm^2 的中性线
S00007			屏蔽导体
S00008			绞合导线，示出两根
S00016			连接点
S00017			端子
S00018			端子板 可加端子标志
S00019	形式 1 		T 形连接，在符号 S00020 中示出了连接符号
S00020	形式 2 		
S00021	形式 1 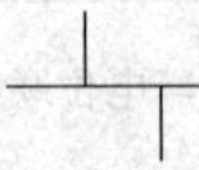		导线的双 T 连接，导线的双 T 连接仅在设计认为必要时使用
S00022	形式 2 		

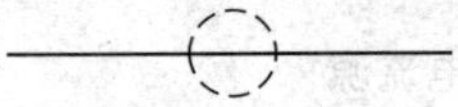

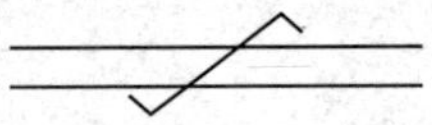

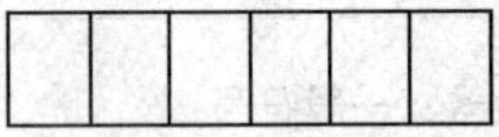

续表

标识号	图形符号	说明
S00031		插座，阴接触件（连接器的）
S00032		插头，阳接触件（连接器的）
S00033		插头和插座
S00036	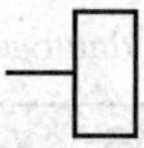	连接器，组件的固定部分
S00037		连接器，组件的可动部分

附表 3　　基本无源元件

（摘自 GB/T 4728.4—2005/IEC 60617 database）

标识号	图形符号	说明
S00555		电阻器，一般符号
S00557	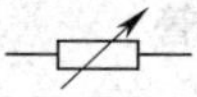	可调电阻器
S00558	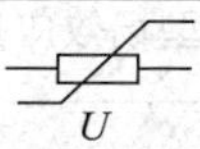 U	压敏电阻器
S00559	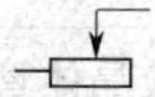	带滑动触点的电阻器
S00560	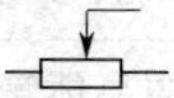	带滑动触点的电位器
S00566	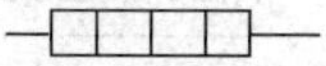	加热元件
S00567	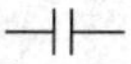	电容器，一般符号
S00571	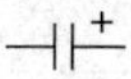 +	极性电容器，如电解电容
S00573		可调电容器

续表

标识号	图形符号	说明
S00583		电感器；线圈；绕组；扼流圈
S00585		示例：带磁芯的电感器

附表 4　　半导体管和电子管

（摘自 GB/T 4728. 5—2005/IEC 60617 database）

标识号	图形符号	说明
S00641		半导体二极管，一般符号
S00642		发光二极管（LED），一般符号
S00643		热敏二极管
S00644		变容二极管
S00646		单向击穿二极管；电压调整二极管
S00663		PNP 型晶体管
S00671	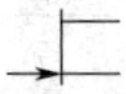	N 型沟道结型场效应晶体管
S00672	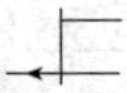	P 型沟道结型场效应晶体管
S00673	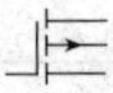	绝缘栅场效应晶体管（IGFET） （增强型，单栅，P 型沟道，衬底无引出线）
S00674	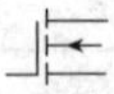	绝缘栅场效应晶体管（IGFET） （增强型，单栅，N 型沟道，衬底无引出线）
S00684		光敏电阻（LDR）；光敏电阻器
S00685		光电二极管
S00686		光电池
S00691	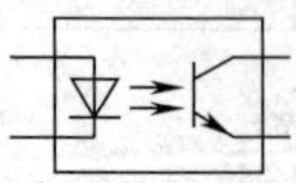	光耦合器件，光隔离器

附表 5　　电能的发生与转换

（摘自 GB/T 4728. 6—2008/IEC 60617 database）

标识号	图形符号	说明
S00806		三角形连接的三相绕组
S00808		星形连接的三相绕组
S00819	*	电机的一般符号（符号内的星号用下述字母代替：G—发电机，GS—同步发电机，M—电动机，MS—同步电动机）；非旋转的电能发生器
S00836	M 3~	三相笼型感应电动机
S00841；S00878	形式 1	双绕组变压器；电压互感器
S00842；S00879	形式 2	
S00847		自耦变压器，一般符号
S00850	形式 1	电流互感器
S00851	形式 2	
S00893		直流/直流变换器
S00894		整流器
S00895		桥式全波整流器

续表

标识号	图形符号	说明
S00896	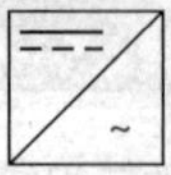	逆变器
S00898	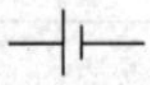	原电池；蓄电池；原电池或蓄电池组

附表 6　　开关、控制和保护器件

（摘自 GB/T 4728.7—2008/IEC 60617 database）

标识号	图形符号	说明
S00218		接触器功能
S00219		断路器功能
S00220		隔离开关功能
S00221		负荷开关功能
S00227		动合（常开）触点，也可用作开关的一般符号
S00229	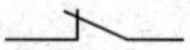	动断（常闭）触点
S00253	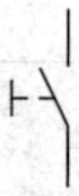	手动操作开关，一般符号
S00254	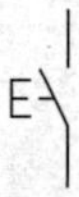	具有动合触点且自动复位的按钮开关
S00256	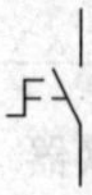	具有动合触点但无自动复位的旋转开关
S00259		位置开关，动合触点
S00260	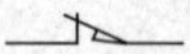	位置开关，动断触点
S00284		接触器；接触器的主动合触点
S00287		断路器

续表

标识号	图形符号	说明
S00288		隔离开关
S00290		负荷开关（负荷隔离开关）
S00305	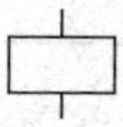	驱动器件，一般符号；继电器线圈，一般符号
S00325	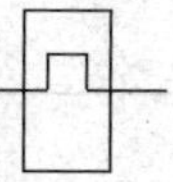	热继电器的驱动器件
S00362	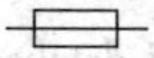	熔断器，一般符号

附表 7　　测量仪表、灯和信号器件

（摘自 GB/T 4728.8—2008/IEC 60617 database）

标识号	图形符号	说明
S00910	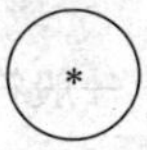 *	指示仪表，一般符号，星号必须用规定的字母或符号代替
S00911	 *	记录仪表，一般符号
S00912	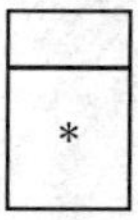 *	积算仪表，一般符号
S00913	 V	电压表
S00922		示波器
S00933	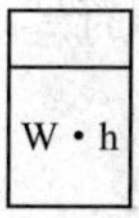 W·h	电能表（瓦时计）
S00965		灯，一般符号；信号灯，一般符号

附表 8　　电信：交换和外围设备

（摘自 GB/T 4728. 9—2008/IEC 60617 database）

标识号	图形符号	说明
S01053		传声器，一般符号
S01059	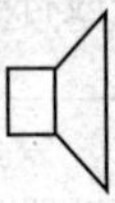	扬声器，一般符号

附表 9　　电信：传输

（摘自 GB/T 4728. 10—2008/IEC 60617 database）

标识号	图形符号		说明
S01102			天线，一般符号
S01225	 G		信号发生器，一般符号；波形发生器，一般符号
S01232	f_1 f_2		变频器，频率由 f_1 变到 f_2
S01233	 f nf		倍频器
S01234	 f $\frac{f}{n}$		分频器
S01239	形式 1 		放大器，一般符号，三角形指示传输方向
S01240	形式 2 		放大器，一般符号，三角形指示传输方向
S01244	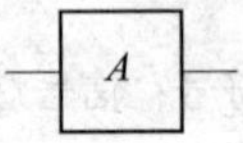 A		固定衰减器

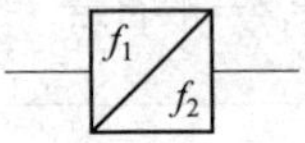

续表

标识号	图形符号	说明
S01245	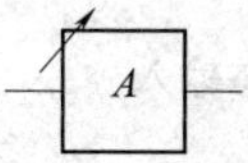 A	可变衰减器
S01246	 ~	滤波器，一般符号
S01278	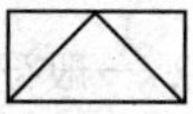	调制器，一般符号；解调器，一般符号；鉴别器，一般符号

附表 10　　二进制逻辑元件

（摘自 GB/T 4728. 12—2008/IEC 60617 database）

标识号	图形符号	说明
S01463		元件框
S01464		公共控制框
S01465	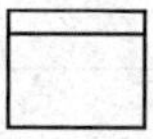	公共输出元件框
S01466		逻辑非，输入端
S01467	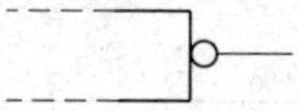	逻辑非，输出端
S01468	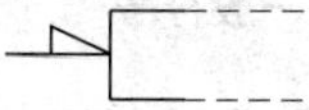	极性指示符，输入端
S01469	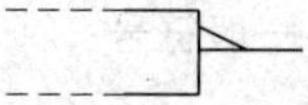	极性指示符，输出端
S01472	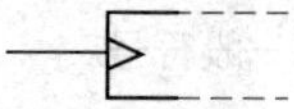	动态输入

续表

标识号	图形符号	说明
S01473		逻辑非动态输入
S01566	≥1	“或”元件，一般符号
S01567	&	“与”元件，一般符号
S01574	=1	异或元件
S01576	1	非门
S01577	1	反相器
S01579	1 2 13 & 12	有非输出的与门（与非门）
S01580	3 4 5 ≥ 6	有非输出的或门（或非门）
S01636	Σ	加法器，一般符号
S01637	P–Q	减法器，一般符号
S01639	Π	乘法器，一般符号
S01641	ALU	运算器，一般符号

续表

标识号	图形符号	说明
S01659	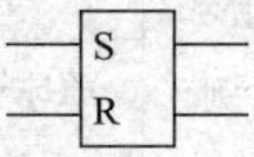 S R	R－S 触发器；R－S 锁存器
S01665	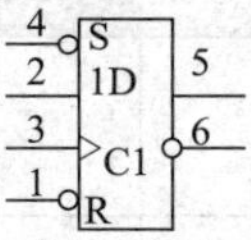 4 S 2 1D 5 3 C1 6 1 R	边沿触发 D 触发器

附表 11　　模拟元件

（摘自 GB/T 4728.13—2008/IEC 60617 database）

标识号	图形符号	说明
S01782	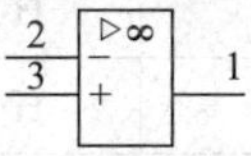 2 3 ▷∞ − + 1	运算放大器

附录 2　GB/T 20939—2007 和 GB/T 7159—1987 中常用字母代码对应表

设备、装置和元器件举例	GB/T 7159—1987		GB/T 20939—2007	设备、装置和元器件举例	GB/T 7159—1987		GB/T 20939—2007
	单字母符号	双字母符号	子类字母代码		单字母符号	双字母符号	子类字母代码
印制电路板	A	AP	UP	避雷器	F	FL	FA～FE
控制屏、台、控制器	A	AK	KF	具有瞬时动作的限流保护器件	F	FA	FN
支架盘	A	AR	UR	具有延时动作的限流保护器件	F	FR	FN
电子管放大器	A	AV	TF	熔断器	F	FU	FA～FE
磁放大器	A	AM	TR	旋转发电机	G		GA
集成电路放大器	A	AI	TF	缓冲电池组	G	GB	CM、CC
晶体管放大器	A	AD	TF	信号发生器	G	GS	GF
分离元件放大器	A		TF	直流发电机	G	GD	GA

续表

设备、装置和元器件举例	GB/T 7159—1987		GB/T 20939—2007	设备、装置和元器件举例	GB/T 7159—1987		GB/T 20939—2007
	单字母符号	双字母符号	子类字母代码		单字母符号	双字母符号	子类字母代码
激光器	A		WH	蓄电池、干电池	G		GB
测量变送器	B		BE	声响指示器	H	HA	PG
热电传感器	B		BG	光指示器	H	HL	PG
光电池	B		BR	指示灯	H	HL	PG
送话器	B		BX	白炽灯	H		EA
扬声器	B		PG	继电器	K		KF
扩音机	B		PG	瞬时接触继电器	K	KA	KF
压力变换器	B	BP	TB	瞬时有或无继电器	K	KA	KF
电容器（组）	C		CA	控制继电器	K	KC	KF
单稳态逻辑元件	D		KF	时间继电器	K	KT	KF
双稳态逻辑元件	D		KF	延时有或无继电器	K	KT	KF
计算机	D		KF	热继电器	K	KH	BD、BB
存储器	D		CB	接触器	K	KM	QA
发热器件	E	EH	EB	辅助电流接触器	K		KF
发光器件	E	EL	PG	感应线圈	L		CB
空气调节器	E	EV	ER	电抗器	L		RA
过电压放电器件	F		FA ~ FE	电动机	M		MA
放电器	F	FD	FA ~ FE	伺服电动机	M		MM

续表

设备、装置和元器件举例	GB/T 7159—1987		GB/T 20939—2007	设备、装置和元器件举例	GB/T 7159—1987		GB/T 20939—2007
	单字母符号	双字母符号	子类字母代码		单字母符号	双字母符号	子类字母代码
反馈控制器	N		KF	变压器	T		TA
放大器	N		TF、TR	信号变压器	T	TS	TF
测量仪表	P		PG	DC/DC 变换器	T		TA
指示器件	P		PG	自耦变压器	T	TA	TA
记录器件	P		PF	电流互感器	T	TA	BE
积算测量器件	P		PF	电压互感器	T	TA	BE
示波器	P		PG	解调器	U		TF
电流表	P	PA	BE	整流器	U		TB
电压表	P	PV	BD、PG（伏特计）	A/D 或 D/A 变换器	U		TB
（脉冲）计数器	P	PC	PG	无功补偿器	U		RR
电能计量表	P	PJ	BJ	电子管	V	VE	KF
记录仪器	P	PS	PF、CF	电子阀	V		QM
时钟	P	PT	PG	二极管	V	VD	RA
功率表	P		PG	发光二极管	V	VL	PG
接地开关	Q		QC	晶体管	V	VT	KF
真空断路器	Q		FL	晶闸管	V	VG	QA
微电路断路器	Q		FA ~ FE	显像管	V		PG
电路断路器	Q	QF	QA、QB、QD（旁路）	导线	W		WB（≥1 kV）
隔离开关	Q	QS	QB				WD（<1 kV）
负荷开关	Q	QL	QB	电缆	W		WB（≥1 kV）
电动机启动器	Q	QS	QA				WD（<1 kV）
电阻器	R		RA	母线	W		WA
分流器	R		KF	信息总线	W		WF
控制开关	S	SA	SF	偶极天线	W		TF

续表

设备、装置和元器件举例	GB/T 7159—1987		GB/T 20939—2007	设备、装置和元器件举例	GB/T 7159—1987		GB/T 20939—2007
	单字母符号	双字母符号	子类字母代码		单字母符号	双字母符号	子类字母代码
选择开关	S	SA	SF、SH（机械信号）	连接插头和插座	X		XD（<1 kV）
按钮开关	S	SB	SF	连接片	X	XB	XR
限位开关	S	SL	BG	测试插孔	X	XJ	BF
接近开关	S	SP	BG	牵引电磁铁	Y	YT	MB
压力传感器	S	SP	BP	晶体滤波器	Z		RF
位置传感器	S	SQ	TL	陶瓷滤波器	Z		RF
温度传感器	S	ST	BT	衰减器	Z		RR